大模型
在电力领域的应用

河南九域腾龙信息工程有限公司　编

中国电力出版社
CHINA ELECTRIC POWER PRESS

图书在版编目（CIP）数据

大模型在电力领域的应用/河南九域腾龙信息工程有限公司编 .—北京：中国电力出版社，2024.6

ISBN 978-7-5198-8908-1

Ⅰ.①大… Ⅱ.①河… Ⅲ.①人工智能—应用—电力工业—研究 Ⅳ.①TM-39

中国国家版本馆 CIP 数据核字（2024）第 099463 号

出版发行：中国电力出版社
地　　址：北京市东城区北京站西街 19 号（邮政编码 100005）
网　　址：http://www.cepp.sgcc.com.cn
责任编辑：丁　钊（010-63412393）
责任校对：黄　蓓　马　宁
装帧设计：郝晓燕
责任印制：杨晓东

印　　刷：北京华联印刷有限公司
版　　次：2024 年 6 月第一版
印　　次：2024 年 6 月北京第一次印刷
开　　本：710 毫米×1000 毫米　16 开本
印　　张：16.5
字　　数：314 千字
定　　价：98.00 元

编　委　会

编　写　组

前　言

在当今科技日新月异的时代，人工智能大模型在各行各业中的应用日益广泛，电力行业作为国家经济的重要支柱，也在逐步探索和应用大模型技术。本书将深入剖析大模型在电力行业的潜力与应用，为读者提供全面的技术解析和实践指导。

第 1 章：电力系统概览。本章主要阐述电力行业在国家经济发展中的重要性，以及面临的挑战与机遇。在此背景下，我们将探讨大模型在电力行业的潜力，分析其如何助力电力行业实现更高效、更可靠的服务。

第 2 章：大模型概述。本章主要介绍大模型基础知识，包括大模型的定义、技术演进和特点。通过深入了解大模型的技术基础，读者将能更好地把握大模型在电力行业中的应用前景。

第 3 章：大模型与工具。本章主要介绍常见的国内外开源大模型和商用大模型，以及从开源基础大模型向电力领域模型的转变用到工具和平台。基于ChatGLM、Qwen、文心一言和 ChatGPT 等大模型进行比较，分析各自的优势和适用场景，并介绍模型微调、量化、推理工具和开发平台等工具与平台。这将帮助读者在实际应用中选择合适的模型和工具，以解决电力行业中的具体问题。

第 4 章：大模型在电力领域的挑战与对策。本章主要介绍了大模型技术在电力行业应用中所面临的挑战，并提出相应的对策和建议。挑战主要包括算力与人力成本、数据隐私与安全、模型可解释性、模型泛化能力以及模型数据的迭代与更新。针对这些挑战，降低算力成本，加强人才培养和技能提升；建立数据保护机制，加强数据加密和访问控制；提高模型透明度；提升模型泛化能力；建立持续学习和更新的机制以适应数据动态变化。本章的目的是帮助读者理解并应对这些挑战，确保大模型技术在电力行业的有效部署和优化应用。

第 5 章：案例研究。本章将分享多个案例研究，如电力系统负荷预测、电力市场交易分析、电力系统故障诊断、电力系统规划方案优化、间歇性电源输出预测和电力系统设备维护等，以展示大模型在电力行业的实际应用效果。

第 6 章：未来趋势与建议。本章将探讨大模型技术在电力行业的未来趋势，行业应用前景，以及相关政策与建议。技术发展趋势将聚焦于模型规模的扩大、多模态学习的兴起、可解释性与可靠性的提升，以及低功耗和边缘计算的进展。在行业应用前景方面，大模型将助力电力系统负荷预测、市场交易分析和设备故障预测，同时改善用户体验和数据分析能力。政策和建议部分将强调政府支持、人才培养、技术合作、数据共享与安全。总体而言，大模型技术将在电力行业发挥重要作用，推动行业向更高效、智能的方向发展。

第 7 章：总结与展望。本章总结本书的内容，展望未来的研究方向，并向相关人士致谢。通过本书的阅读，读者将深入了解大模型在电力行业中的应用，掌握相关技术和工具，并能将其应用于实际工作中，为电力行业的发展做出贡献。

目　录

1 电力系统概览

电力系统是各国经济发展的基石，它负责将一次能源转换为电能，并通过复杂的网络系统进行传输、分配，最终供应给各类终端用户。电力系统的运作涵盖了多个关键环节，具有高度的技术密集型和资本密集型特征，对国民经济和社会发展起着关键支撑作用。随着全球经济向低碳化、数字化方向发展，我国正在大力推广可再生能源和清洁能源，积极探索储能、智能电网以及分布式能源系统等新技术，旨在提高能源利用效率，提升供电服务可靠性，深刻塑造着电力行业的美好未来。

1.1 电力系统简介

电力系统作为国民经济的重要支柱之一，是一个极为庞大且复杂的产业体系。它涵盖了从发电到输电、变电、配电，最终到用电的各个环节，这些环节形成了一个紧密相连、不可或缺的能源供应网络。

在发电环节，电力系统利用多样化的能源资源，包括水力、火力、风力、太阳能和核能等，实现了电能多元化生产。这些发电方式各有特色，优势互补，共同支撑着国家电力的稳定供给。

输电环节是将发电厂产生的电能输送到全国各地的关键步骤。在这一过程中，电力系统依靠先进的输电技术和设施，如变压器、输电线路等，确保电能的安全、高效传输。

变电环节是将输送来的电能转换为适合不同用电场所的电能形式。电力系统通过变电站、变压器等设施，实现电能的灵活转换和分配，满足各类用户的需求。

配电环节是根据不同需求，将电能分配到城市、农村等各个地方。配电站等设施在这一过程中发挥着重要作用，确保电能的稳定供应和合理分配。

最终，电能到达广大人民群众的生产和生活中。无论是家庭用电、农业用电、工业用电还是交通、通信等领域的用电需求，电力系统都能提供稳定、可靠的电力供应。

为了满足国内不断增长的用电需求，电力系统一直在不断发展和变革。自20世纪90年代以来，电力市场化改革逐渐深入，国内市场化交易模式与国际接轨，推动了电力系统的竞争和创新，同时，我国电力系统还在高压直流输电、城市电网建设和智能电网建设等方面加强创新，提高了电网的安全性、经济性和可靠性。

此外，我国电力系统还不断提高现代化水平，积极应用新技术，如物联网、云计算、大数据和人工智能等，打造智能电网，进一步提高了能源利用效率，并为电力系统的可持续发展注入新的活力。

未来，我国电力系统将继续面临诸多挑战和机遇。随着新能源技术的不断发展和应用，电力系统将迎来更加广阔的发展前景。同时，随着社会发展对能源利用效率和环保要求的不断提高，电力系统也将不断加强技术创新和产业升级，为构建更加绿色、智能、高效的能源体系贡献力量。

1.2 电力系统的重要性

电力系统在国家经济发展中发挥着基石和支柱的作用，电力系统的稳定发展对维系现代社会生活的正常秩序不可或缺，其高效运营对于整个社会经济体系正常运行具有决定性意义。电力作为一种关键能源形态，已深度渗透并广泛应用于制造业、运输业、服务业等众多领域。一旦电力供应出现短缺或不稳定，将直接导致工厂生产受阻、交通系统瘫痪、网络通信中断等严重后果，进而对国民经济造成深远影响。因此，确保电力系统的持续健康发展是推动国家经济稳健前行，实现社会进步的重要保障。

电力系统在人们的日常生活中具有无可替代的地位，尤其在家庭用电领域表现突出，无论是基本的照明、煮食需求，还是取暖、降温设施的运行，都依赖于稳定的电力供应。电力系统的蓬勃发展也极大地推动了各类家电的应用普及，如电视、冰箱、洗衣机等现代化家电，这些产品借助电力驱动，极大地提升了人们生活的便捷性与舒适度。

电力行业的发展对环境保护和经济可持续发展也具有重要意义。传统化石能源（如煤炭和石油）的使用不仅会产生大量的二氧化碳，加剧全球变暖，还会对空气、水、土壤等资源造成一定的污染。因此，电力行业势必要朝着清洁能源和可再生能源的方向发展。这不仅有助于减少对自然资源的依赖，还能减少对环境的伤害。

现代化的技术创新和智能化应用促进了电力行业的高速发展，电力系统正在不断地引入新的技术，如智能电网、智能计量等。这些技术的应用不仅提升了电力系统的效率和安全性，同时也带来了更加便利和智能的能源管理方式，如图 1-1 所示。

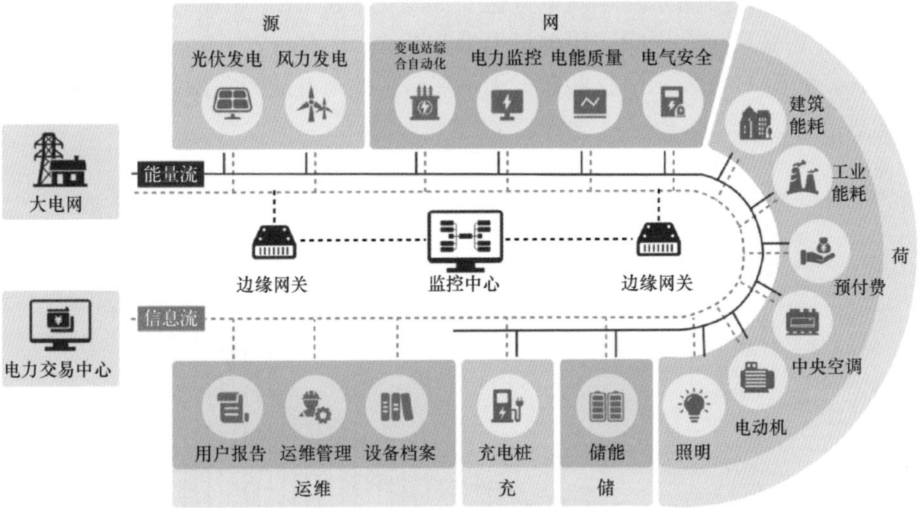

图 1-1 电力在智能化中的应用

综上所述，电力系统对于国家安全和社会稳定具有重要保障作用，为经济的发展、生活的便利、环境的保护以及科技的进步提供了关键支持。因此，应该加强对电力系统的重视和投入，推动其健康、可持续的发展，促进社会的进步和繁荣。

1.3 中国电力发展历程

1875 年，法国巴黎率先建成了世界上首家发电厂，这一里程碑式的事件标志着人类正式步入了发电与用电的新纪元。与此同时，中国的电力历史也在悄然展开。1879 年，上海首次点亮了中国第一盏电灯，这一光芒不仅照亮了夜晚的上海，更象征着中国电气化的开端。1882 年，英国人立德尔（R. W. Little）创办了上海电气公司，建成了中国第一家发电厂，标志着中国电力工业诞生，标志着中国正式迎来了用电时代，从此开启了电力发展的新篇章。

1978 年 12 月，举世瞩目的十一届三中全会召开，中国正式确立了对内改革、对外开放的伟大政策。在这一历史性的时刻，我国的电力事业也取得了显著成就。当时的电力装机容量达到了 5712 万 kW，年发电量跃升至 2565.5 亿 kW·h，年用电量也达到了 2535 亿 kW·h，这些数据展现了我国电力事业的蓬勃发展。

至2023年底，我国发电装机容量已高达29.2亿kW，相较于改革开放初期的5712万kW，实现了约51倍的高速增长，年均增速更是稳定在9.1%的强劲水平，如图1-2所示。年发电量达92888亿kW·h，相比过往增长了约36倍，如图1-3所示。同时，用电量也攀升至92241亿kW·h，实现了约36倍的增长，如图1-4所示。这些数据无不展示了改革开放为我国带来的巨大变革和无尽活力。

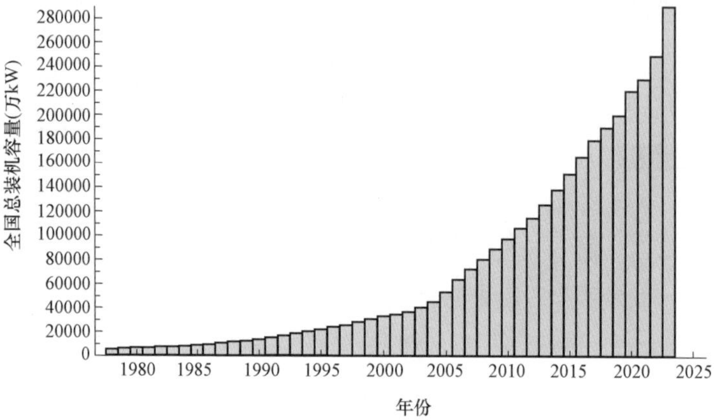

图1-2　装机容量

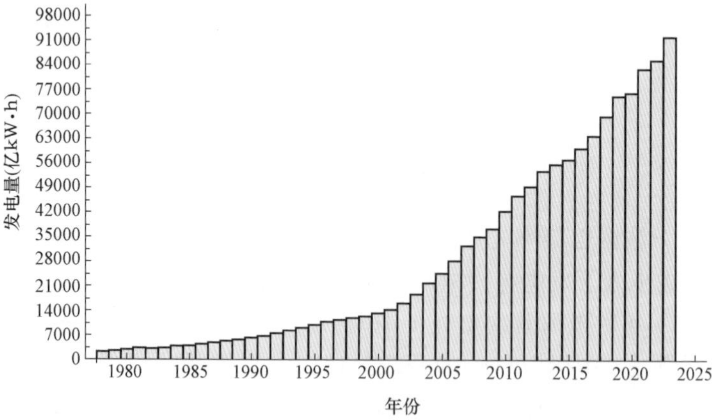

图1-3　发电量

中国电网的发展历程，是一部跌宕起伏、波澜壮阔的史诗。自19世纪40年代起，中国便踏上了这条充满挑战与机遇的征途。面对技术封锁与核心设备进口受限的严峻挑战，中国电网的奋斗者们并未因此却步，反而以无比坚定的

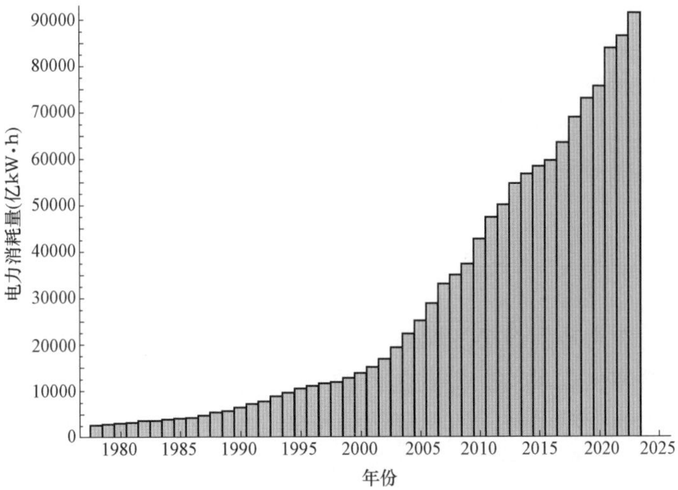

图 1-4 消耗量

决心和持之以恒的努力，不断探索与试验，逐一破解了诸多技术难题，逐步建立起规模庞大的电力系统。在这一过程中，中国电网历经风雨洗礼，展现出坚韧不拔、勇往直前的精神风貌，胸怀对电力事业深沉的热爱以及对国家繁荣昌盛的强烈责任感，敢于突破创新、积极进取，凭借着坚韧不拔的精神力量，为中国电网的稳健且自主可控发展构筑了牢固基石。

迈入 21 世纪，科技的迅猛发展和经济社会的深层次变革为我国电网行业开启了前所未有的广阔前景。以智能电网、特高压为代表的一系列尖端技术持续涌现，如同强大的引擎，有力驱动了我国电网向现代化、智能化转型升级的步伐。在此过程中，我国电网从业者秉承敢为人先、勇攀高峰的精神风貌，积极引领技术创新潮流，矢志不渝地推动产业升级，为我国电网事业的发展注入源源不断的生机与活力。

时至今日，我国电力工业历经艰辛，成功扭转了长期面临的“电力短缺”困境，实现了从电力供应严重不足到总体充裕的战略性转型，这一历史性转变是我国经济社会发展的重要里程碑。作为驱动国家经济发展的重要力量，电力工业所取得的迅猛进步不仅为我国经济的飞速崛起奠定了坚实基础，而且通过用电量的增长态势，可清晰地感知我国经济强劲的心跳与旺盛的生命力。

中国电力工业一路披荆斩棘，电力供应完成了从捉襟见肘到富余充足的跨越式发展。尤为值得一提的是，中国电网在技术领域的巨大突破令人瞩目，成功实现了从高度依赖国外技术到引领全球电力科技的重大升级。特别是在特高压输电技术方面，我国取得了世界公认的突出成就；同时，中国生产的电网设备出口总量已稳居世界第一，这充分证明了中国在电网技术和装备制造领域已经牢固确立了全球领先地位。

中国电力辉煌成就的背后，展现着一代代电网人持之以恒、无私奉献的精神风貌。他们凭借超凡的智慧和顽强的毅力，共同铸就了中国电网波澜壮阔的发展历程，为中国电力事业的宏大叙事增添了浓墨重彩的一笔。

1.4 挑战与机遇

电力行业作为现代经济发展的基石，为国民经济的蓬勃发展提供了源源不断的能源供给和强劲动力。工业生产的机器轰鸣、居民日常生活的温馨灯火，都离不开电力的默默奉献。随着全球经济的迅猛发展和能源需求的持续攀升，电力行业迎来了前所未有的发展机遇，同时也面临着诸多挑战。然而，正是这些挑战，推动着电力行业不断创新、不断前进，为构建更加绿色、智能、高效的能源体系贡献力量。我们期待着电力行业的未来，更加繁荣昌盛，为国家的繁荣富强和人民的幸福生活提供更为坚实的能源保障。

随着人们环保意识的日益增强和新能源技术的飞速发展，电力系统正面临着一场重大的能源结构调整。为了满足可持续发展的需求，电力系统必须加快清洁能源的开发和利用步伐，逐步减少对传统化石能源的依赖。这一调整不仅有助于减少环境污染、改善空气质量，更能推动电力系统向更加绿色、低碳的方向发展，为构建美丽中国和实现全球能源转型做出积极贡献。在这个过程中，电力行业需要积极拥抱创新，不断提升清洁能源技术的研发和应用水平，为未来的能源发展奠定坚实基础。

随着电力需求的持续增长，电力供需平衡的难度日益凸显。为确保电力供应的稳定性和可靠性，电力系统必须加强调度和规划，精准把握市场需求，科学安排电力生产和输送。通过优化资源配置、提升运营效率、加强电网建设等措施，电力系统将有效应对电力供需矛盾，为经济社会的持续健康发展提供坚实保障。

随着科技的日新月异，电力系统正迎来前所未有的创新浪潮。为了提升能源利用效率和管理水平，电力系统必须不断推动科技创新和产业升级，积极引进和应用新技术、新工艺和新设备。通过运用智能化、数字化等先进技术，电力系统将实现能源利用的高效化和管理的精细化，为行业的可持续发展注入强劲动力。

电力系统肩负着安全生产的重要责任，对设备维护和人员培训的管理必须严谨而细致。为了确保电力生产的安全和稳定，电力系统应建立健全设备维护体系，定期对设备进行检修和保养，及时发现并消除潜在的安全隐患。同时，加强对从业人员的培训和教育，提高他们的安全意识和操作技能，确保每一个生产环节都严格遵守安全规程和操作规范。只有如此，电力系统才能确保电力生产的安全稳定，为社会经济的健康发展提供有力保障。

随着新能源技术的广泛应用，电力行业正迎来一个全新的发展机遇。抓住这一契机，电力系统可加快对可再生能源的开发与利用步伐，大力推广太阳能、风能等清洁能源，提高能源利用效率，显著提升环保水平。这不仅有助于推动电力系统的绿色转型，更是对全球能源结构优化的积极贡献。随着新能源技术的持续创新，电力系统将迎来更加美好的发展前景，为人类社会的可持续发展注入强大动力。

智能电网的建设为电力系统的蓬勃发展带来了前所未有的机遇。通过大力推进智能电网建设，显著提升了电网的智能化、互动化和自动化水平，使得电力调度更加精准高效，能源利用更加优化，进一步增强了电力供应的可靠性和稳定性。未来，智能电网必将成为电力系统转型升级的重要引擎，引领电力系统迈向更加智能、绿色、高效的发展道路。

通过将先进的互联网技术与能源产业深度融合，电力系统将实现能源的智能生产、优化配置和高效利用，进一步提升能源利用效率和经济效益。这种创新发展模式不仅有助于推动电力行业的转型升级，更为全球能源体系的可持续发展贡献了智慧和力量。随着能源互联网技术的不断完善和应用，电力系统也将迎来更加广阔的发展空间。

综上所述，电力系统面临的挑战与机遇并存。为了应对挑战和抓住机遇，电力系统需要加强科技创新、调整能源结构、注重供需平衡和安全生产等方面的管理和投入；同时，也需要加强与其他行业的合作与交流，共同推动能源产业的可持续发展。

1.5 大模型在电力系统的潜力

大模型技术已在众多行业领域中广泛应用并彰显出重要的价值，大模型在电力系统中也具有巨大的应用潜力，有望为电力系统带来巨大的创新和变革，主要体现在以下方面：

（1）大模型在电力系统的智能调度中发挥着关键作用。大模型可为电力资源的合理配置提供强大支持。借助对历史数据和实时数据的深入分析，大模型能协助调度员精准预测电力需求，制订更优的发电计划。这不仅有助于提升电力系统的运行效率，更能显著增强其可靠性，确保电力供应的稳定性和连续性。通过智能调度可显著提高能源利用效率，对降低电网运行成本、提高经济效益具有重要意义。

(2) 大模型在电力设备智能运监中发挥着重要作用，能显著提升设备的可靠性和安全性。借助实时监测技术，大模型能精准把握设备的运行状态和各项参数，从而精准预测潜在的故障和维护需求。一旦发现问题，大模型能迅速做出反应，为运维人员提供有效的解决方案，从而降低了运维成本和风险。通过智能运监，大模型为电力设备的稳定运行提供了有力保障，为电力系统的持续健康发展奠定了坚实基础。

(3) 大模型在电力用户服务和需求侧管理中展现出了巨大的应用潜力，应用大模型有助于提升用户满意度，提升能源利用效率。通过对用电行为和用电需求的分析，大模型可为电力企业提供精准的数据支持，使其能制订更加个性化、精细化的营销服务策略，增强用户对电力企业的信任度和忠诚度。未来，随着大模型技术的不断发展和完善，其在电力用户服务和需求侧管理中的应用将更加广泛和深入，并为电力系统带来更多的创新和机遇。

(4) 大模型在新能源发电预测方面发挥着日益重要的作用，可显著提高预测准确性和可靠性。随着新能源技术的蓬勃发展，风能、太阳能等清洁能源在电力系统中得到了广泛应用。通过挖掘历史数据和气象数据的潜在关系，大模型能精准预测新能源发电的产出和需求趋势，从而为电力企业提供有力的决策支持。有助于优化新能源的并网和调度策略，推动新能源与电力系统的深度融合，促进电力行业的绿色转型。

(5) 大模型在电力市场分析领域具有广阔的应用前景，可为电力企业制订市场策略提供强有力的支持。通过深入剖析市场数据和竞争态势，大模型能精准捕捉市场变化和价格波动趋势，为电力企业提供前瞻性的市场洞察。借助大模型的智能分析，电力企业能制订更加明智、精准的定价和营销策略，从而提升市场竞争优势。

综上所述，大模型在电力系统中具有巨大的应用潜力。通过将大模型技术应用于智能调度、智能运监、用户服务、新能源发电预测和电力市场分析等领域，可提高电力系统的效率和可靠性，降低成本和风险，推动能源产业的可持续发展。

1.6 本章小结

通过本章介绍，读者应该对电力系统的发展历程、产业体系以及电力系统的重要性有了一个初步的认识。随着经济的发展和社会的进步，电力行业也将面临一系列的挑战与机遇。本章重点分析了大模型在电力系统的巨大应用潜力。我们相信，通过构建以“数智化”为主要特征的新型能源体系，可有效提升供电服务的质量和效率，进一步推动国家绿色低碳循环经济的发展。

2 大模型概述

本章讨论的“大模型”，是特指在人工智能和自然语言处理领域的大模型。大模型最初是伴随着自然语言处理技术的不断发展而产生的，这是由于文本数据的数据量更大且更容易获取。目前大模型最大的分类还是大语言模型，后来衍生出一些语言与其他形式融合的大模型，例如，文字生成音乐、文字生成图像、文字图像生成视频等。

2022 年 11 月 OpenAI 公司（位于美国硅谷的一家高科技公司）发布了聊天机器人 ChatGPT，该程序基于语言大模型（LLM，Large Language Model）GPT - 3.5 架构，使用指令微调（Instuction Tuning）和人类反馈的强化学习技术（RLHF，Reinforcement Learning with Human Feedback）进行训练。ChatGPT 仅用 5 天达到百万用户，2 个月达到 1 亿用户，用户增长史上最快。2023 年 3 月 14 日 OpenAI 公司发布了 GPT - 4，该程序通过模拟美国律师资格考试，分数在应试者前 10%，这表明它能理解并应用法律知识解决现实问题，不仅如此，在各种专业和学术基准上 GPT - 4 也表现出人类的水平。

ChatGPT/GPT - 4 的推出标志着自然语言处理（NLP）技术的重大进步，尤其是生成式模型在对话交互方面的突破。它不仅展示了 Transformer 架构在大规模训练后所能达到的高度智能化水平，还带动了全球范围内对大模型研究和开发的热潮。ChatGPT 的发布带来了广泛的影响，包括技术革命、产业变革和劳动力结构转型等方面。对于大众而言，ChatGPT 让更多人体验到了先进的人工智能技术，提升了公众对 AI 的认知度，同时也抬高了对未来 AI 应用形态的期待值。

2.1 大模型定义

2.1.1 什么是大模型?

在给大模型下定义之前我们先考虑一个问题：有大模型就有小模型，那么大模型和小模型有什么区别？了解这些区别，有助于我们理解大模型的“大”，究竟“大”在哪里。

小模型通常指参数较少、神经网络层数较浅的模型，它们具有轻量级、高效率、易于部署等优点，适用于数据量较小、计算资源有限的场景，例如移动端应用（相机美颜等）、嵌入式设备、物联网等。当模型的训练数据和参数不断扩大，直到达到一定的临界规模后，其表现出了一些超出预期的、更复杂的能力和特性，能从原始训练数据中自动学习并发现新的、更高层次的特征和模式，这种能力被称为“涌现能力”。而具备涌现能力的机器学习模型就被认为是独立意义上的大模型，这也是其和小模型最大意义上的区别。

相比小模型，大模型通常参数较多、堆叠的神经网络层数较深，具有更强的表达能力和更高的准确度，但也需要更多的计算资源和时间来训练和推理，适用于数据量较大、计算资源充足的场景，例如自然语言处理、计算机视觉、智能电网等。

业界和学术界逐渐形成了对大模型较为统一的认识和定义，即大模型是指具有极大规模参数和复杂计算结构的深度神经网络机器学习模型。在深度学习领域，大模型通常是指具有数亿到数千亿个参数的深度神经网络模型（或许经过 3～5 年的技术发展，大模型的参数规模门槛可能提高到万亿这个水平）。这些模型需要大量的计算资源和存储空间来训练和存储，并且往往需要进行分布式计算和特殊的硬件加速技术。这些模型通常在各种领域，如自然语言处理、图像识别和语音识别等方面，表现出高度的准确性和优秀的泛化能力。

初识大模型需要说明的以下几个概念：

大模型（Large Model，也称基础模型，即 Foundation Model）：是指具有大量参数和复杂结构的机器学习模型，能处理海量数据、完成各种复杂的任务，如自然语言处理、计算机视觉、语音识别等。

超大模型：超大模型它是大模型的一个子集，具有远超过大模型的参数量，是指比大模型更大、更复杂的人工神经网络模型，通常拥有数万亿到数千万亿个参数。与大模型相比，超大模型更加复杂，需要更大的计算资源和更长的训练时间。目前，已经有一些知名的超大模型框架和代表性模型，如 NVIDIA 公司开发的 Megatron 框架，它能训练规模高达数万亿个参数的语言模型，具有很高的性能和扩展性。另外，OpenAI 公司提出的 Foundation Model 概念也旨在推动超大模型的发展和应用。

大语言模型（LLM，Large Language Model）：通常是具有大规模参数和计算能力的自然语言处理模型，例如 OpenAI 的 GPT-3 模型。这些模型可通过大量的数据和参数进行训练，通过学习大量的文本数据，大语言模型能获得对语言结构、语法、语义等方面的深入理解，从而生成具有逻辑和连贯性的语言输出。此外，LLM 还具备强大的表征学习能力，能处理复杂的任务。

GPT（Generative Pre-trained Transformer）：GPT 和 ChatGPT 都是基于 Transformer 架构的语言模型，但它们在设计和应用上存在区别：GPT 模型旨在生成自然语言文本并应对各种自然语言处理任务，如文本生成、翻译、摘要等。它通常在单向生成的情况下使用，即根据给定的文本生成连贯的输出。

ChatGPT：ChatGPT 则专注于对话和交互式对话。它经过特定的训练，以更好地处理多轮对话和上下文理解。ChatGPT 设计用于提供流畅、连贯和有趣的对话体验，以响应用户的输入并生成合适的回复。

2.1.2 大模型的分类

（1）按功能或输入数据类型的不同，大模型主要可分为以下三大类：

1）语言大模型。是指在自然语言处理（Natural Language Processing，NLP）领域中的一类大模型，通常用于处理文本数据和理解自然语言。这类大模型的主要特点是它们在大规模语料库上进行了训练，以学习自然语言的各种语法、语义和语境规则。例如：GPT 系列（OpenAI）、Bard（Google）、文心一言（百度）。

2）视觉大模型。是指在计算机视觉（Computer Vision，CV）领域中使用的大模型，通常用于图像处理和分析。这类模型通过在大规模图像数据上进行训练，可实现各种视觉任务，如图像分类、目标检测、图像分割、姿态估计、人脸识别等。例如：VIT 系列（Google）、文心 UFO、华为盘古 CV、INTERN（商汤）。

3）多模态大模型。是指能处理多种不同类型数据的大模型，例如文本、图像、音频等多模态数据。这类模型结合了 NLP 和 CV 的能力，以实现对多模态信息的综合理解和分析，从而更全面地理解和处理复杂的数据。例如：DingoDB 多模向量数据库（九章云极 DataCanvas）、DALL-E（OpenAI）、悟空画画（华为）、Midjourney。

（2）按参数的分布特性或计算效率来区分，大模型可分为稀疏大模型和稠密大模型。稀疏大模型具有大量稀疏参数，适合使用 CPU 或 GPU 参数服务器模式进行训练；而稠密大模型则拥有大量非零值的参数，适合使用纯 GPU 集合通信模式进行训练。

1）稠密大模型。稠密大模型指的是模型中的大多数权重（参数）在训练过程中都被更新并保持非零值。这些模型具有大量的参数，并且参数在整个模型结构中均匀分布，不采取特别的稀疏化技术。例如，GPT-3、BERT 等 Transformer 架构的大型预训练模型就是典型的稠密大模型，它们拥有数十亿乃至上千亿个参数，这些参数在整个网络中几乎都是活跃参与计算的。

2）稀疏大模型。稀疏大模型则是在训练后或设计时有意引入了稀疏性，即大部分权重参数接近于零或直接设置为零，仅保留少数非零参数进行有效计算。这样做的目的是为了降低计算复杂度、减少存储需求以及提高模型的泛化能力。例如，在大规模语言模型中采用稀疏激活（如 MoE，Mixture of Experts）策略，每个时间只有一部分神经元被激活参与计算，从而使得模型参数虽然总量很大，但在实际运行时表现为稀疏计算，显著降低了资源消耗。

（3）按应用领域的不同，大模型主要可分为 L0、L1、L2 三个层级。

1）通用大模型 L0。是指可在多个领域和任务上通用的大模型。它们利用大算力、使用海量的开放数据与具有巨量参数的深度学习算法，在大规模无标注数据上进行训练，以寻找特征并发现规律，进而形成可“举一反三”的强大泛化能力，可在不进行微调或少量微调的情况下完成多场景任务，相当于 AI 完成了“通识教育”。

2）行业大模型 L1。是指那些针对特定行业或领域的大模型。它们通常使用行业相关的数据进行预训练或微调，以提高在该领域的性能和准确度，相当于 AI 成为“行业专家”。

3）垂直大模型 L2。是指那些针对特定任务或场景的大模型。它们通常使用任务相关的数据进行预训练或微调，以提高在该任务上的性能和效果。

2.2 大模型的技术演进

大模型是众多算法的集合，神经网络就是这众多集合里最大的集合之一。从人脑的结构出发，最底层的单元是神经元，类似计算机最底层的单元是几种逻辑门，这样的逻辑单元（神经元），人脑有上千亿个，每一个神经元都与其他神经元连接。如果模拟这个系统，就如同《三体》里用三千万名士兵模拟与非门构成计算机一样，就会成为一个非常复杂的系统[1]，这个系统可做出像人脑那样的功能，他能创建自适应系统，从错误中学习，改进。

1943 年沃伦·麦克库洛克（Warren McCulloch 1898—1960）和沃尔特·

[1] 在刘慈欣的科幻小说《三体》中，描述了使用三千万名士兵作为“电路”来模拟二进制非门的设想。这个设想是基于人脑的神经元连接和电信号传递原理，将士兵比作神经元，通过特定的指令和动作来模拟电子计算机中的逻辑门。在这个设想中，每个士兵都有两种状态：“开”（表示 1）和“关”（表示 0）。他们可通过举旗子、喊口号等方式来传递信息。当某个士兵接收到来自上级的命令时，他会根据命令改变自己的状态，并将命令传递给下一级士兵。这样，通过层层传递，最终可实现复杂的计算任务。

皮茨（Walter Pitts 1923—1969）发表了一篇名为《A Logical Calculus of the Ideas Immanent in Nervous Activity》的论文，提出了一种由二进制神经元和逻辑门组成的人工神经元模型（见图 2-1）。这个模型受到了生物神经元（见图 2-2）的启发，成为后来神经网络算法发展的基础。他们提出把大脑最基本的神经元[1]数学化，创建一个足够简单、足够通用的模型，有输入、有计算、有输出。以至到现在大多数神经网络的最基本单元都是这个模型。

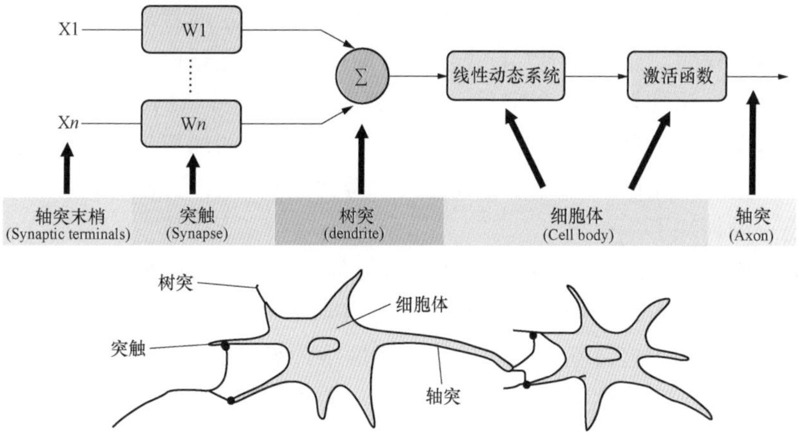

图 2-1　人工神经元模型

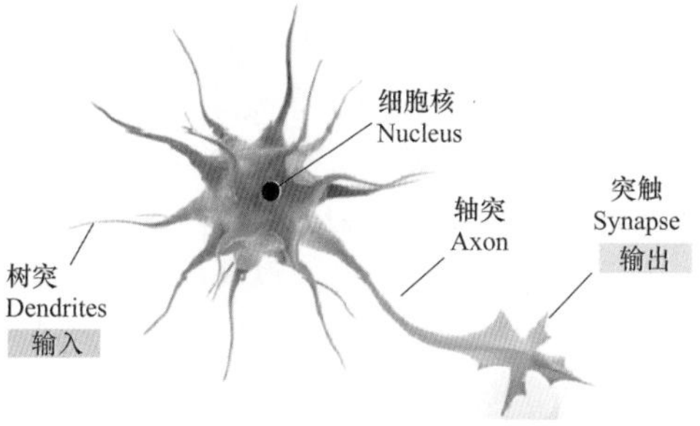

图 2-2　神经元生理结构

以现在的眼光来看当时这个模型还相当简陋，后来做出突破的是美国康奈

❶ 人脑是约有千亿规模的基本单元（称之为神经元）经过复杂的相互连接而成的一种高度复杂的、非线性的、并行处理的信息处理系统。

儿大学的一位心理学教授——弗兰克·罗森布拉特[1]，他基于神经元理论做出了一些改进，更重要的是他通过实验得到了结果。1958年他设计了一种名为感知机的机器，来模仿神经网络的工作机制，并在实验室制造了一台。这套机器可感知、识别简单图形。它一套外设（起到眼睛的作用），用于给计算机提供信息输入；一台重达5t的IBM704计算机，用于运算；还有一套算法或一套运算程序。他研究的思路是这样的：人的大脑能做出最简单的操作是二元判断，是黑是白、向左向右，只有两个答案的，最容易判断，那就从这里出发。这套机器是做怎样的二元判断呢？首先用外设即一套感光元器件，用于提供给计算机一个输入，比如输入一个字母，然后程序在机器上运算，计算输出一个结果，看这个结果是对是错，然后把这个结果通过一定的加权，再作为运算程序的下一次输入，通过反复的循环或递归，得到正确结果的概率值会不断增大，这就是一种训练了。

1960年6月23日，罗森布拉特做出了基于神经网络设想的工程机，他把这套设备叫MARK｜感知器（Mark-1 ｜ Perceptron），Mark-1问世后在社会各界引发轰动，这台基于感知机的神经网络计算机（见图2-3），成功地向美国公众展示了它是如何识别英文字母的。这个模型看似只是简单地把一组神经元平铺排列在一起，但是它配合赫布法则即可做到不依靠人工编程，仅靠机器学习就能完成一部分机器视觉和模式识别方面的任务。现在的神经网络已经可达上百层，而当时的只有一层（single-layer neural network），但是已经有一定的训练感了。在这个模型出现以后，神经网络的研究出现了一定程度的停滞，早期的计算机运算能力不够强，操作系统也不够完善，实验的输入、输出都非常麻烦，当然这些都不是最重要的，最重要的是，从20世纪60年代后期开始来自美国国防部和军方的资助越来越少，到1975年基本上就暂停了。

---

[1] 弗兰克·罗森布拉特（Frank Rosenblatt，1928年7月11日—1971年7月11日）是神经网络学习理论和人工智能领域的先驱者之一。他最为知名的贡献是提出了一种被称为感知机（Perceptron）的神经网络模型。感知机是一种单层的人工神经网络，能学习识别和分类输入数据。1962年，罗森布拉特出了一本书——《神经动力学原理：感知机和大脑机制的理论》，此书总结了他对感知机和神经网络的主要研究成果，一时被连接主义学派奉为"圣经"。罗森布拉特的成果引起了科学界的关注，并且得到了美国空军和邮政部门的资助。空军希望在航拍照片中识别目标，邮政则希望他能帮着读取信封上的地址。1970年，他成为神经生物学和行为研究生领域的现场代表，并于1971年成为神经生物学和行为科的代理主席之一。1971年7月11日，罗森布拉特在43岁生日当天，在美国切萨皮克湾的一艘游船上"意外"落水，不幸身亡，享年43岁。

20世纪40年代开始美国的海军和国防部大量资助了一些前沿领域的研究，像计算机、互联网、ai、翻译软件等。我们知道互联网的前身是APARNET，ARPA是美国国防部的一个分支机构高级研究计划局（Defense Advance Research Projects Agency），当时他们为了在战争中互联指挥系统，发明了互联网。

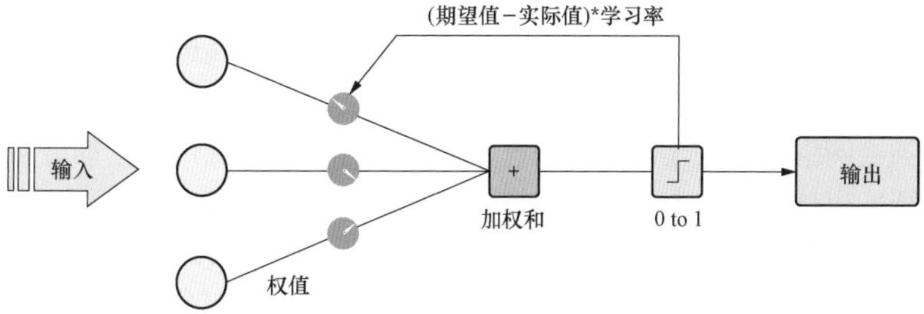

图 2-3 感知机模型简易描述

1969 年，马文 · 明斯基（Marvin Minsky）[1] 和塞缪尔 · 佩普特（Seymour Papert）在他们的著作《Perceptrons》中描述了一种单层感知机无法解决的问题，即 XOR（异或）问题。异或问题是指，给定两个二进制输入，如果两个输入相同（都是 0 或都是 1），则输出为 0，如果两个输入不同（一个为 0，一个为 1），则输出为 1。感知机是一种简单的线性分类器，它通过计算输入特征与权重之间的加权和，然后将结果与阈值进行比较来做出决策。而 XOR 问题是一个非线性可分问题，所以单层感知机无法直接解决它，因为感知机无法找到一个权重向量，使得对于所有可能的输入组合，输出都是正确的。他们进一步指出，即使使用当时最先进的计算机，也没有足够的计算能力来完成神经网络模型所需要的超大计算量，例如调整网络中的权重参数等。这个发现对当时的人工智能研究产生了深远的影响，许多人开始怀疑感知机的能力，神经网络研究的进展也因此陷入了一段时间的低谷。由于明斯基的巨大声望，不但罗森布拉特被学术界抛弃，就连感知机背后的神经网络也失去了前途，甚至成为伪科学。人工智能就此消沉了十年。异或问题的提出对于人工智能领域的发展具有重要意义，因为它揭示了感知机的局限性，这个问题也促使人们开始研究更复杂、更深层次的神经网络结构，如多层感知机（Multilayer Perceptron，MLP）等，后来随着多层感知机和其他深度学习模型的发展，XOR 问题得到了有效解决。从而推动了人工智能领域的发展。

明斯基和罗森布拉特之间的争论被称为人工智能领域的“路线之争”。这

[1] 马文 · 明斯基（1927 年 8 月 9 日—2016 年 1 月 24 日）曾为美国麻省理工学院媒体艺术与科学学院教授，麻省理工学院人工智能实验室的联合创始人，思维机器公司（Thinking Machines，Inc.）创始人，人工智能领域首位图灵奖获得者，是世界知名的计算机科学家。他于 1950 年在哈佛大学获得本科学位，1954 年在普林斯顿获得博士学位。他在人工智能（机器学习、知识表示、常识推理、计算机视觉、机器人操作）、认知心理学、神经网络、自动机理论、符号数学、图形学和显微镜技术等多个领域均做出重要贡献，被誉为“人工智能之父”。他对人类智力结构和功能的研究体现在他的两本开创性著作《情感机器》和《心智社会》中。著作《计算：有限和无限机器》《感知：计算几何导论》发表之后，获得了一系列奖项，名气最大的就是，美国计算机协会的图灵奖（A. M. Turing Award1969 年获奖）。马文 · 明斯基在 20 世纪 60 年代的研究也是美国军方资助的。

场争论的核心在于实现人工智能的方法。明斯基主张通过逻辑和符号系统来实现人工智能，这一观点被称为“自顶向下”的方法。他认为人工智能应该具有清晰的结构和逻辑，可通过编程和推理来实现。而罗森布拉特则主张通过模拟大脑的神经网络来实现人工智能，这一观点被称为“自底向上”的方法。他认为人工智能应该从模仿大脑的基本结构和功能开始，通过学习和适应来实现智能。这场争论在 1956 年夏天的达特茅斯会议上达到了高潮（麦卡锡和明斯基牵头在达特茅斯学院组织了一场以人工智能为主题的研讨会，开启了人工智能作为一个学科的问世）。在这次会议上，明斯基和麦卡锡等人提出了“人工智能”这一术语，并主张人工智能应该基于符号系统来实现。随着计算能力的提高和新的学习算法的出现，神经网络研究在 20 世纪 80、90 年代逐渐复苏，并在 21 世纪成为人工智能领域的重要分支。

从整个人工智能发展的历程来看，明斯基（Marvin Minsky）和罗森布拉特（Frank Rosenblatt）在人工智能领域内并没有直接的“路线之争”，但他们各自的研究方向和方法代表了早期人工智能发展中的两种重要流派。罗森布拉特是感知机（Perceptron）模型的发明者，该模型是一种人工神经网络形式，在 20 世纪 50 年代和 60 年代初受到广泛关注。感知机通过模拟生物神经元的工作原理进行模式识别，展示了一种基于连接主义的学习机制，它能通过训练调整权重来实现简单的分类任务。而明斯基则是人工智能领域的先驱之一，他与约翰·麦卡锡（John McCarthy）等人共同创立了 MIT 人工智能实验室，并提出了多种 AI 理论框架，包括符号主义（Symbolic AI）[1]。符号主义着重于逻辑

---

[1] 符号系统，也称为符号主义或逻辑主义或基于规则的 AI，是人工智能领域的一种主流方法论。主张使用符号和逻辑规则来表示知识和推理，通过明确的符号操作和逻辑推理来模拟人类智能行为。符号系统基于传统的逻辑和计算机科学理论，强调知识和推理的明确性和精确性。在符号系统中，人工智能程序被设计成类似于人类的逻辑推理过程，通过符号操作和规则应用来进行推理和决策。这一方法在 1956 年达特茅斯会议后得到重视，并在随后几十年里占据主导地位。

与此相反，神经网络主张通过模拟人脑神经元的连接方式来实现人工智能。神经网络基于生物神经系统的结构和功能，通过大量的神经元之间的连接和权重调整来进行学习和推理。神经网络强调从数据中自动提取特征和模式，并通过训练和优化来提高性能。

在 20 世纪 80 年代初期，符号系统和神经网络之间出现了激烈的争论。符号主义者认为神经网络缺乏明确性和可解释性，无法像符号系统一样进行精确的推理和解释。而神经网络的支持者则认为符号系统过于简化和抽象，无法处理复杂的现实世界问题，而神经网络则可通过学习自动适应和处理各种复杂情况。

20 世纪 80 年代中期至 90 年代初，随着反向传播算法的复兴以及计算能力的显著提升，连接主义或者说神经网络方法逐渐回归并崛起。这一时期，“符号主义”与“连接主义”之间的争论尤为激烈，因为这两种范式在如何实现人工智能方面采取了截然不同的途径：符号主义强调清晰的知识表示和逻辑推理，而连接主义则注重从数据中学习和模式识别。

这场争论在人工智能领域持续了很长时间，并且在某种程度上影响了人工智能的发展方向和应用领域。随着技术的不断发展和融合，符号系统和神经网络之间的界限也逐渐模糊，很多现代人工智能系统都结合了符号和神经网络的方法和技术。

推理、知识表示以及使用明确规则解决问题的方法，这与罗森布拉特的连接主义方法形成对比。虽然他们没有围绕某一特定路线展开针锋相对的竞争，但他们的工作确实分别代表了当时人工智能研究的两个主要分支：符号主义与连接主义。这两种方法论在人工智能的发展史上都有着重要意义，后来也相互影响和发展，最终在现代深度学习和其他混合方法中找到了融合点。

2016 年被认为是人工智能发展的一个重要的年份，2016 年 3 月 15 日 DeepMind 公司的 AlphaGo 战胜了围棋顶尖大师李世石，2016 年 3 月 23 微软聊天机器人 Tay 学会了种族歧视言论，2016 年 10 月 17 日微软 AI 的语言识别能力首次超过人类。但这些人工智能发展中的重大事件背后是此前机器学习理论不断创新发展，上溯 10 年，也就是 2006 年，约书亚·本吉奥（Yoshua Bengio）、杰弗里·辛顿（Geoffrey Hinton）、杨·乐昆（Yann LeCun）发表了一篇论文《深度置信网的快速学习方法》[1]，开创了深度神经网络和深度学习的先河。

在介绍他们三个人之前，必须要介绍一下反向传播算法。反向传播算法（Back Propagation 简称 BP）是美国人保罗·韦伯斯（Paul Werbos）1974 年提出的，直到今天都是最成功也是使用频率最高的算法之一，但这个算法在当时有缺点，导致神经网络在 5 层以上训练效果就很不理想，体现在应用图像识别要处理的数据量就非常大，成本高、效率低。反向传播算法提出了一个神经网络模型，叫卷积神经网络（CNN，Convolutional neural Network），1989 年杨·乐昆基于此，提出了一个以自己名字命名的卷积神经网络 leNet，并且应

---

[1] 深度置信网络（Deep Belief Network，DBN）是一种概率图模型，由多层无监督的受限玻尔兹曼机（Restricted Boltzmann Machine，RBM）堆叠而成。DBN 是一种深度学习模型，可用于特征提取、分类和回归等任务。DBN 的基本结构包括多层隐藏单元和可见单元，其中每一层都包含一个 RBM，下一层的可见单元作为上一层的隐藏单元，逐层构建起来形成一个多层网络。每个 RBM 都可视为一个概率生成模型，能捕捉数据的分布式表示或特征层次。

深度置信网的快速学习方法主要有两种，Contrastive Divergence（CD）方法：基于对比散度的无监督学习算法，广泛应用于 DBN 的预训练过程中，它的作者是杰弗里·辛顿（Hinton G. E.）和杨·乐昆（Teh Y. W.）；Persistent Contrastive Divergence（PCD）方法：是对 CD 方法的改进，通过使用持续链来避免对比散度的有偏估计，它的作者是 Tieleman T. 和杰弗里·辛顿（Hinton G. E.）。

在预训练阶段，每一层 RBM 通过最大化似然函数来学习输入数据的特征表示。这通常使用对比散度 CD 算法来完成。在微调阶段，整个 DBN 使用有标签的数据进行监督学习，通过反向传播算法调整权重以最小化分类误差。

深度置信网络的主要优点是其分层结构，这使得模型能学习到输入数据的层次化特征表示。这使得 DBN 在处理图像、语音和文本等复杂数据时具有优势。此外，DBN 还可用于无监督学习任务，如聚类和降维。然而 DBN 的训练过程相对复杂，需要大量的计算资源和时间。此外 DBN 的可解释性较差，因为其内部表示和决策过程很难解释。尽管如此，DBN 仍然是深度学习领域的重要模型之一，并在许多实际应用中取得了成功。

用到数字识别上。同年约书亚・本吉奥开始研究卷积神经网络并且很快就应用语音识别，卷积神经网络是受到人的视觉系统启发，研究视觉信号怎样通过视网膜，一层一层传递到大脑皮层，然后进行处理，他与杨・乐昆的研究也应用在手写识别和文档分析上。1986 年杰弗里・辛顿[1]开始用反向传播算法进行多层感知器训练。这三个人都以反向传播算法为重要的研究对象，形成了自己的研究体系，三人研究独立，相互还有合作，终于在 2006 年的论文里把多年的研究结果结晶出来，一举奠定了深度神经网络和深度学习未来的走向和基调。在卷积神经网络的加持下，AI 的深度学习（Deep learning）终于实现了，可简单理解为以前编程需要通过一条条指令，明确地告诉计算机要做什么，遇到每种情况需要怎么处理，但经过深度学习之后，计算机可通过模型和大量数据的积累，掌握详细的情况该如何处理。到这一步，可以说人们已经掌握了训练 AI 的方法了。接下来，用什么模型让计算机来学习，就决定了模型输出的实际效果。

随着计算资源需求的增长和大规模数据集的出现，RNN（循环神经网络）和 CNN（卷积神经网络）在处理不同类型数据时表现出不同的局限性，CNN 系列模型存在训练速度慢、计算并行以及捕捉长距离依赖关系能力有限等问题日益突出，为了克服这些局限性，研究人员正在不断探索新的方法和技术，寻求能更好利用并行计算优势且能有效解决长距离依赖问题的新架构。在这种背景下如迁移学习、数据增强和对抗性训练等方法和技术陆续被应用。2017 年 Google Brain 团队于发表了一篇名为《Attention is All You Need》的论文，提出了 Transformer 模型。该模型完全抛弃了 RNN 结构，转而采用自注意力机制（Self - Attention Mechanism），使得模型能在单个步骤中考虑整个输入序列的信息，并通过多头注意力（Multi - Head Attention）和其他创新设计，显著提升了处理效率和性能，尤其是在机器翻译任务上取得了突破性成果。

Transformer 的成功不仅在于其优越的性能表现，还因为它开启了预训练

---

[1] 杰弗里・辛顿（Geoffrey Hinton），1947 年 12 月 6 日出生于英国温布尔登，2018 年图灵奖得主，英国皇家学会院士，加拿大皇家学会院士，美国国家科学院外籍院士，多伦多大学名誉教授。杰弗里・辛顿致力于神经网络、机器学习、分类监督学习、机器学习理论、细胞神经网络、信息系统应用、马尔可夫决策过程、神经网络、认知科学等方面的研究。

1986 年辛顿与心理学家大卫・鲁梅尔哈特（1942—2011）在《自然》杂志上发表了论文《通过误差反向传播算法的学习表示》。用一种切实可操作的训练多层神经网络的方法，彻底扭转了明斯基《感知机》一书带来的负面影响。

2006 年，辛顿发表《通过神经网络进行数据降维处理》和《一种基于深度信念网络的快速学习算法》，这两篇文章论证出深度学习有两个优势：①它的表示能力；②更加关键，深度学习能让神经网络实现机器学习。深度学习元年就此开启，神经网络让人工智能找到了方向，此后神经网络进入快速发展的阶段。

模型和微调方法的新时代，比如 BERT（Bidirectional Encoder Representations from Transformers）和 GPT（Generative Pretrained Transformer）系列模型，这些模型进一步推动了 NLP 领域的发展，成为现代 NLP 技术的基石之一。除了在 NLP 领域大放异彩，Transformer 也逐渐被引入到计算机视觉、语音识别、推荐系统等领域，展现出了跨模态通用模型的潜力。

学术界对 Transformer 的工作机制、优化方法、理论极限等方面的研究也在不断深入，为未来 Transformer 模型的进一步发展提供了理论支撑。Transformer 模型正处于一个蓬勃发展的阶段，其地位和影响力仍在不断提升，并持续引领着深度学习尤其是自然语言处理领域的技术革新。

在 2021 年之前 AI 从事的工作还比较简单，比如美颜、语音合成、给视频提升分辨率等。直到 2021 年经过反复验证，扩散模型（Diffusion Models）[1]的有效性逐步得到大家的认可，在业界广泛使用。这个模型将一个个数据视为空间中的一个个粒子，然后随着时间的推进，每个粒子会根据其他粒子的相似度，以一定的概率进行扩散，最终计算机就能根据每个粒子的概率密度函数运算出来新的数据点，就是 AI 创造出来了新的东西，实际上 AI 并不能真正理解

[1] 机器学习和计算机视觉中的扩散模型：是一种生成模型，它受到热力学的启发，它模拟了信息或信号通过介质逐渐传播的过程，通过反转噪声过程来学习生成数据。从数据角度看它通过模拟数据的生成过程来学习数据的分布。该模型分为扩散过程（forward/diffusion process）和逆扩散过程（reverse process）。扩散模型的基本思想是：将数据看作是从某种简单分布（如高斯噪声）经过一系列扩散过程得到的结果。通过反向模拟这个过程，扩散模型可生成新的数据样本。扩散模型的核心是定义一个前向扩散过程和一个逆向扩散过程。前向扩散过程将简单分布的数据逐步扩散到复杂的数据分布，而逆向扩散过程则从复杂的数据分布逐步恢复到简单分布。通过训练逆向扩散过程，扩散模型可学会生成符合目标数据分布的新样本。

从数学角度来看，扩散模型本质上是一个 SDE/Markov 架构，尽管它也借鉴了神经网络的前向传播/反向传播概念。正向 SDE 过程可被看作是一个由随机微分方程描述的连续情况，而逆向 SDE 过程则是其反向过程。除了无条件控制下的扩散模型，还有条件控制生成结果，可通过事前控制（在训练初始阶段加入条件控制信号）和事后修改（在生成结果之后采用类似于 prompt 的方式对结果进行调整）来实现。

扩散模型在图像生成、音频合成、文本生成等领域取得了显著的成果。扩散过程逐步对图像加噪声，这一逐步过程可视为参数化的马尔可夫过程。而逆扩散过程则从噪声中反向推导，逐渐消除噪声以逆转生成图像。经过训练后，模型能通过随机采样高斯噪声来生成图像。其中，DDPM（Denoising Diffusion Probabilistic Models）和 VDM（Variational Diffusion Models）等算法是扩散模型的典型代表。这些算法通过优化变分下界或使用对抗性训练方法来学习逆向扩散过程。

去噪扩散概率模型（DDPM，Denoising Diffusion Probabilistic Models）是近年来备受关注的一种扩散模型，它通过一系列噪声添加与去除步骤来生成新的数据样本，比如图像、音频或文本。这类模型首先将干净的数据点逐渐添加噪声直到达到一个完全随机的状态，这个过程被称为“前向扩散”。然后训练一个神经网络学习如何从随机噪声中逆向还原出原始数据，即“反向扩散”过程。这种方法已被证明在生成高质量合成数据方面非常有效，并且在生成图像时已经取得了超越 GANs 等其他生成模型的效果。

每个数据是什么意思，只是通过概率和数学方式完成了推理过程，即可让你感觉它似乎理解了，因此大家在和 ChatGPT 对话时经常发现他会胡编乱造，或在用 AI 绘画时，会发现它画错手指，因为那只是概率运算的结果，但这样的效果已经足够惊人了。2022 年 10 月沿着扩散模型路线发展的 Stablity AI 公司（一家人工智能企业），发布了开源模型 Stable Diffusion，同时大量采用扩散模型的 AI 绘画开始爆发了，并且进步飞快，通过人工给 AI 扩散出来的结果进行标注，告诉它扩散出来的东西是对是错，这就是所谓的“人在回路”（Human - in - the - loop），需要大量的数据工人参与，ChatGPT 就是使用了肯尼亚、乌干达、印度的数据工人，来对 AI 扩散的结果进行标注，帮助对话更加流畅和自然，可说正是因为扩散模型的出现，这些前沿的 AI 技术，才能以具象感知的形式，被我们这些普通人接触到。

2024 年 2 月 15 日，OpenAI 发布文生视频模型 Sora，并发布了 48 个文生视频案例和技术报告，AI 正式入局视频生成领域。Sora 可根据用户的文本提示生成 60s 的连贯可一镜到底的视频，“碾压”了该行业其他竞品平均“4s”的视频生成长度，Sora 生成的视频可呈现“具有多个角色、特定类型的动作，以及主题和背景的准确细节的复杂场景”。Sora 底层技术主要基于 Transformer 架构的 Diffusion 扩散模型❶。这个模型结合了 Transformer 架构和扩散过程来生成数据。其基本原理可分为两个部分：扩散过程和逆扩散过程。在扩散过程中，模型从随机噪声开始，逐渐生成越来越清晰的视频帧；在逆扩散过程中，模型从原始视频帧开始，逐渐去除细节，最终得到随机噪声。Sora 模型使用 visual patches 代表被压缩后的视频向量进行训练，类似于使用 tokens 代表被向量后的文字。这种独特的训练方法使得 Sora 能创造出质量显著提升的视频内容，而无需对素材进行裁切，直接为不同设备以其原生纵横比创造内容。此外，Sora 模型还展现了三维空间的连贯性、模拟数字世界的能力、长期连续性和物体持久性，并能与世界互动，如同真实存在。

Sora 展现出能理解和模拟现实世界模型的雏形，OpenAI 认为，这将是实

---

❶ 扩散模型（DiT）：扩散模型是一种先进的生成模型，通过模拟噪声逐渐添加和去除的过程来学习数据分布。在 Sora 技术中，扩散模型被用作生成高质量视频或图像的核心组件之一，能逐步从随机噪声中生成逼真的视觉内容。

视觉 Transformer（ViT）：视觉 Transformer 是一种将 Transformer 架构应用于图像处理的深度学习模型，它将图像分割成多个 patch，并对这些 patch 进行编码以捕获全局上下文信息和长距离依赖关系。在 Sora 底层技术中，ViT 可能用于理解并处理视频序列中的空间结构和时间动态。

Sora 其他可能的技术，如 DALLE3（文本到图像生成模型）、GPT 等，Sora 模型构建了一个通用且强大的视频生成框架，能生成具有连贯物理属性的三维空间图像，模拟物理世界的各种现象，同时也可创造虚构场景。Sora 的目标是成为一个高度灵活和适应性强的视频生成工具，可处理不同持续时间、分辨率和宽高比的视频内容。

现 AGI 的重要里程碑。与之前的图像生成 AI 相比，Sora 的突破在于其能生成连续的、时间相关的视觉内容，这使得它能应用于更广泛的应用场景，如电影制作、游戏开发、广告创意等。Sora 展示了 AI 在视频生成领域的巨大潜力，还为未来的内容创作带来了无限的想象空间，在人工智能领域引起了广泛的关注和震撼。

随着技术的不断发展迭代，AI 也有了大一统的趋势，以前的 AI 领域，搞视觉的搞视觉，搞翻译的搞翻译，还有其他的语音、自然语言生成、强化学习等，相互独立，可是随着研究深入，不同领域的研究者渐渐发现，他们之间的论文越来越相似、越来越通用、原理越来越一致，这样就形成了一股合力让 AI 的研究越来越快，最终促使了大模型的产生。大模型并非模型的终结，而是标志着一个阶段的顶峰。尽管大模型在某些任务上表现出色，并且在某些方面展现出接近甚至超越人类的认知能力，但它们并非万能的。对于一些特定问题，较小的模型甚至可能更有效。随着技术的发展，未来可能出现新的模型架构和技术路线，比如结合神经科学原理设计的新型神经网络、借鉴生物进化的元学习策略或发展量子计算驱动的深度学习模型，这些都有可能引领新的潮流，颠覆现有的“大模型”范式。

2.3 大模型的技术特点

过去 10 年人工智能发展以单模态（语音、图像、文字等）、小模型为主。针对不同任务应用时，需要采集标注大量数据，同时进行定制化模型设计和训练，人力和开发成本高，落地困难。特定任务训练依赖大量标注数据，一个模型只能胜任单一任务场景。大模型采用“预训练＋任务微调”方式，可在无标签的数据上进行学习，降低对标注数据的要求，模型性能相较于以往人工智能方法带来突破性提升。深度学习预训练模型迎来爆发式发展，模型参数和训练数据呈指数上升。在“大数据＋大算力＋强算法”的加持下，AI 大模型实现了暴力美学，通过“提示＋指令微调＋人类反馈”方式，展现了令世人惊艳的自然语言生成能力和通用性，大模型能像 PC 时代的操作系统一样，成为各种人工智能应用的关键基础性模型。总结大模型的技术特点，有助于我们更清晰地理解大模型。

大模型的技术特点可归纳为以下方面。

（1）训练数据规模大。大模型需要海量的数据来训练，通常在 TB 以上甚至 PB 级别的数据集（GPT3 的训练文本训练集约 45TB）。只有大量的数据才能发挥大模型的参数规模优势，以此来提高模型的泛化能力和性能。

（2）参数量巨大。大模型的参数数量可从数亿级别跃升至数千亿级别（GPT4

约1.8万亿个参数），这使得它们能处理非常庞大的数据集。模型大小可达到数百GB甚至更大。巨大的模型规模使大模型具有强大的表达能力和学习能力。

（3）模型复杂度高。大模型拥有更深层次的神经网络结构和更复杂的网络设计，能捕捉更多的特征和关系，从而增强其表达能力。

（4）计算需求高。由于参数众多，大模型的训练过程通常需要大量的计算资源（需要数百甚至上千GPU），以及大量的时间，通常在几周到几个月。如高性能计算机，同时可能涉及分布式计算和特殊硬件加速技术等来支撑大规模并行计算。除了计算资源外，大模型还需要较大的存储空间来容纳训练数据和模型本身。由于模型参数众多，往往需要大量的存储空间，这也对网络架构、拥塞控制协议、负载均衡算法等方面提出了更高的要求。据推测OpenAI在GPT-4的训练中使用了大约2.15e25的FLOPS，使用了约25000张A100 GPU，训练了90～100天。如果他们在云端的每个A100 GPU的成本大约为每小时1美元，那么此次训练的成本将达到约6300万美元（如果使用约8192张H100 GPU进行预训练，用时将降到55天左右，成本为2150万美元，每个H100 GPU的计费标准为每小时2美元）。GPT-3模型在训练时，其参数量大约为1750亿（175billion），假设每个参数占用4字节（这只是一个简化估计，实际大小可能因数据类型和格式而异），则存储所有参数所需的总空间计算如下：1750亿×4字节≈7000GB。

（5）涌现能力。涌现（Emergence）或称创发、突现、呈展、衍生，是一种现象，指的是个体在组织中表现出来的新特征或新行为，而这些新行为通常是由个体间的相互作用和简单规则产生的复杂结果。许多小实体相互作用后产生了大实体，而这个大实体展现了组成它的小实体所不具有的特性。引申到模型层面，涌现能力指的是当模型的训练数据突破一定规模，模型突然涌现出之前小模型所没有的、意料之外的、能综合分析和解决更深层次问题的复杂能力和特性，展现出类似人类的思维和智能。简单来说就是，在单独个体间不会出现的现象，放在群体中会出现的一种群体效应。涌现能力也是大模型最显著的特点之一。

（6）强大的泛化和表达能力。由于其巨大的参数量和复杂的结构，大模型能学习到更精细的模式和规律，表现出更强的泛化能力（学习能力）[1] 和表达

---

[1] 大模型的泛化能力：是指一个模型在面对新的、未见过的数据时，能正确理解和预测这些数据的能力。在机器学习和人工智能领域，模型的泛化能力是评估模型性能的重要指标之一。

模型微调：给定预训练模型（Pre-trained model），基于模型进行微调（Fine Tune）。相对于从头开始训练（Training a model from scatch），微调可省去大量计算资源和计算时间，提高计算效率，甚至提高准确率。模型微调的基本思想是使用少量带标签的数据对预训练模型进行再次训练，以适应特定任务。在这个过程中，模型的参数会根据新的数据分布进行调整。这种方法的好处在于，它利用了预训练模型的强大能力，同时还能适应新的数据分布。因此，模型微调能提高模型的泛化能力，减少过拟合现象。

能力。大模型能在各种任务上表现出色，不仅应用于自然语言处理（NLP）和计算机视觉等领域，还可在其他搜索、推荐、广告类任务中使用，以及执行 zero - shot 任务。

（7）多任务学习。大模型通常会一起学习多种不同的 NLP 任务，如机器翻译、文本摘要、问答系统等，这可使模型学习到更广泛和泛化的语言理解能力。

（8）迁移学习和预训练。大模型可通过在大规模数据上进行预训练，然后在特定任务上进行微调，从而提高模型在新任务上的性能。

（9）自监督学习。大模型可通过自监督学习在大规模未标记数据上进行训练，从而减少对标记数据的依赖，提高模型的效能。

（10）领域知识融合。大模型可从多个领域的数据中学习知识，并在不同领域中进行应用，促进跨领域的创新。

（11）自动化和效率。大模型可自动化许多复杂的任务，提高工作效率，如自动编程、自动翻译、自动摘要等。

大模型的设计和训练目标是提供更强大（强大的学习和泛化能力）、更精确的模型性能（广泛的应用场景），以应对更大规模的数据集或更复杂的任务。基于大模型的生成式 AI 的大规模应用将是人工智能发展的新临界点。AI 发展出现临界点，预示更大期待和可能，创作（Creative AI）是继感知（Perceptive AI）、归纳（Inductive AI）后的第三次 AI 革命。图文、视频等其他形态、跨模态技术可能与文本领域类似，发生革命性进步，在问答、翻译、搜索、内容创作、代码生成、简单推理和分析等众多领域达到甚至超过人类基准水平。随着技术的不断进步和硬件设备的提升，大模型有望在未来得到更广泛的应用并且和每一个普通人息息相关。

2.4 大模型发展趋势

2.4.1 开源大模型日益重要

2023 年 3 月，META 半开源的 LLaMA 模型被人“泄露”，接着迅速“进化”，已经演化成全球最大的开源 LLM 生态系统。2023 年 5 月 6 日一篇文章广为流传，谷歌公司内部文件泄露：Google 和 OpenAI 都不会获得竞争的胜利，胜利者会是开源 AI；开源 AI 用极低成本的高速迭代，已经赶上了 ChatGPT 的实力，数据质量远比数据数量重要，与开源 AI 竞争的结果，必然是失败。开源大模型不仅会在技术层面上持续引领人工智能的发展潮流，还会在社会经济、教育科研等多个维度产生广泛而深刻的影响。

2.4.2 大模型＋微模型的发展趋势

一方面，随着计算资源的增长和分布式训练技术的进步，大规模预训练模型（如 GPT-3、BERT 等）会持续扩大其参数量和模型复杂度，以追求更高的准确率、更强的泛化能力和更全面的语言理解能力，这些大型模型在自然语言处理、计算机视觉、强化学习等领域具有广泛的应用前景。另一方面，轻量化、小型化的模型也会得到发展。尤其是在移动设备、嵌入式系统、物联网等对计算资源有限制的场景中，微型模型或知识蒸馏等技术将大有用武之地，通过牺牲一定的通用性换取更小的存储占用和更快的推理速度，实现边缘计算的需求。因此模型规模的两极化发展趋势可满足不同应用场景下对于模型精度、效率、资源占用等方面的差异化需求。

2.4.3 大模型技术路线不断创新融合

大模型技术路线正经历着从规模扩张到能力深化、技术融合的多元化发展进程，其目标是构建更加智能、全面且具有广泛适用性的 AI 系统。当前也面临着基于概率生成自回归的大模型（以 GPT4 代表）与世界模型谁才是最终 AI 模型的争论。图灵奖得主 Yann LeCun 批评了基于概率生成自回归的大模型，如 GPT，认为这类模型无法破解幻觉难题。LeCun 和他的团队甚至预言，GPT 这类模型在未来五年内可能会被淘汰。世界模型❶可被看作是人工智能领域中，试图创建更接近人类智能水平 AI 的一个研究方向。通过模拟和学习真实世界的环境和事件，世界模型有潜力推动 AI 向更高层次的模拟和预测能力发展。

20 世纪 50、60 年代基于逻辑的形式方法（符号主义）和基于类比（连接

---

❶ 当前深度学习模型的限制：没有长时间的持久化记忆，只能对当前一帧或几帧数据进行处理，无法有效保留长期和持久记忆，无论是视觉模型、语音模型还是大语言模型都存在类似的问题。

世界模型的主要目的是：设计一个可更新状态的神经网络模块，用来记忆和建模环境，实现输入当前观测（图像、状态等）和即将采取的动作，根据模型对世界的记忆和理解预测下一个可能的观测（图像、状态）和动作，并通过采取动作后，下一时刻的实际观测和预测的观测之间的差异，作为 loss 来自监督的训练模型。世界模型目前主要用来强化学习中，作为模型类强化学习中的模型，由于涉及通过输入序列来记忆和建模世界环境，因此需要使用序列模型，目前有两种网络结构可使用，LSTM 和 Transformers。

简而言之世界模型的核心思想是记忆历史、学习经验、建模世界、预测未来，比如：从物体下落的视频中，根据当前画面，预测下一帧画面，从而学习真实世界的物理学规律，符合人类对世界的认知。

世界模型的优势：学习世界的精细表征和物理规律以预测下一步图像作为监督、不仅让模型可更细粒度地学习到世界的规律，如物理学定律；而且可构成自监督学习形式，从而可从大量人类视频中学习。

主义）的这两种路线在人工智能的发展过程中一直存在争议和竞争，最后随着技术的不断发展，现代人工智能系统往往结合了符号和神经网络的方法和技术，以充分利用它们的优点并克服它们的缺点。可以说 AI 技术路线之争并没有一个明确的胜负之分，而是趋向于融合和整合不同的技术路线，以推动人工智能技术的不断发展和进步。

2.5 为什么大模型没有最先出现在中国

在结束本章前，我一直思考一个问题，为什么大模型没有最先出现在中国？或者问题可换一下，为什么大模型最先出现在美国？大概有以下四个方面：

1. 算法及基础技术研究支持

这一轮人工智能技术拐点的到来，主要源于底层算法技术突破，同时算力（A100 计算芯片）和数据（大数据技术）起到了良好支撑，下面列举了一部分重要的技术：

Google 团队在 2017 年提出的一种自然语言处理（NLP）框架（Transformer 框架），也是目前最主流的 NLP 框架之一。Transformer 框架由 Vaswani 等人在 2017 年的论文“Attention is All You Need”中首次提出，它摒弃了传统的循环神经网络（RNN）和长短时记忆网络（LSTM）的结构，引入了自注意力（Self - Attention）机制和位置编码（Positional Encoding）来处理序列数据。它的核心思想是使用注意力机制（Attention Mechanism）来计算输入序列中各个元素之间的关系，从而实现对序列的有效处理。

Google 的研究人员在 2018 年提出 BERT（Bidirectional Encoder Representations from Transformers），此模型引入了双向 Transformer 编码器结构，并推广了预训练+微调的模式。

Google 的大脑团队在 2015 年 11 月开源 TensorFlow，Facebook 人工智能研究院（FAIR）在 2017 年 1 月推出了 PyTorch，这两个分布式计算框架配合 Horovod、DeepSpeed 等库，能在数百乃至数千张 GPU 卡组成的集群上并行训练模型，解决了大模型训练所需的巨大计算资源问题。Adam 优化器和 LAMB 优化器，分别于 2017、2019 年提出并被整合进了许多开源深度学习框架中，如 TensorFlow 和 PyTorch，供广大开发者使用，用于减少内存占用和提高计算速度的技术，如混合精度训练、动态批归一化等。

2. 海量样本数据

由 Mozilla、Google、Microsoft 和 Yandex 等公司支持的 Common Crawl 是一个 501 非营利组织，成立于 2007 年，致力于为研究人员提供免费开放的语料库（PB级的数据）。Common Crawl积累了超过2500亿网页数据（网页、文本、图片、视频等），目前每月新增上亿个新页面。由于其开源和免费的特性，Common Crawl降低了获取大规模数据集的门槛，促进了人工智能领域的发展，Common Crawl的数据集在训练诸如ChatGPT等大模型时也起到了关键的支持作用。遗憾的是中文资料仅占Common Crawl数据总量的1%左右，而我国缺乏同等规模的数据资料库。百度拥有用户搜索表征的需求数据，以及爬虫和阿拉丁（百度所推出的一个通用开放平台）获取的公共Web数据；阿里巴巴拥有交易数据和信用数据；腾讯拥有用户关系数据和基于此产生的社交数据，我国的互联网数据大部分都被以BAT为代表的头部公司瓜分，因为竞争和涉及用户隐私，BAT等头部公司彼此合作有限。

3. 高性能计算芯片提供算力支撑

人工智能模型的算力需求大致可分为三个阶段：

2010年以前，深度学习尚未得到广泛应用，主要还是基于统计的方法进行模型搭建，算力需求增长相对缓慢，每20个月翻一倍。

2010～2015年，深度学习模型在传统的自然语言、计算机视觉等领域开始战胜支持向量机等算法，深度学习模型开始成为主流算法，随着神经网络的层数和参数量的提升，算力需求的增长速度也显著提升，大致每6个月翻一倍。

2016年之后，人工智能模型开始进入巨量参数时代，算力需求显著提升。根据英伟达的算力统计显示，自2017年之后，以Transformer模型为基础架构的大模型算力提升大致是每2年提升275倍。

美国的英伟达（NVIDIA）等硬件厂商为适应大模型的训练和部署需求，推出了专门针对AI计算优化的GPU产品和平台，如Ampere架构的A100 GPU、为大型语言模型设计的H100 GPU等。多个来源显示英伟达公司在2023～2024年初的全球人工智能芯片市场份额达到了90%左右，在数据中心AI市场甚至高达98%，在GPU领域特别是在训练和推理加速方面的显著优势。

4. 训练成本巨大需要巨额投资

GPT3单次训练成本450万美元，总训练成本1200万美元（人民币8729万左右）部署GPT3需要350G显存，大概11张v100的卡。图2-4是GTP不同参数规模的训练成本。

上述四个方面是我国在大模型领域的短板。在关键的基础理论研究和核心技术方面，尤其是原创性和颠覆性的算法创新上，与国际先进水平相比还有一定差距，顶尖科学家和领军人物相对较少；高端芯片依赖进口，影响了AI产业的自主可控性，也增加了算力成本。由于当前AI项目的投资回报率并不稳定，如何通过技术创新降低训练成本、提高模型效率和商业落地能力，是国内

LLM Training Costs on MosaicML Cloud

Model	Billions of Tokens (Compute-optimal)	Days to Train on MosaicML Cloud	Approx. Cost on MosaicML Cloud
GPT-1.3B	26B	0.14	$2,000
GPT-2.7B	54B	0.48	$6,000
GPT-6.7B	134B	2.32	$30,000
GPT-13B	260B	7.43	$100,000
GPT-30B*	610B	35.98	$450,000
GPT-70B**	1400B	176.55	$2,500,000

图 2-4　GTP 不同参数规模的训练成本

行业面临的一大难题。

得益于拥有全球规模最大的工业社会，我国在 AI 应用场景导向方面具有优势，国内公司更容易从实际业务场景（AI+产业）出发，解决具体行业或社会需求问题，通过技术研发与应用相结合的方式推进 AI 产业的进步。2023 年以来，中国至少有 130 家企业研究大模型产品，其中 100 亿级参数规模以上的大模型超过 10 个，大模型数量位居世界第一梯队❶。

如果说 2023 年时所有科技公司的 AI 元年，那么可预见，2024 年将是 AI 应用产业的元年。越来越多的创新应用场景及产品形态不断推出。国际知名咨询机构 IDC 预测，2024 年全球将孕育出超过 5 亿个新应用，相当于过去 40 年间出现的应用数的总和。根据工业和信息化部赛迪研究院的预测，2035 年生成式 AI 有望为全球贡献 90 万亿元的经济价值。其中中国将突破 30 万亿元，占比三成。

GPT-3 和 ChatGPT 的参数量都高达 1750 亿，GPT-4 更是达到了 1.8 万亿的参数量，训练和落地的成本非常高，云端提供服务尚可，私有化部署几乎

❶　2023 年 7 月 7 日，华为发布华为云盘古大模型 3.0，含基础大模型、行业大模型及场景模型三层架构。

L0 层包括自然语言、视觉、多模态、预测、科学计算五个基础大模型，提供满足行业场景中的多种技能需求。

L1 层是 N 个行业大模型，华为云可提供使用行业公开数据训练的行业通用大模型，包括政务、金融、制造、矿山、气象等大模型；也可基于行业客户的自有数据，在大模型的 L0 和 L1 层上，为客户训练自己的专有大模型。

L2 层则提供了更多细化场景的模型，专注于政务热线、网点助手、先导药物筛选、传送带异物检测、台风路径预测等具体行业应用或特定业务场景，提供“开箱即用”的模型服务。

不可能。一般 ToB 的落地场景都是偏领域的需求，所以建议可参考图 2-5 的实现步骤来进行落地研究。更多企业将根据自身业务需求、数据量等接入通用大模型平台，开发属于自己的大模型应用。AI 有望成为企业的“超级助理”，帮助企业管理大量数据资产，在搜索、地图、数字员工、智能对话，及业务流程优化等场景为企业带来直观的降本增效成果。大模型的能力边界将不断拓展，最终 AI 像“水电煤气”一样走向民众，不仅能推动我国产业升级，也将重新定义每个人的工作和生活方式。

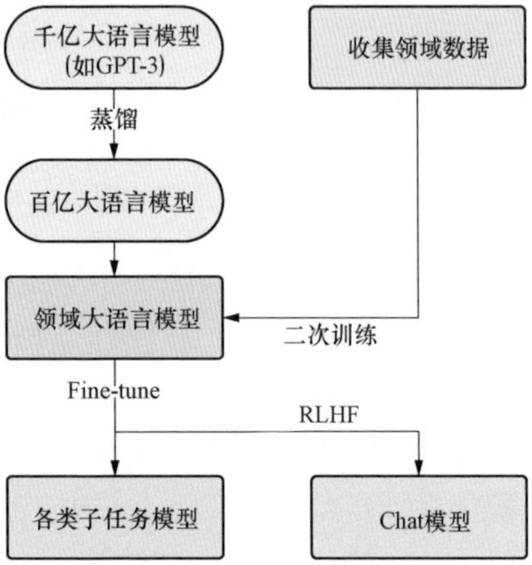

图 2-5　企业模型应用

2.6 本 章 小 结

2024 年 3 月 26 日工业和信息化部新闻发言人、总工程师赵志国在国新办新闻发布会上表示，今年，工业和信息化部将开展“人工智能+”行动，促进人工智能与实体经济深度融合，推动人工智能赋能新型工业化。同日，博鳌论坛 2024 年年会上，《亚洲经济前景及一体化进程 2024 年度报告》正式发布。报告指出，人工智能的迅速发展正在深刻改变人类社会生活、改变世界，将为亚洲发展与合作提供新的机遇。人工智能正由“用计算机模拟人的智能”转向“机器+人”“机器+人+网络”和“机器+人+网络+物”三个方向。人工智能产业呈现出创新技术群体突破、行业应用融合发展、国际合作深度协同等新特点，不仅显著提高了生产率，而且在持续改善人类福祉方面潜力巨大。以大模型为代表的人工智能时代已经开启，大模型也许就像马车一样最终会被汽车替代，未来也会有新形态的人工智能模型替代大模型，促使人类加速进入人工智能社会。

3 大模型与工具

自2022年11月30日OpenAI公司推出ChatGPT以来，国内众多企业迅速跟进，国产大型语言模型如雨后春笋般涌现，呈现出一片繁荣景象。据统计，在2023年的短短八个月内，中国就推出了238个大模型，几乎每隔一天就有新的模型问世，这一速度充分体现了中国在人工智能领域的迅猛发展。

从开源基础大模型向电力领域模型的转变，涉及对专业领域数据的整合、模型的训练与推理，以及最终在具体业务场景中的应用开发。这一过程不仅需要技术的深度积累，对行业需求的深刻理解与创新实践，还需选择合适的基础模型、工具和平台作为支撑。

3.1 模型介绍

目前，市面上涌现出众多国内外知名的大语言模型，它们都是基于深度学习技术，通过大量文本数据训练而成的。GPT作为其中的佼佼者，展示了大模型在NLP任务中的优势，这也促使更多的企业和研究机构开始关注和投入到大模型的研究和应用中。国内知名企业百度在线网络技术（北京）有限公司、北京智谱华章科技有限公司也深耕大模型多年，分别在2019、2021年就推出了自己首个预训练模型，阿里作为后起之秀，在2023年开始建立大模型生态，短短数月时间，就训练并开源了通义千问720亿参数模型，埃隆·马斯克于2023年7月12日成立了人工智能公司xAI，并在2024年3月17日正式开源了Grok-1大模型，这是迄今参数量最大的开源大语言模型，其参数量达到了3140亿，远超OpenAI GPT-3.5的1750亿。

3.1.1 GPT大模型

1. 整体介绍

GPT大模型是一种基于Transformer架构的自然语言处理模型，由

OpenAI公司开发。该模型采用了生成式预训练的方式，通过海量数据进行训练，学习了语言的结构和语义信息，从而能生成高质量的自然语言文本。GPT大模型的出现，极大地推动了自然语言处理技术的发展，为各种 NLP 应用提供了强大的支持。

目前，GPT 大模型已经推出了多个版本，包括 GPT - 1、GPT - 2、GPT - 3 和 GPT - 4 等。其中，GPT - 3 包含了 1750 亿个参数，能在广泛的任务和领域中实现卓越的性能。而最新的 GPT - 4 则在常识推理、数学能力、代码能力等方面实现了更大的提升，被认为是目前最先进的自然语言处理模型之一。

GPT 大模型的应用场景非常广泛，包括文本生成、对话系统、机器翻译、问答系统、文本摘要等。例如，在文本生成方面，GPT 大模型可根据给定的主题或关键词，自动生成高质量的文章、小说、诗歌等文本内容。在对话系统中，GPT 大模型可理解用户的意图和问题，并生成自然流畅的回答。在问答系统中，GPT 大模型可根据问题自动生成答案。此外，GPT 大模型还可应用于机器翻译、文本摘要等领域，为各种 NLP 应用提供了强大的技术支持。

2. 发展历程

GPT 发展历程如图 3 - 1 所示。2018 年 OpenAI 推出了生成式预训练变换器（Generative Pre - trained Transformer）的第一代模型——GPT - 1。这是一个基于 Transformer 架构的单向语言模型，它利用自回归机制，在大规模语料库上进行了预训练。尽管参数量相对较小（约 117M），但其成功展示了在生成连贯、逻辑通顺文本方面的潜力，如新闻文章和故事等。

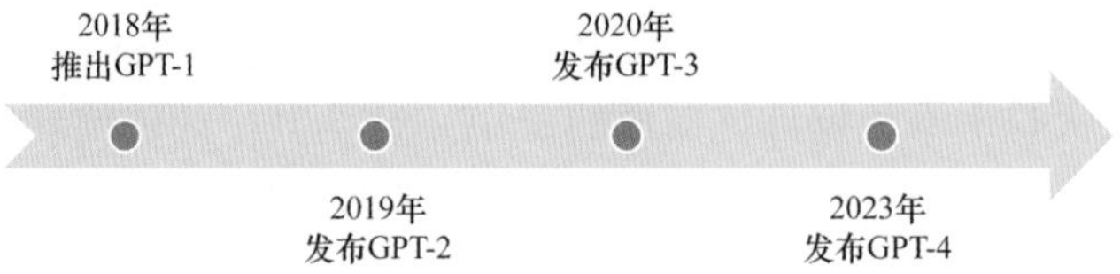

图 3 - 1　GPT 发展历程

2019 年 OpenAI 发布了第二代模型 GPT - 2，该模型规模扩大至 15 亿参数，并采用了更深度的 Transformer 编码器结构（48 层）。通过更大规模的数据集训练，GPT - 2 能生成更为复杂、逼真且多样化的文本内容，其性能提升引起了业界广泛的关注与讨论。

GPT - 3 于 2020 年发布，标志着自然语言处理技术的一个重大飞跃。这一版本的模型拥有 1750 亿个参数，是当时最大的预训练语言模型之一。GPT - 3 不仅在生成任务上有显著提升，而且具备零样本学习能力（Zero - Shot Learning），即在没有特定任务微调的情况下，仅依靠提示就能完成多种复杂的 NLP 任务，这进一步证明了大模型对于理解和生成人类语言的强大潜能。

2023年春季OpenAI发布了GPT-4，相较于GPT-3，在规模、性能以及功能方面都有显著提升。GPT-4不仅增强了语言理解和生成能力，还引入了混合输入功能，能处理图像内容，并在专业测试中表现出超过绝大多数人类的能力。它具有更高的准确性和创造性，并且在更多领域应用中展现出更为广泛的可能性。

3. 模型列表

（1）GPT-1。作为Transformer架构在大规模语言建模任务上的首次成功应用，GPT-1标志着自回归式预训练模型在NLP领域的崛起。GPT-1的核心特点是：①Transformer架构：GPT-1基于Transformer编码器结构，利用自注意力机制解决了长距离依赖问题，能在输入序列中捕捉到任意两个词之间的关系，无需像循环神经网络那样通过多步迭代传播信息；②预训练与微调：模型首先在大量未标注文本数据上进行无监督的预训练，学习通用的语言表示，然后，在特定下游任务上通过少量有标注数据进行微调，以实现对各种NLP任务的良好适应性；③自回归生成：GPT-1是一个自回归模型，意味着它预测下一个词时仅依赖于之前生成的词序列，逐词地生成输出文本；④参数规模：GPT-1的基础版本包含约1.17亿个参数，尽管相比于后续版本如GPT-2和GPT-3显得较小，但在当时已经是相当大的模型规模；⑤性能表现：在多个NLP任务上，包括文本生成、问答系统和语言推理等方面，GPT-1都展现出了显著的进步，尤其在生成连贯、有意义的文本片段方面表现出色。

GPT-1的成功为后续更大规模和更复杂的预训练模型（如GPT-2和GPT-3）的发展奠定了基础，推动了自然语言处理领域向大模型方向发展，并最终引领了一种全新的研究范式——大规模预训练和迁移学习在NLP中的广泛应用。

（2）GPT-2。GPT-2用于生成高质量的文本。相较于GPT-1，GPT-2有以下几个显著的特点和改进：①更大的模型规模：GPT-2的最小版本拥有1.5亿参数，而最大版本则包含惊人的15亿参数，远超其前身GPT-1，使得它能学习到更复杂的语言结构和模式；②更强的学习能力与泛化性能：预训练时使用的数据集更大、更多样化，使GPT-2具备了更强大的自然语言理解和生成能力，经过预训练后，GPT-2在许多下游任务上仅需少量或无需微调就能达到出色的效果；③零样本学习能力增强：在某些任务中，GPT-2展示了零样本（zero-shot）学习的能力，即在未见过特定任务示例的情况下，仅通过简单的指令输入就能完成相关任务，例如问答、翻译和摘要生成等；④生成文本质量提升：GPT-2生成的文本长度更长且连贯性更好，甚至在一些案例中，生成的内容难以被人类区分出是否由机器所写，展现了卓越的自然语言生成水平。

（3）GPT-3。GPT-3（Generative Pre-trained Transformer 3）是在自然语言生成和理解能力上取得了重大突破。相较于 GPT-2，GPT-3 具有以下显著特点：①庞大的参数量：GPT-3 的规模极为庞大，其最大版本包含约 1750 亿个参数，远超 GPT-2 的 15 亿参数，是当时世界上最大的预训练语言模型之一；②更强的学习与泛化能力：预训练使用的数据集更大且更为广泛，使得 GPT-3 在无需或仅需极少量微调的情况下，就能在众多下游任务中取得卓越表现，这包括但不限于文本生成、问答系统、代码编写、翻译等；③零样本与少样本学习：仅通过给定一个简单的指令或少数几个示例，就能理解和执行复杂的自然语言任务，极大地降低了对大量标注数据的需求；④多模态与创造性应用：虽然 GPT-3 本身是一个纯文本模型，但其强大的语言理解和生成能力使其可应用于多模态场景，例如结合图像描述生成文本，或根据文本内容创作诗歌、故事、新闻文章等。

（4）GPT-4。该模型基于深度神经网络和大规模的训练数据，能自动学习自然语言中的语法、句法和语义，并生成高质量的自然语言文本。据估算，GPT-4 的模型参数可能会达到 1 万亿级别，这比 GPT-3 的 1750 亿参数还要多。这种更大的模型规模和参数量将有助于提高模型的语言生成和理解能力。

GPT-4 在语言生成方面也有一些技术上的改进，例如更加流畅、准确、自然的语言生成，更好的语境理解和生成，以及更好的对话能力。此外，GPT-4 还具有更强的推理和理解能力，能处理更加复杂的语言任务和需求。

（5）Sora 模型。Sora 模型是由 OpenAI 在 2024 年 2 月发布的一款先进的文本到视频生成大模型。该模型是在 DALL-E 图像生成技术的基础上开发而成，能根据用户提供的文本描述创建最长 60s 的高质量、逼真视频内容。

Sora 的核心功能在于理解并遵循用户输入的复杂指令，在物理世界中模拟物体的存在方式和运动状态，从而生成包含多个角色和特定动作的场景。这意味着 Sora 不仅能生成视觉上令人信服的画面，而且能理解和再现现实世界的物理规律与逻辑关系，这对于影视制作、教育、游戏开发等多个领域具有革命性的意义。

随着 Sora 模型的推出，它不仅标志着 OpenAI 在视频内容创作领域的重大突破，也预示着未来视频制作和内容创作行业的生产方式将发生根本性变革。此外，Sora 模型的出现及类似技术的发展预计将对 AI 基础设施的需求产生显著推动作用，并可能带动相关行业如传媒、娱乐等飞速发展。

Openai 的官方网站是 https：//openai. com/。

3.1.2 文心大模型

1. 整体介绍

文心大模型是百度研发的产业级知识增强大模型，包含自然语言理解（NLP）大模型、计算机视觉（CV）大模型、跨模态大模型，既有基础通用的大模型，也包含面向重点领域、重点任务的大模型，以及丰富的工具与平台。这些模型都是基于大规模知识和海量无结构数据的融合深度学习而得到的。

2. 发展历程

文心大模型发展历程如图 3-2 所示。2019 年 3 月发布中国首个正式开放的预训练模型 ERNIE 1.0，这是百度文心大模型的起点。2021 年 7 月推出百亿参数规模的知识增强型预训练模型 ERNIE 3.0。这是当时业界首次在百亿级预训练模型中引入大规模知识图谱，该模型在 54 个中文 NLP 任务基准上刷新了纪录，并在国际权威的复杂语言理解任务评测 SuperGLUE 上登顶全球榜首。

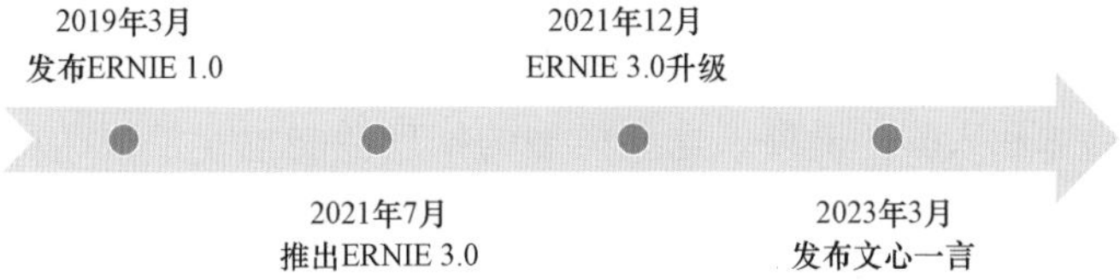

图 3-2 文心大模型发展历程

2021 年 12 月 ERNIE 3.0 升级为全球首个知识增强千亿大模型，命名为鹏程—百度文心大模型。该模型在 60 多项经典的 NLP 任务中取得世界领先效果。

2022 年文心大模型家族继续扩大，包括全球首个百亿参数中英文对话大模型 PLATO-XL、首个聚焦中英文场景大规模 OCR 结构化预训练模型 VIMER-StrucText，以及全球最大规模中文跨模态生成模型 ERNIE-ViLG 等。

2023 年 3 月发布自然语言处理大模型“文心一言”（ERNIE Bot），该模型基于百度的文心大模型（与 Open AI 的 GPT 模型类似）和 ERNIE 系列模型，具备跨模态、跨语言的深度语义理解与生成能力。

3. 模型列表

（1）文心 NLP 大规模。主要面向自然语言处理任务，基于大规模知识和海量无结构数据的融合深度学习，具备强大的语言理解能力和生成能力。其中，ERNIE 3.0 是百度文心 NLP 大模型中的代表之一。此外，该模型还具备超强语言理解能力以及写小说、歌词、诗歌、对联等文学创作能力。除了 ERNIE 3.0 之外，百度文心 NLP 大模型家族还包括其他多种模型，如面向跨模态、跨语言以及长文档、图模型等任务的模型。这些模型在各种榜单上获得了优异的成绩，为自然语言处理任务的解决提供了全面的技术支持。

（2）文心 CV 大规模。百度文心 CV 大模型是百度文心大模型家族中专注于计算机视觉任务的模型集合。这些模型基于深度学习技术，运用海量的图像、视频等数据，构建了一套高效、准确的视觉模型，为企业和开发者提供了强大的视觉基础模型以及一整套视觉任务定制与应用能力。

百度文心 CV 大模型主要包括 VIMER - CAE 视觉自监督预训练模型、VIMER - UFO 视觉多任务统一大模型等。其中，VIMER - UFO 是百度文心旗下目前最先进的统一任务大模型，主要应用场景为智慧城市。该模型包含 170 亿参数，可被直接应用于处理人脸、人体、车辆、商品、食物细粒度分类等 20 +CV 基础任务。

此外，百度文心 CV 大模型还具备一系列优点，如准确率高、适用范围广、推理性能快等。这些模型通过学习海量数据，从中提取最重要的特征，实现对图像和视频的高度准确识别和分析。同时，它们也可应用于多个领域，如人脸识别、物体检测、图像分割等，并在各种光线、角度和画面质量下也能准确识别目标物体和人脸。此外，这些模型的推理性能也非常快，可快速处理大量的图像和视频数据，支持海量并发请求，满足大量用户同时使用的需求。

（3）文心跨模态大模型。是指能处理不同模态数据（如文本、图像、语音等）之间的转换和融合任务的模型。这些模型基于深度学习技术，利用海量的多模态数据进行训练，实现了不同模态数据之间的语义对齐和生成，为跨模态检索、跨模态生成等任务提供了强大的支持。

百度文心跨模态大模型的代表之一是 ERNIE - ViLG，这是一个全球最大规模的中文跨模态生成模型，参数规模达到 100 亿。该模型首次通过自回归算法将图像生成和文本生成统一建模，增强了模型的跨模态语义对齐能力，显著提升了图文生成效果。在 FMIQA 数据集上，ERNIE - ViLG 的图灵测试通过率达到了 78.5%，优于当前最好方法 14 个百分点。

除了 ERNIE - ViLG 之外，百度文心跨模态大模型家族还包括其他多种模型，如跨模态对话大模型、跨模态检索大模型等。这些模型在各自的领域都取得了很好的表现，为跨模态任务的处理提供了全面的技术支持。

（4）文心生物计算大模型。百度文心生物计算大模型是指应用于生物计算领域的大模型，主要面向化合物分子、蛋白分子等生物计算对象的预训练模型。这些模型结合了自监督学习和多任务学习的方法，同时融入了生物领域研究对象的特性，从而能更好地理解和处理生物计算任务。

百度文心生物计算大模型包括多个模型，如 HelixGEM - 2、HelixFold - Single 和 HelixFold - Multimer 等。其中，HelixGEM - 2 是业界首个考虑原子

间多体交互、长程相互作用的模型，融合了量子力学第一性原理，创新性地提出多轨机制，在量子化学属性预测和虚拟筛选双场景上达到领先效果。HelixFold - Single 则是秒级别的蛋白结构预测模型，也是首个开源的基于单序列语言模型的蛋白结构预测大模型，在 90%的单体蛋白场景上预测效果持平 AF2，抗体结构预测场景下比 AlphaFold2 预测结果更优。

此外，百度文心生物计算大模型还在药物研发、蛋白质结构预测等细分领域取得了重要的突破。例如，蛋白质—小分子对接构象预测模型 HelixDock 在 PDBBind core set 上的准确度高达 89%，并在难度更大的数据集上领先其他方法，包括 DeepMind 的 AlphaFold。同时，百度文心生物计算大模型还面向公众开放，推动生物计算领域的技术变革。

百度文心官方网站：https：//yiyan. baidu. com/。

3.1.3 GLM 大模型

1. 整体介绍

北京智谱华章科技有限公司致力于打造新一代认知智能大模型，专注于做大模型的中国创新。公司合作研发了中英双语千亿级超大规模预训练模型 GLM - 130B，并基于此推出对话模型 ChatGLM，开源单卡版模型 ChatGLM - 6B。

2. 发展历程

GLM 大模型发展历程如图 3 - 3 所示。2021 年 9 月设计 GLM 算法，发布拥有自主知识产权的开源百亿大模型 GLM - 10B。2022 年 8 月发布高精度千亿大模型 GLM - 130B 并开源，效果对标 GPT - 3175B，收到 70 余个国家 1000 余个研究机构的使用需求。2022 年 9 月发布代码生成模型 CodeGeeX，每天帮助程序员编写 1000 万行代码。2022 年 10 月发布开源的 100＋语言预训练模型 mGLM - 1B。2023 年 3 月发布千亿基座的对话模型 ChatGLM 及其单卡开源版本 ChatGLM - 6B，全球下载量超过 800 万。2023 年 5 月开源多模态对话模型 VisualGLM - 6B（CogVLM）。2023 年 6 月发布全面升级的 ChatGLM2 模型矩阵，多样尺寸，丰富场景，模型能力登顶 C - Eval 榜单。2023 年 8 月作为国内首批通过备案的大模型产品，AI 生成式助手“智谱清言”正式上线。2023 年 10 月发布全面升级的 ChatGLM3 模型及相关系列产品。

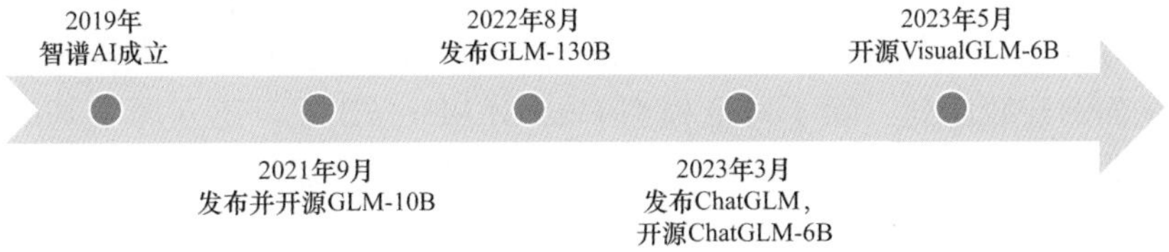

图 3 - 3　GLM 大模型发展历程

3. 模型列表

（1）ChatGLM-6B。ChatGLM-6B是一个开源的、支持中英双语的对话语言模型，基于General Language Model（GLM）架构，具有62亿参数。结合模型量化技术，用户可在消费级的显卡上进行本地部署（INT4量化级别下最低只需6GB显存）。ChatGLM-6B使用了和ChatGPT相似的技术，针对中文问答和对话进行了优化。经过约1T标识符的中英双语训练，辅以监督微调、反馈自助、人类反馈强化学习等技术的加持，ChatGLM-6B已经能生成相当符合人类偏好的回答。

（2）ChatGLM2-6B。在保留了初代模型对话流畅、部署门槛较低等众多优秀特性的基础之上，ChatGLM2-6B引入了如下新特性：①更强大的性能：基于ChatGLM初代模型的开发经验，全面升级了ChatGLM2-6B的基座模型，使用了GLM的混合目标函数，经过了1.4T中英标识符的预训练与人类偏好对齐训练，评测结果显示，相比于初代模型，在MMLU（+23%）、CEval（+33%）、GSM8K（+571%）、BBH（+60%）等数据集上的性能取得了大幅度的提升，在同尺寸开源模型中具有较强的竞争力；②更长的上下文：基于FlashAttention技术，将基座模型的上下文长度（Context Length）由ChatGLM-6B的2K扩展到了32K，并在对话阶段使用8K的上下文长度训练。对于更长的上下文，发布了ChatGLM2-6B-32K模型。LongBench的测评结果表明，在等量级的开源模型中，ChatGLM2-6B-32K有着较为明显的竞争优势；③更高效的推理：基于Multi-Query Attention技术，ChatGLM2-6B有更高效的推理速度和更低的显存占用，在官方的模型实现下，推理速度相比初代提升了42%，INT4量化下，6G显存支持的对话长度由1K提升到了8K；④更开放的协议：ChatGLM2-6B权重对学术研究完全开放。

（3）ChatGLM3-6B。ChatGLM3-6B是ChatGLM3系列中的开源模型，在保留了前两代模型对话流畅、部署门槛低等众多优秀特性的基础上，ChatGLM3-6B引入了如下特性：①更强大的基础模型：ChatGLM3-6B的基础模型ChatGLM3-6B-Base采用了更多样的训练数据、更充分的训练步数和更合理的训练策略，在语义、数学、推理、代码、知识等不同角度的数据集上测评显示，具有在10B以下的基础模型中最强的性能；②更完整的功能支持：采用了全新设计的Prompt格式，除正常的多轮对话外，同时原生支持工具调用（Function Call）、代码执行（Code Interpreter）和Agent任务等复杂场景；③更全面的开源序列：除了对话模型ChatGLM3-6B外，还开源了基础模型ChatGLM3-6B-Base、长文本对话模型ChatGLM3-6B-32K。以上所有权重对学术研究完全开放。

（4）GLM-130B。GLM-130B是一个开源开放的双语（中文和英文）双向稠密模型，拥有1300亿参数，模型架构采用通用语言模型（GLM1）。它旨在支持在一台A100（40G＊8）或V100（32G＊8）服务器上对千亿规模参数的模型进行推理。截至2022年7月3日，GLM-130B已完成4000亿个文本标识符（中文和英文各2000亿）的训练，它有以下独特优势：①双语：同时支持中文和英文；②高精度（英文）：在LAMBADA上优于GPT-3175B（+4.0%）、OPT-175B（+5.5%）和BLOOM-176B（+13.0%），在MMLU上略优于GPT-3175B（+0.9%）；③高精度（中文）：在7个零样本CLUE数据集（+24.26%）和5个零样本FewCLUE数据集（+12.75%）上明显优于ERNIE TITAN 3.0 260B；④快速推理：支持用一台A100服务器使用SAT和FasterTransformer进行快速推理（提速最高可达2.5倍）；⑤可复现性：所有结果（超过30个任务）均可通过官方提供的开源代码和模型参数轻松复现；⑥跨平台：支持在NVIDIA、Hygon DCU、Ascend 910和Sunway处理器上进行训练与推理。

（5）GLM-4。新一代基座大模型GLM-4，支持更长上下文；更强的多模态；支持更快推理速度，更多并发，大大降低推理成本；同时GLM-4增强了智能体能力。主要特点包括：①基础能力（英文）：GLM-4在MMLU、GSM8K、MATH、BBH、HellaSwag、HumanEval等数据集上，分别达到GPT-494%、95%、91%、99%、90%、100%的水平；②指令跟随能力：GLM-4在IFEval的prompt级别上中、英分别达到GPT-4的88%、85%水平，在Instruction级别上中、英分别达到GPT-4的90%、89%水平；③对齐能力：GLM-4在中文对齐能力上整体超过GPT-4；④长文本能力：在Long-Bench（128K）测试集上对多个模型进行评测，GLM-4性能超过Claude 2.1，在“大海捞针”（128K）实验中，GLM-4的测试结果为128K以内全绿，做到100%精准召回。⑤多模态—文生图：CogView3在文生图多个评测指标上，相比DALLE3约在91.4%～99.3%的水平。

官方网站：https：//chatglm.cn/

3.1.4 Qwen大模型

1. 整体介绍

整体上，Qwen不仅是一个语言模型，而是一个致力于实现通用人工智能（AGI）的项目，目前包含了大型语言模型（LLM）和大型多模态模型（LMM）。图3-4展示了Qwen组成。

在图3-4中，“Qwen”指的是基础语言模型，而“Qwen-Chat”则指的是通过后训练技术如SFT（有监督微调）和RLHF（强化学习人类反馈）训练的聊天模型。Qwen还提供了专门针对特定领域和任务的模型，例如用于编程

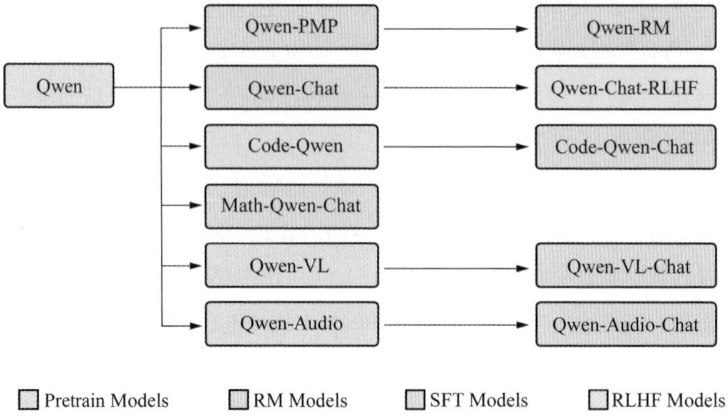

图 3-4　Qwen 组成

的“Code-Qwen”和用于数学的“Math-Qwen”。大型语言模型（LLM）可通过模态对齐扩展到多模态，因此 Qwen 有视觉—语言模型“Qwen-VL”以及音频—语言模型“Qwen-Audio”。

2. 发展历程

Qwen 发展历程如图 3-5 所示。2023 年 7 月阿里云牵头建设大模型生态，宣布把促进中国大模型生态的繁荣作为首要目标，向大模型创业公司提供全方位的服务。2023 年 8 月通义千问视觉语言模型 Qwen-VL 开源，免费商用。Qwen-VL 以通义千问 70 亿参数模型 Qwen-7B 为基座语言模型研发，支持图文输入，具备多模态信息理解能力。2023 年 9 月通义千问大模型首批通过备案，并正式向公众开放。OPPO、得物、钉钉、淘宝、浙江大学等已与阿里云达成合作，基于通义千问训练专属大模型或开发大模型应用。2023 年 10 月通义千问大模型家族全面升级，基座模型通义千问升级到 2.0 版本，基于通义千问开发的 8 个垂直领域模型正式上线。2023 年 12 月通义千问 720 亿参数模型 Qwen-72B 宣布开源。至此，通义千问共开源 18 亿、70 亿、140 亿、720 亿参数的 4 款大语言模型，以及视觉理解、音频理解两款多模态大模型，实现“全尺寸、全模态”开源。

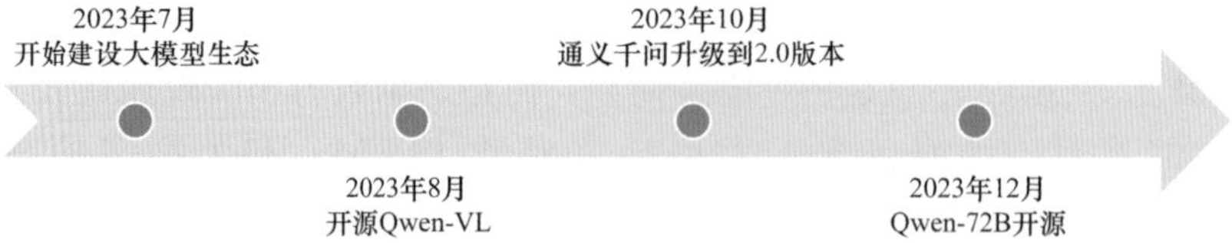

图 3-5　Qwen 发展历程

3. 模型列表

（1）Qwen 基础语言模型。Qwen 是一个基于 Transformer 的语言模型，通过预测下一个词的任务进行预训练。为了简化和稳定性，Qwen 专注于模型规模的扩展和数据的扩展。目前，Qwen 已经开发了 5 种不同大小的模型，其中 4 种已开源，包括 1.8B、Qwen - 7B、Qwen - 14B 和 Qwen - 72B。模型经过 2～3T tokens 进行了充分的训练，由于预训练数据是多语言的，Qwen 本质上是一个多语言模型，而不是单一语言或双语模型。由于预训练数据的限制，该模型在英语和中文方面具有很强的能力，同时也能处理其他语言，如西班牙语、法语和日语。为了扩展其多语种能力，Qwen 采用了一种在编码不同语言信息方面具有高效率的分词器。与其他分词器相比，Qwen 的分词器在一系列语言中展示了高压缩率。Qwen 目前支持函数调用、代码解释器和 huggingface 代理，分别用于工具使用、数据分析以及使用 AI 模型生成不同的输出，比如图像生成。

（2）Qwen - VL。Qwen - VL 是阿里云研发的大规模视觉语言模型（Large Vision Language Model，LVLM）。Qwen - VL 能以图像、文本、检测框作为输入，并以文本和检测框作为输出。Qwen - VL 系列模型的特点包括：①强大的性能：在四大类多模态任务的标准英文测评中（Zero - shot Captioning/VQA/DocVQA/Grounding），均取得同等通用模型大小下最好效果；②多语言对话模型：天然支持英文、中文等多语言对话，端到端支持图片里中英双语的长文本识别；③多图交错对话：支持多图输入和比较，指定图片问答，多图文学创作等；④首个支持中文开放域定位的通用模型：通过中文开放域语言表达进行检测框标注；⑤细粒度识别和理解：相比于目前其他开源 LVLM 使用的 224 分辨率，Qwen - VL 是首个开源的 448 分辨率 LVLM 模型，更高分辨率可提升细粒度的文字识别、文档问答和检测框标注。

目前，阿里提供了 Qwen - VL 系列的两个模型：①Qwen - VL：以 Qwen - 7B 的预训练模型作为语言模型的初始化，并以 Openclip ViT - bigG 作为视觉编码器的初始化，中间加入单层随机初始化的 cross - attention，经过约 1.5B 的图文数据训练得到，最终图像输入分辨率为 448；②Qwen - VL - Chat：在 Qwen - VL 的基础上，使用对齐机制打造了基于大语言模型的视觉 AI 助手 Qwen - VL - Chat，它支持更灵活的交互方式，包括多图、多轮问答、创作等能力。

（3）Qwen - Audio。Qwen - Audio 是阿里云研发的大规模音频语言模型（Large Audio Language Model）。Qwen - Audio 能以多种音频（包括说话人语音、自然音、音乐、歌声）和文本作为输入，并以文本作为输出。Qwen - Audio 系列模型的特点包括：①音频基石模型：Qwen - Audio 是一个性能卓越的通用的音频理解模型，支持各种任务、语言和音频类型，在 Qwen - Audio 的基础上，阿里通过指令微调开发了 Qwen - Audio - Chat，支持多轮、多语言、多语言对话，Qwen - Audio 和 Qwen - Audio - Chat 模型均已开源；②兼容多种复杂音频的多任务学习框架：为了避免由于数据收集来源不同以及任务类型不同，带来的音频到文本的一对多干扰问题，阿里提出了一种多任务训练框架，实现相似任务的知识共享，并尽可能减少不同任务之间的干扰。通过提出的框架，Qwen - Audio 可容纳训练超过 30 多种不同的音频任务；③出色的性能：Qwen - Audio 在不需要任何任务特定微调的情况下，在各种基准任务上取得了领先的结果，Qwen - Audio 在 Aishell1、cochlscene、ClothoAQA 和 Vocal-Sound 的测试集上都达到了 SOTA；④支持多轮音频和文本对话，支持各种语音场景：Qwen - Audio - Chat 支持声音理解和推理、音乐欣赏、多音频分析、多轮音频—文本交错对话以及外部语音工具的使用。

官方网站：https：//tongyi. aliyun. com/qianwen/

3.1.5 Grok 大模型

1. 整体介绍

xAI 团队是一支由埃隆·马斯克领导的人工智能研究团队，成员来自 DeepMind、OpenAI、Google Research、Microsoft Research、特斯拉和多伦多大学等多个领域的顶尖机构，而 Grok 作为 xAI 团队发布的首个大模型产品，展现出了强大的应用潜力，为人工智能领域的发展注入了新的活力。

2. 发展历程

Grok 大模型发展历程如图 3 - 6 所示。2023 年 7 月埃隆·马斯克的 xAI 团队宣布成立，标志着 Grok 项目的启动。2023 年 11 月 Grok - 1 模型发布，这是一个具有 3140 亿参数的大型语言模型，旨在用于自然语言处理任务，包括问答、信息检索、创意写作和编码辅助。2024 年 3 月马斯克旗下的 xAI 公司宣布正式开源 Grok - 1 模型。

图 3 - 6 Grok 大模型发展历程

3. 模型列表

Grok - 1 具有以下特点：①参数规模：Grok - 1 拥有 3140 亿参数，这使其成为迄今为止参数量最大的开源大语言模型（LLM），是 Llama 2 的 4 倍；②训练方式：基础模型在大量文本数据上进行训练，但未针对任何特定任务进行微调，保证了模型的通用性和灵活性；③激活权重：作为一个混合专家（MoE）模型，Grok-1 在给定 token 上有 25%的权重处于激活状态。

官方网站：https：//grok. x. ai/

3.2 模型比较

3.2.1 模型功能对比

本小节将对具有代表性的大模型产品从不同维度进行对比，由于国产化的趋势，我们选择了国内的几个主流大模型厂商的产品进行对比，包括智谱 AI 的智谱清言、百度的文心一言、阿里巴巴的通义千问。目前，智谱 AI 的 ChatGLM 系列模型和阿里巴巴的 Qwen 系列都已经开源，但百度的文心一言没有开源。因此，我们选择对智谱清言、文心一言、通义千问三个在线的大模型产品进行对比。

（1）功能丰富程度与易用性。对比模型支持的功能丰富程度和用户使用易用性。

智谱清言功能比较丰富，提供了不同场景的提示词模板，支持提示词自动优化功能。智谱清言的 GLM-4 还原生支持联网查询能力、AI 会话能力、代码编写执行能力，这极大地拓展了大模型的能力边界，提高了大模型的实用性。智谱清言提供了智能体中心，为用户提供了更丰富的功能，支持用户自己创建智能体，为不同使用场景的用户提供更加方便的使用入口。目前，智谱 AI 开源的 ChatGLM 系列模型也已经支持外部工具调用和智能体功能。

文心一言同样提供了相对丰富的功能以及不同场景的提示词模板，支持提示词自动优化功能。目前，文心一言默认支持百度搜索功能，同时也提供了丰富的插件，如“说图解画”“卷览文档”“E 言易图”等，用户还可在插件市场中，选择合适的插件进行使用。文心一言通过插件市场在一定程度上丰富了大模型的功能，相比于 GLM-4 的原生支持使用外部工具的能力，文心一言的插件市场功能更加丰富、配置更灵活。

通义千问在功能的支持上则缺少提示词模板，并且不支持提示词的自动优化功能，不能进行联网查询，缺少使用外部工具的能力支持。

在开源的 Qwen 系列模型中，我们了解到一些 Qwen 的大模型已经支持外部工具的调用，但是在通义千问的产品上并没有看到相应的功能。

（2）文本生成。考察模型的创新思维、文本生成的连贯性与丰富度，以及

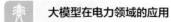

对特定主题的理解与演绎能力。

提示词如下：

创作一篇以“未来科技改变生活”为主题的短篇故事，要求情节连贯、人物鲜明且富含对未来科技的合理想象。

GLM-4：

在未来的某个时代，科技的发展已经达到了前所未有的高度。人们的生活因此发生了翻天覆地的变化，而这一切都要归功于一位名叫李明的年轻科学家。

李明从小就对科技充满了浓厚的兴趣。他喜欢研究各种新技术，尤其是那些能改变人们生活的创新。在他的努力下，他发明了许多先进的科技产品，为人们的生活带来了极大的便利。

有一天，李明突然想到了一个大胆的计划：他要利用自己的科技产品，改变整个城市的生活方式。他决定从交通入手，因为交通是城市生活中最重要的一环。

李明发明了一种名为“智能飞行汽车”的新型交通工具。这种汽车不仅可飞行，还可自动驾驶，大大提高了人们的出行效率。同时，它还采用了清洁能源，减少了环境污染。

智能飞行汽车一经推出，立刻引起了轰动。人们争相购买，希望能体验这种全新的出行方式。随着智能飞行汽车的普及，城市的交通状况得到了极大的改善，拥堵现象消失了，人们的生活质量得到了提升。

然而，李明并没有满足于此。他又发明了一种名为“虚拟现实眼镜”的产品，可让人们在家里就能体验到各种场景，无论是旅游、购物还是学习，都能通过虚拟现实眼镜来实现。这使得人们的生活更加便捷，节省了大量的时间和精力。

此外，李明还发明了一种名为“智能健康监测手环”的产品。这种手环可实时监测人们的健康状况，提供个性化的健康建议。它还可与医院系统相连，一旦发现用户健康状况异常，就会立即通知医院进行救治。这使得人们的健康得到了更好的保障，寿命得到了延长。

在李明的努力下，未来科技已经深深地改变了人们的生活。人们不再为出行、健康等问题而烦恼，而是享受着科技带来的便捷和舒适。李明也因此成为人们心目中的英雄，他的名字被载入了史册。

然而，李明并没有因此而骄傲自满。他明白，科技的发展永无止境，只有不断创新，才能为人们带来更美好的生活。于是，他继续投身于科技研究之中，为人类的未来贡献着自己的力量。

文心一言：

未来科技改变生活

在繁华的未来城市“新纪元”中，生活着一位名叫林浩的年轻科学家。他从小就对科技充满好奇与热情，长大后更是全身心投入到了未来科技的研发之中。

林浩的专长是人工智能与生物科技的结合。他带领团队研发出了一款名为“智伴”的智能家居系统。这个系统不仅可控制家中的电器设备，还能根据家庭成员的生活习惯和健康状况，智能调节室内环境，提供个性化的健康建议。

林浩的好友李明来到他的家中做客。李明是个忙碌的商人，常常因为工作而忽略了自己的健康。林浩邀请他体验“智伴”系统。当李明走进房间时，室内的灯光自动调节到最舒适的亮度，音乐也随之播放起李明最喜欢的旋律。

“这太神奇了!”李明惊叹道，“我好像回到了家一样，感觉好放松。”

林浩微笑着解释：“‘智伴’系统通过大数据分析，了解你的喜好和需求，然后为你打造一个最舒适的环境。”

接着，林浩又向李明展示了“智伴”系统的健康监测功能。通过佩戴一款特制的智能手环，系统能实时监测李明的心率、血压等生理指标，并在发现异常时及时提醒。

李明听后大为赞叹：“这简直就像是有个私人医生随时在我身边啊!”

林浩点头："是的，未来科技的目标就是让人们的生活更加便捷和健康。"

不久之后，林浩的"智伴"系统在市场上取得了巨大的成功。越来越多的家庭开始使用这一系统，享受科技带来的便利。而林浩并没有止步于此，他带领团队继续研发更多前沿科技产品，希望能为人类的未来生活贡献更多力量。

在这个充满无限可能的未来世界中，科技正以前所未有的速度改变着人们的生活方式。而像林浩这样的科学家们，正是推动这一变革的重要力量。

通义千问：

标题：星际织梦者

在遥远的未来，人类社会已经步入了一个科技高度发达的新纪元。在这个时代，人工智能、生物科技、量子计算等前沿科技已深度融合于日常生活之中，塑造出一个前所未有的和谐共生世界。故事的主角，是一位名叫艾瑞克的星际织梦者，他的生活便是这个未来科技世界的生动缩影。

艾瑞克居住在一个悬浮在云端的城市——星云城。这里的建筑由智能纳米材料构建，可根据居民的需求和环境变化自动调整形态与功能。他的家，宛如一座透明的水晶宫，内部装潢则由AI根据他的心情、喜好实时调整。清晨，当艾瑞克从生物纤维制成的智能床上醒来，床边的全息助手"露娜"已为他准备好了定制的营养早餐，并汇报了当天的行程安排。

艾瑞克的职业是星际织梦者，他利用量子计算机和神经接口技术，将人们的梦境编织成虚拟现实体验，供全球用户共享。他的工作室是一个充满科幻色彩的空间，中央悬浮着一台闪烁着幽蓝光芒的量子计算机"幻境"，周围环绕着无数微小的脑波接收器，用于捕捉、解析用户的梦境数据。

这一天，艾瑞克接到了一项特殊的任务：为一位身患绝症的小女孩艾米莉编织一场治愈系的梦境。艾瑞克戴上轻薄的神经头盔，接入"幻境"，开始深度解析艾米莉的脑电波。他发现艾米莉的梦境中充满了对宇宙星空的向往，于是决定为她创造一个星际旅行的梦境。

艾瑞克借助 AI 辅助设计，精心构建了一个浩瀚的宇宙场景。在梦境中，艾米莉乘坐一艘光子飞船穿越璀璨星河，遇见各种奇异的外星生物，感受无尽宇宙的壮丽与神秘。艾瑞克还通过生物科技，将艾米莉的梦境与她的身体状况相连，让梦境中的治愈能量转化为实质的生理治疗。

当艾米莉沉浸在艾瑞克编织的梦境中时，她的病情奇迹般地得到了缓解。医生们震惊于这种超越传统医疗手段的效果，纷纷赞叹未来科技的力量。艾瑞克看着艾米莉满足的笑容，心中充满了成就感和对未来的期待。

夜晚，艾瑞克回到家中，智能家具已为他营造出温馨舒适的氛围。他坐在窗边，俯瞰灯火辉煌的星云城，思绪万千。在这个科技与生活无缝融合的世界里，人类的梦想得以无限延伸，疾病的痛苦得以减轻，人与人之间的距离被无形拉近。尽管科技带来了诸多变革，但其核心始终是服务于人，提升生活的品质与幸福感。

艾瑞克望向无垠的星空，心中默默许愿："愿未来的科技，不仅能让我们飞得更高更远，更能让我们的心灵得到滋养，让每一个生命都能在爱与梦想中绽放。"这是他对未来科技的美好期许，也是对未来生活的深深向往。

在这个科技如诗般编织的未来世界里，艾瑞克，以及千千万万个像他一样的人们，正用智慧与创新，共同编织着人类美好的未来生活画卷。

结果：对比发现，GLM-4、文心一言、通义千问的回答都能保证上下文的连贯性。在内容的丰富性上，文心一言和通义千问表现得更好。在内容的创新性方面，通义千问的回答显得更有想象力。

（3）机器翻译。评估模型的多语种理解、精准翻译以及对文化背景知识的掌握程度。

提示词：

请将以下英文翻译为中文：

Prompt engineering

This guide shares strategies and tactics for getting better results from large language models (sometimes referred to as GPT models) like GPT-4. The methods described here can sometimes be deployed in combination for greater effect. We encourage experimentation to find the methods that work best for you.

Some of the examples demonstrated here currently work only with our most capable model, gpt-4. In general, if you find that a model fails at a task and a more capable model is available, it's often worth trying again with the more capable model.

You can also explore example prompts which showcase what our models are capable of:

Prompt examples

Explore prompt examples to learn what GPT models can do

Six strategies for getting better results

Write clear instructions

These models can't read your mind. If outputs are too long, ask for brief replies. If outputs are too simple, ask for expert-level writing. If you dislike the format, demonstrate the format you'd like to see. The less the model has to guess at what you want, the more likely you'll get it.

Tactics:

Include details in your query to get more relevant answers

Ask the model to adopt a persona

Use delimiters to clearly indicate distinct parts of the input

Specify the steps required to complete a task

Provide examples

Specify the desired length of the output

GLM-4:

提示工程

本指南分享了从大型语言模型（有时被称为 GPT 模型）如 GPT-4 获得更好结果的策略和技巧。这里描述的方法有时可结合使用以获得更大的效果。我们鼓励实验，以找到最适合您的方法。

这里演示的某些示例目前仅适用于我们功能最强大的模型，gpt-4。通常，如果您发现某个模型在任务上失败，并且有更强大的模型可用，那么通常值得再次尝试使用更强大的模型。

您还可探索示例提示，展示我们的模型的能力：

提示示例

探索提示示例，了解 GPT 模型能做什么

获得更好结果的六种策略

编写清晰的指示

这些模型无法读取您的想法。如果输出太长，请要求简短回复。如果输出过于简单，请要求专家级别的写作。如果您不喜欢格式，请展示您希望看到的格式。模型越不需要猜测您想要什么，您就越有可能得到它。

策略：

在查询中包含详细信息以获得更相关的答案

要求模型采用角色

使用定界符清楚地表示输入的不同部分

指定完成任务的步骤

提供示例

指定输出的期望长度

文心一言：

提示工程

本指南分享了从大型语言模型（有时被称为 GPT 模型）如 GPT - 4 中获得更好结果的策略和方法。这里描述的方法有时可组合使用以获得更大的效果。我们鼓励尝试不同的方法，找到最适合你的方法。

这里展示的一些示例目前仅适用于我们最强大的模型，即 GPT - 4。一般来说，如果你发现某个模型在某个任务上失败了，但有一个更强大的模型可用，那么通常值得使用更强大的模型再次尝试。

你还可探索展示我们模型能力的示例提示：

提示示例

探索提示示例以了解 GPT 模型能做什么

获取更好结果的六种策略

编写清晰的说明

这些模型无法读懂你的心思。如果输出太长，请要求简短回复。如果输出太简单，请要求专家级的写作。如果你不喜欢格式，请展示你希望看到的格式。模型对你的需求猜测得越少，你得到想要的结果的可能性就越大。

技巧：

在查询中包含详细信息以获得更相关的答案

要求模型采用特定角色

使用分隔符明确指示输入的不同部分

指定完成任务所需的步骤

提供示例

指定输出所需的长度

通文千问：

提示工程

本指南分享了如何从大型语言模型（有时被称为 GPT 模型，如 GPT-4）中获得更好结果的策略和技巧。此处描述的方法有时可结合使用以增强效果。我们鼓励您进行试验，找到最适合您的方法。

这里展示的一些示例目前仅适用于我们功能最强大的模型 gpt-4。通常情况下，如果您发现某个模型在某项任务上表现不佳，且有更强大的模型可用，那么尝试使用更强大的模型往往是值得的。

您还可通过浏览示例提示来了解我们的模型能完成哪些任务：

* * 提示示例 * *

[探索提示示例]（https：//beta. openai. com/examples/），了解 GPT 模型能做什么

* * 获取更好结果的六大策略 * *

写明清晰指令

这些模型无法揣摩您的心思。如果输出过长，请要求简洁回答。如果输出过于简单，请要求专家级别的写作。如果您不喜欢输出格式，就演示出您希望看到的格式。模型对您需求的猜测越少，您得到满意结果的可能性越大。

* * 战术： * *

- 在查询中包含详细信息以获取更相关答案
- 要求模型采用特定角色（persona）
- 使用分隔符清楚地指示输入的不同部分
- 明确完成任务所需的步骤
- 提供示例
- 指定输出期望的长度

通过对比，发现在英译汉的翻译中GLM-4的翻译还存在一些不是很符合中文表达习惯的地方。文心一言和通义千问的翻译相对都更符合中文的表达习惯，其中通义千问的翻译内容要更好，并且在输出格式上也更有条理。

(4) 命名实体识别。评测模型的语言理解能力、上下文敏感性、泛化能力，模型理解句子结构、区分普通名词和专有名词以及准确识别未见过的新实体的能力。

提示词：

> 请从以下句子中识别出地名、组织名等命名实体："一个安装在南方电网深圳龙岗供电局坪地分局楼顶的无人机机巢舱盖缓缓打开，一架无人机从中自动升空，朝着2公里外的110千伏锦地线和10千伏香园站F04宝地线的方向径直飞去。随着无人机拍摄的现场照片成功回传到后方平台，南方电网深圳供电局输配线路首次无人机机巢联合自动巡检任务圆满完成。"

GLM-4：

> 组织名：南方电网、南方电网深圳龙岗供电局、南方电网深圳供电局
> 地名：深圳、龙岗、坪地、锦地、香园站
> 设备名：无人机、机巢舱盖
> 特定名称：110千伏锦地线、10千伏香园站F04宝地线
> 技术术语：无人机机巢联合自动巡检任务
> 平台名：后方平台

文心一言：

> 从给定的句子中，我们可识别出以下命名实体：
> -地名：
> -深圳
> -坪地
> -组织名：
> -南方电网
> -深圳龙岗供电局
> -坪地分局
> 需要注意的是，"锦地"和"香园"更像是与电力线路相关的标识或地点，但它们并没有明确地指出是地名，因此在这里不被识别为地名。同时，"无人机机巢"和"后方平台"更像是具体的设备或系统名称，而不是组织名，所以也没有被识别为组织名。

通义千问：

地名：
- 深圳
- 龙岗供电局（此处为组织名与地名复合使用，表示位于深圳龙岗区的供电局）
- 坪地分局（同上，表示位于龙岗区坪地街道的供电分局）
- 锦地线
- 香园站
- 宝地线

组织名：
- 南方电网
- 南方电网深圳供电局

产品/设施名：
- 无人机
- 无人机机巢
- 仓盖

在电力行业背景下，“锦地线”、“香园站”、“宝地线”虽非传统意义上的地名，但它们分别代表特定的高压输电线路、变电站及线路分支，具有明确的地理指向性，因此在此类语境中可视作具有地理位置意义的命名实体。

通过对比发现，在命名实体的识别中，GLM-4 表现最好。对电力行业的一些专有名词，GLM-4 也能完整准确地识别出来，而文心一言、通义千问都没能识别出线路名称，文心一言、通义千问还存在一些地名识别不全和错误的情况。

（5）图像识别。评估模型的视觉感知能力、空间关系理解、场景理解和推理等能力。

图 3-7 是提供给大模型进行识别的图片。

图 3-7 大模型进行识别的图片

提示词：

请识别图片中的物体和场景，并描述图片内容。

GLM-4：

这张图片展示了一片太阳能电池板阵列。在图中可看到三个人站在电池板旁边，他们穿着红色、黄色安全帽和反光背心，似乎正在进行一些检查或维护工作。电池板排列整齐，覆盖了大部分地面。从他们的服装和设备来看，这些人员可能是专业的工程师或技术人员，负责太阳能电站的运营和维护。此外，图片右下角有一根银色的金属管，可能是用于支撑或连接电池板的部件。整个场景给人一种现代、科技的感觉，展示了可再生能源和可持续发展的理念。

文心一言：

在提供的图片中，可清晰地识别出几个主要物体和场景。首先，最显眼的物体是一片广阔的太阳能板阵列。这些太阳能板整齐地排列在绿色的草地上，形成了一种独特的景观。它们呈深色调，表面反射着阳光，显得非常明亮。

接着，我们注意到三名穿着安全帽和工作服的人站在太阳能板阵列前。他们似乎正在进行某种活动，可能是检查或讨论太阳能板的工作状况。中间的一位男性正在指着远处的某个物体或方向，可能是指出某个问题或展示某个特点。另外两位女性则站在他两侧，目光聚焦在他所指的方向，展现出专注和专业的态度。

此外，图片的背景也提供了丰富的信息。我们可看到更多的太阳能板延伸到远方，形成一片壮观的景象。天空呈现出晴朗的蓝色，没有云彩遮挡，这使得太阳能板更加显眼。整个场景呈现出一种工业和技术的氛围，体现了可再生能源在现代社会中的重要地位。

综上所述，图片描述了一个工业场景，其中三名工作人员正在一片广阔的太阳能板阵列前进行检查或讨论。太阳能板排列整齐，天空晴朗无云，整个画面充满了科技和工业的气息。

通义千问：

这张图片展示了一个太阳能发电站的场景。在画面中，有三个人站在一排排蓝色的太阳能板前。其中一个人穿着红色的工作服，戴着黄色的安全帽，他正在向另外两个人解释或指示着什么。这两个人也戴着黄色的安全帽，其中一人穿着西装，另一人穿着工作服。

它们所在的区域被绿色的人造草坪覆盖，而周围的其他地方则是一片整齐排列的蓝色太阳能板。这些太阳能板看起来非常大且数量众多，表明这是一个大型的太阳能发电设施。整个场景给人一种现代科技与环保理念相结合的感觉。

通过对比发现，GLM-4对图片中的物体和场景识别基本正确，但在人物着装的识别上稍有偏差，描述比较客观简洁，对图片中的场景也能做出合理的推理和解释。文心一言对图片中的物体识别更加精确和具体，不仅正确识别出了三名工作人员的动作和着装，还识别出了三名工作人员的性别，能对图片人物的活动做出合理的推理和解释，但是也存在过度推理和错误的情况，“天空晴朗无云”并不能从图片中看出来。通义千问则在人物服装识别中出现了一些错误，对图片场景的细节描述不够准确。

3.2.2 模型性能比较

对于大模型的性能对比，我们可参考相对权威的第三方大模型评测榜单。

截止 2024 年 2 月的主流大模型的性能排行榜（表 3 - 1，数据来源于 OpenCompass2. 0 大语言模型榜单），综合性能第一名为 OpenAI 的 GPT - 4 - Turbo，第二名、第三名、第四名分别为中国厂商智谱 AI 的 GLM - 4、阿里巴巴的 Qwen -Max、百度的 Erniebot - 4. 0。这四个模型分别代表了四个厂商的最强大模型。

表 3 - 1　　OpenCompass2. 0 大语言模型性能排行

模型	发布组织	发布日期	类型	参数量	均分	语言	知识	推理	数学	代码	智能体
GPT - 4 - Turbo	OpenAI	2023/11/6	对话	未公开	61. 8	54. 9	66. 3	48. 2	53. 6	67. 2	80. 5
GLM - 4	智谱 AI	2024/1/16	对话	未公开	58. 9	57. 2	70	44. 2	48. 9	61. 3	72. 1
Qwen - Max	阿里巴巴	2023/12/1	对话	未公开	56. 8	59. 4	71	41. 7	47	55. 9	66
Erniebot - 4. 0	百度	2023/10/18	对话	未公开	54. 7	56. 2	67. 8	40. 1	50. 4	56. 3	57. 6

3.3　工具与平台介绍

为了更好地支撑从开源基础大模型向电力领域模型的转变，需要一系列的工具和平台来支持模型的开发、微调、推理等过程。本节将以 ChatGLM3 - 6B、LLaMA - Factory、Xinference、Milvus、Dify 等为例介绍环境搭建，以及常用的微调、量化、推理等工具的安装和使用。

ChatGLM3 - 6B 是一款由清华大学 KEG 实验室与智谱 AI 公司联手打造的大型语言模型。该模型以清华大学 KEG 实验室所研发的 GLM 模型为基础，融入了智谱 AI 公司的先进技术，通过海量数据的深度训练，成功实现了对自然语言的深刻理解和高效生成。

LLaMA - Factory 是由零隙智能（SeamLessAI）推出的开源低代码大型模型训练框架，它整合了业界广泛应用的微调方法和优化技术，并支持众多业界知名开源模型的微调和二次训练。开发者可利用私域数据，在有限的算力支持下，轻松完成特定领域大型模型的定制化开发。LLaMA - Factory 还为开发者提供了可视化训练和推理平台，一键配置模型训练，实现零代码微调 LLM。

Xinference 是一个开源平台，旨在简化各种 AI 模型的运行和集成过程。借助 Xinference，开发者可轻松地在本地环境中运行推理任务。它是一个强大且通用的分布式推理框架，旨在为大型语言模型、语音识别模型和多模态模型提供服务。它支持多种与 Transformers 引擎、vLLM 引擎和 GGML 引擎兼容的模型，如 ChatGLM、Qwen、Baichuan、Whisper、Gemma 等。

3.3.1 环境搭建

在 Python 环境中，Miniconda3 是一个快速安装和管理 Python 环境的工具(Miniconda 自带 Python，根据需求选择对应版本)。Miniconda3 可到官方网站下载，如图 3-8 所示的界面，下载与自己机器匹配的版本，然后根据界面提示安装即可。

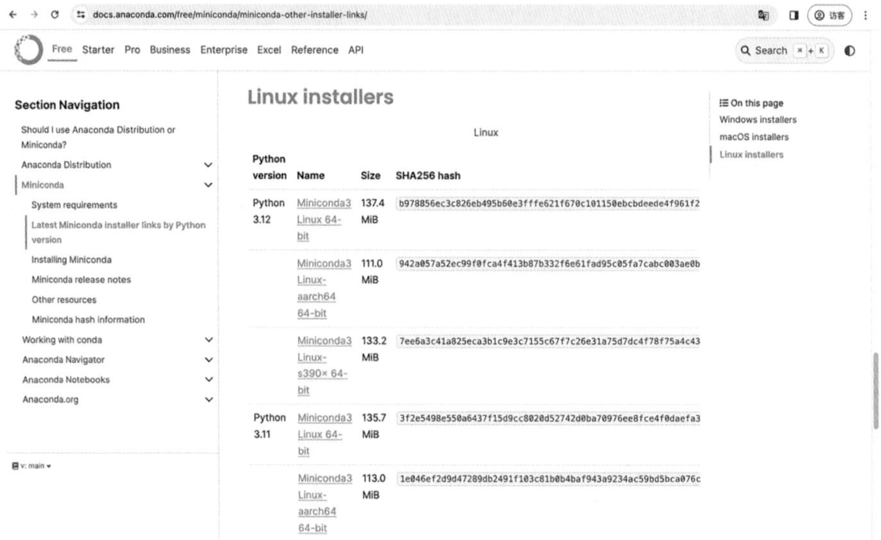

图 3-8 Miniconda3 下载界面

Miniconda3 通过 conda 命令行工具来管理 Python 中的包，包括 torch、transformers、gradio、matplotlib 等相关包的安装。打开命令行工具终端，执行命令 conda list 列出当前 Python 已安装的依赖库如图 3-9 所示。

为更好地管理 Python 环境，解决不同工具依赖 Python 库版本冲突问题，通过 conda create 命令创建 Python 虚拟环境，如图 3-10 所示。(提示：联网环境下创建 Python 环境、安装 Python 依赖库都比较方便，不在介绍。本书所有安装及操作均是在离线环境下进行)

3.3.2 大模型

ChatGLM3-6B 无需安装，只需从 HuggingFace 或 ModelScope 模型仓库获取模型文件。由于国网网络环境因素无法访问 HuggingFace，可从 ModelScope 下载相关模型(下载地址：https://www.modelscope.cn/models/ZhipuAI/chatglm3-6b/files)，如图 3-11 所示。

```
Last login: Mon Mar  4 17:36:32 on ttys001
[redacted]?conda list
# packages in environment at /Users/[redacted]/miniconda3:
#
# Name                    Version                   Build  Channel
archspec                  0.2.1              pyhd3eb1b0_0
boltons                   23.0.0          py310hecd8cb5_0
brotli-python             1.0.9           py310he9d5cce_7
bzip2                     1.0.8                h1de35cc_0
c-ares                    1.19.1               h6c40b1e_0
ca-certificates           2023.12.12           hecd8cb5_0
certifi                   2024.2.2        py310hecd8cb5_0
cffi                      1.16.0          py310h6c40b1e_0
charset-normalizer        2.0.4              pyhd3eb1b0_0
conda                     24.1.2          py310hecd8cb5_0
conda-content-trust       0.2.0           py310hecd8cb5_0
conda-libmamba-solver     24.1.0             pyhd3eb1b0_0
conda-package-handling    2.2.0           py310hecd8cb5_0
conda-package-streaming   0.9.0           py310hecd8cb5_0
cryptography              42.0.2          py310h30e54ef_0
distro                    1.8.0           py310hecd8cb5_0
fmt                       9.1.0                ha357a0b_0
icu                       73.1                 hcec6c5f_0
idna                      3.4             py310hecd8cb5_0
jsonpatch                 1.32               pyhd3eb1b0_0
jsonpointer               2.1                pyhd3eb1b0_0
krb5                      1.20.1               h428f121_1
libarchive                3.6.2                h29ab7a1_2
libcurl                   8.5.0                hf20ceda_0
libcxx                    14.0.6               h9765a3e_0
libedit                   3.1.20230828         h6c40b1e_0
libev                     4.33                 h9ed2024_1
libffi                    3.4.4                hecd8cb5_0
libiconv                  1.16                 hca72f7f_2
libmamba                  1.5.6                h63cd6dc_0
libmambapy                1.5.6           py310h8c3233a_0
libnghttp2                1.57.0               h9beae6a_0
libsolv                   0.7.24               hfff2838_0
libssh2                   1.10.0               h04015c4_2
libxml2                   2.10.4               h1bd7e62_1
lz4-c                     1.9.4                hcec6c5f_0
menuinst                  2.0.2           py310hecd8cb5_0
ncurses                   6.4                  hcec6c5f_0
openssl                   3.0.13               hca72f7f_0
packaging                 23.1            py310hecd8cb5_0
pcre2                     10.42                h9b97e30_0
pip                       23.3.1          py310hecd8cb5_0
platformdirs              3.10.0          py310hecd8cb5_0
pluggy                    1.0.0           py310hecd8cb5_1
pybind11-abi              4                    hd3eb1b0_1
pycosat                   0.6.6           py310h6c40b1e_0
pycparser                 2.21               pyhd3eb1b0_0
```

图 3-9　conda list 命令界面

```
[redacted]?conda create -n llama-factory --clone base
Retrieving notices: ...working... done
Source:      /Users/[redacted]/miniconda3
Destination: /Users/[redacted]/miniconda3/envs/llama-factory
The following packages cannot be cloned out of the root environment:
 - defaults/osx-64::conda-24.1.2-py310hecd8cb5_0
 - defaults/noarch::conda-libmamba-solver-24.1.0-pyhd3eb1b0_0
Packages: 67
Files: 1

Downloading and Extracting Packages:


Downloading and Extracting Packages:

Preparing transaction: done
Verifying transaction: done
Executing transaction: done
#
# To activate this environment, use
#
#     $ conda activate llama-factory
#
# To deactivate an active environment, use
#
#     $ conda deactivate

[redacted]?conda env list
# conda environments:
#
base                     /Users/[redacted]/miniconda3
llama-factory            /Users/[redacted]/miniconda3/envs/llama-factory
```

图 3-10　conda create 命令界面

通过 ModelScope 提供的两种方式：SDK 下载和 Git 下载，在联网主机上进行下载，也可以使用下载工具单个文件进行下载。下载完成后，将模型文件拷贝到相应服务器对应目录下，方便后续使用。

3.3.3　训练工具

LLaMA-Factory 安装非常简单，在安装前，首先要确定自己的计算机是否已经成功安装了 Miniconda3。

下载 LLama-Factory 源码（项目地址：https：//github.com/hiyouga/

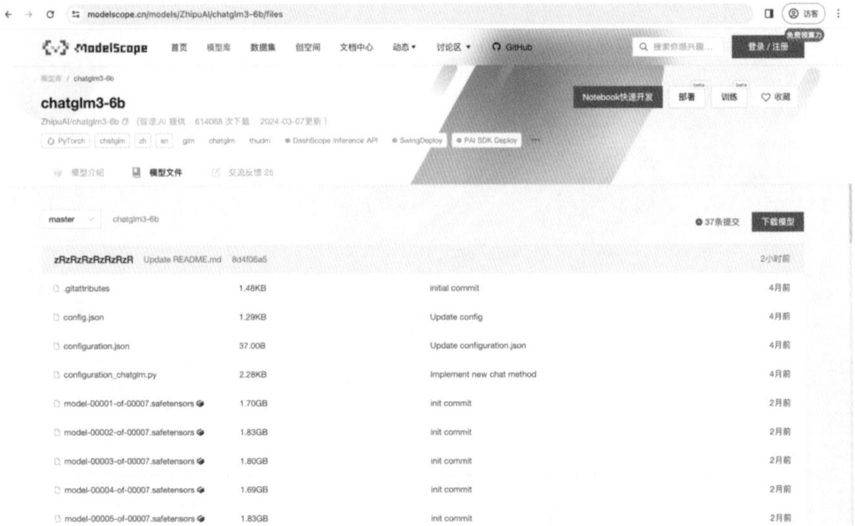

图 3 - 11　chatglm3 - 6b 模型文件

LLaMA - Factory)，根据 LLama - Factory 提供的 requirements. txt 文件如图 3 - 12 所示，在联网主机上下载相关 Python 依赖。

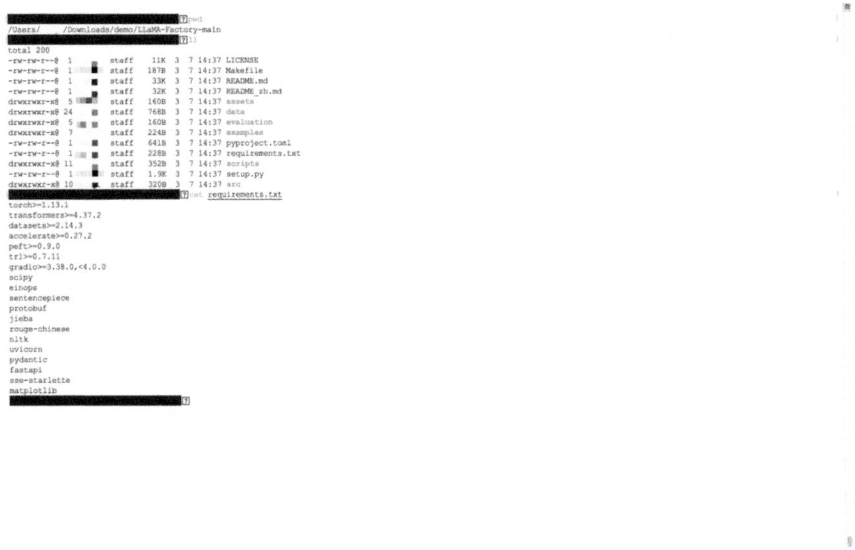

图 3 - 12　LLama - Factory requirements. txt

通过 pip download 命令行下载 Python 依赖，如图 3 - 13 所示。下载完成后的 Python 依赖文件如图 3 - 14 所示。

```
[redacted] ?mkdir LLaMA-Factory-depends
[redacted] ?ll
total 0
drwxr-xr-x   2 mingr  staff    64B  3  7 15:59 LLaMA-Factory-depends
drwxrwxr-x@ 18 mingr  staff   576B  3  7 14:37 LLaMA-Factory-main
[redacted] ?pip download -d ./LLaMA-Factory-depends -r LLaMA-Factory-main/requirements.txt -i https://pypi.tuna.tsinghua.edu.cn/simple
Looking in indexes: https://pypi.tuna.tsinghua.edu.cn/simple
Collecting torch>=1.13.1 (from -r LLaMA-Factory-main/requirements.txt (line 1))
  Downloading https://pypi.tuna.tsinghua.edu.cn/packages/6c/46/d4f23bc1ad24e3addb060aebd1ac6203b38e4c48806ac92a6eb992dbe216/torch-2.2.1-cp310-none-macosx_10_9_x86_64.whl (150.8
 MB)
     ━━━━━━━━━━━━━━━━━━━━━━━━━━━━━━━━━━━━━━━━ 150.8/150.8 MB 804.0 kB/s eta 0:00:00
Collecting transformers>=4.37.2 (from -r LLaMA-Factory-main/requirements.txt (line 2))
  Downloading https://pypi.tuna.tsinghua.edu.cn/packages/b6/4d/fbe6d89fde59d8107f0a02816c4ac4542a8f9a85559fdf33c68282affcc1/transformers-4.38.2-py3-none-any.whl (8.5 MB)
     ━━━━━━━━━━━━━━━━━━━━━━━━━━━━━━━━━━━━━━━━ 8.5/8.5 MB 607.7 kB/s eta 0:00:00
Collecting datasets>=2.14.3 (from -r LLaMA-Factory-main/requirements.txt (line 3))
  Downloading https://pypi.tuna.tsinghua.edu.cn/packages/95/fc/661a7f06e8b7d48fcbd3f55423b7ff1ac3ce59526f146fda87a1e1788ee4/datasets-2.18.0-py3-none-any.whl (510 kB)
     ━━━━━━━━━━━━━━━━━━━━━━━━━━━━━━━━━━━━━━━━ 510.5/510.5 kB 692.8 kB/s eta 0:00:00
Collecting accelerate>=0.27.2 (from -r LLaMA-Factory-main/requirements.txt (line 4))
  Downloading https://pypi.tuna.tsinghua.edu.cn/packages/1b/da/24a54b9205fce3bdbaad521c35944d0b0a2d292ac5ae921e484b76312b43/accelerate-0.27.2-py3-none-any.whl (279 kB)
     ━━━━━━━━━━━━━━━━━━━━━━━━━━━━━━━━━━━━━━━━ 280.0/280.0 kB 552.8 kB/s eta 0:00:00
Collecting peft>=0.9.0 (from -r LLaMA-Factory-main/requirements.txt (line 5))
  Downloading https://pypi.tuna.tsinghua.edu.cn/packages/08/87/3e7eb34ac06d3f4ac72e2302e9e69bef12247a8a627c59a4d8a498135727/peft-0.9.0-py3-none-any.whl (190 kB)
     ━━━━━━━━━━━━━━━━━━━━━━━━━━━━━━━━━━━━━━━━ 190.9/190.9 kB 358.9 kB/s eta 0:00:00
Collecting trl>=0.7.11 (from -r LLaMA-Factory-main/requirements.txt (line 6))
  Downloading https://pypi.tuna.tsinghua.edu.cn/packages/02/85/3eaa8df1d1b55b3390fa834d80a8011e2b5147e328b44b5cef776f2b08d8/trl-0.7.11-py3-none-any.whl (155 kB)
     ━━━━━━━━━━━━━━━━━━━━━━━━━━━━━━━━━━━━━━━━ 155.3/155.3 kB 523.0 kB/s eta 0:00:00
Collecting gradio<4.0.0,>=3.38.0 (from -r LLaMA-Factory-main/requirements.txt (line 7))
  Downloading https://pypi.tuna.tsinghua.edu.cn/packages/bd/ea/ca6506e4da9b5338da3bfdd6115dc1c90ffd58c1ec50ca2792b84a7b4bdb/gradio-3.50.2-py3-none-any.whl (20.3 MB)
     ━━━━━━━━━━━━━━━━━━━━━━━━━━━━━━━━━━━━━━━━ 20.3/20.3 MB 363.9 kB/s eta 0:00:00
Collecting scipy (from -r LLaMA-Factory-main/requirements.txt (line 8))
  Downloading https://pypi.tuna.tsinghua.edu.cn/packages/c7/d9/214971dae573bd7e9303b56d2612dae439decbfc0dae0f539a591c0562ce/scipy-1.12.0-cp310-cp310-macosx_10_9_x86_64.whl (38.
9 MB)
     ━━━━━━━━━━━━━━━━━━━━━━━━━━━━━━━━━━━━━━━━ 38.9/38.9 MB 821.9 kB/s eta 0:00:00
Collecting einops (from -r LLaMA-Factory-main/requirements.txt (line 9))
  Downloading https://pypi.tuna.tsinghua.edu.cn/packages/29/0b/2d1c0ebfd092e25935b86509a9a817159212d82aa43d7fb07eca4eeff2c2/einops-0.7.0-py3-none-any.whl (44 kB)
     ━━━━━━━━━━━━━━━━━━━━━━━━━━━━━━━━━━━━━━━━ 44.6/44.6 kB 2.3 MB/s eta 0:00:00
Collecting sentencepiece (from -r LLaMA-Factory-main/requirements.txt (line 10))
  Downloading https://pypi.tuna.tsinghua.edu.cn/packages/77/9f/7efbaa6d4c0c718a9affbecc536b03ca62f99f421bdffb531c16030e2d2b/sentencepiece-0.2.0-cp310-cp310-macosx_10_9_x86_64.w
hl (1.2 MB)
     ━━━━━━━━━━━━━━━━━━━━━━━━━━━━━━━━━━━━━━━━ 1.2/1.2 MB 809.5 kB/s eta 0:00:00
Collecting protobuf (from -r LLaMA-Factory-main/requirements.txt (line 11))
  Downloading https://pypi.tuna.tsinghua.edu.cn/packages/f3/bf/26deba06a4c910a85f78245cac7698f67cedd7efe00d04f6b3e1b3506a59/protobuf-4.25.3-cp37-abi3-macosx_10_9_universal2.whl
 (394 kB)
     ━━━━━━━━━━━━━━━━━━━━━━━━━━━━━━━━━━━━━━━━ 394.2/394.2 kB 271.2 kB/s eta 0:00:00
Collecting jieba (from -r LLaMA-Factory-main/requirements.txt (line 12))
  Downloading https://pypi.tuna.tsinghua.edu.cn/packages/c6/cb/18eeb235f833b726522d7ebed54f2278ce28ba9438e3135ab0278d9792a2/jieba-0.42.1.tar.gz (19.2 MB)
     ━━━━━━━━━━━━━━━━━━━━━━━━━━━━━━━━━━━━━━━━ 19.2/19.2 MB 405.9 kB/s eta 0:00:00
  Preparing metadata (setup.py) ... done
Collecting rouge-chinese (from -r LLaMA-Factory-main/requirements.txt (line 13))
  Downloading https://pypi.tuna.tsinghua.edu.cn/packages/03/0f/394cf877be7b903881020ef7217f7dc644dad158d52a9353fcab22e3464d/rouge_chinese-1.0.3-py3-none-any.whl (21 kB)
Collecting nltk (from -r LLaMA-Factory-main/requirements.txt (line 14))
```

图 3 - 13　pip download 命令界面

```
[redacted] ?cd LLaMA-Factory-depends
[redacted] ?ls
Jinja2-3.1.3-py3-none-any.whl
MarkupSafe-2.1.5-cp310-cp310-macosx_10_9_x86_64.whl
PyYAML-6.0.1-cp310-cp310-macosx_10_9_x86_64.whl
accelerate-0.27.2-py3-none-any.whl
aiofiles-23.2.1-py3-none-any.whl
aiohttp-3.9.3-cp310-cp310-macosx_10_9_x86_64.whl
aiosignal-1.3.1-py3-none-any.whl
altair-5.2.0-py3-none-any.whl
annotated_types-0.6.0-py3-none-any.whl
anyio-4.3.0-py3-none-any.whl
async_timeout-4.0.3-py3-none-any.whl
attrs-23.2.0-py3-none-any.whl
certifi-2024.2.2-py3-none-any.whl
charset_normalizer-3.3.2-cp310-cp310-macosx_10_9_x86_64.whl
click-8.1.7-py3-none-any.whl
contourpy-1.2.0-cp310-cp310-macosx_10_9_x86_64.whl
cycler-0.12.1-py3-none-any.whl
datasets-2.18.0-py3-none-any.whl
dill-0.3.8-py3-none-any.whl
docstring_parser-0.15-py3-none-any.whl
einops-0.7.0-py3-none-any.whl
exceptiongroup-1.2.0-py3-none-any.whl
fastapi-0.110.0-py3-none-any.whl
ffmpy-0.3.2.tar.gz
filelock-3.13.1-py3-none-any.whl
fonttools-4.49.0-cp310-cp310-macosx_10_9_x86_64.whl
frozenlist-1.4.1-cp310-cp310-macosx_10_9_x86_64.whl
fsspec-2024.2.0-py3-none-any.whl
gradio-3.50.2-py3-none-any.whl
gradio_client-0.6.1-py3-none-any.whl
h11-0.14.0-py3-none-any.whl
httpcore-1.0.4-py3-none-any.whl
httpx-0.27.0-py3-none-any.whl
huggingface_hub-0.21.4-py3-none-any.whl
idna-3.6-py3-none-any.whl
importlib_resources-6.1.2-py3-none-any.whl
jieba-0.42.1.tar.gz
joblib-1.3.2-py3-none-any.whl
jsonschema-4.21.1-py3-none-any.whl
jsonschema_specifications-2023.12.1-py3-none-any.whl
kiwisolver-1.4.5-cp310-cp310-macosx_10_9_x86_64.whl
markdown_it_py-3.0.0-py3-none-any.whl
matplotlib-3.8.3-cp310-cp310-macosx_10_12_x86_64.whl
mdurl-0.1.2-py3-none-any.whl
mpmath-1.3.0-py3-none-any.whl
multidict-6.0.5-cp310-cp310-macosx_10_9_x86_64.whl
multiprocess-0.70.16-py310-none-any.whl
networkx-3.2.1-py3-none-any.whl
nltk-3.8.1-py3-none-any.whl
```

图 3 - 14　依赖文件

PyTorch 作为 Python 的一个深度学习库，它有 GPU 和非 GPU 版本。由于当前下载主机无 GPU，默认下载的 PyTorch 版本为非 GPU 版本，如图 3 - 15 所示。

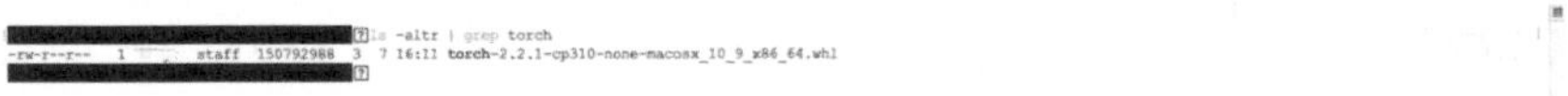

图 3-15　PyTorch 库无 GPU 版本

若目标主机需要安装 GPU 版本的 PyTorch 库，可从官网单独下载（下载地址：https://download.pytorch.org/whl/torch_stable.html）。通过 nvidia-smi 命令查看 GPU 信息及 CUDA 版本，如图 3-16 所示。

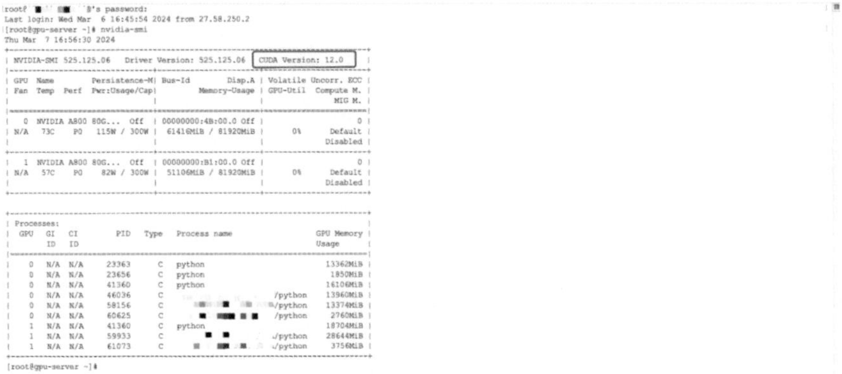

图 3-16　CUDA 版本查看

然后，根据目标主机上操作系统版本、Python 版本以及 CUDA 版本选择相应的 PyTorch 版本，如图 3-17 所示。而 torchvision 和 torchaudio 是另外两类工具包，分别提供了计算机视觉和音频处理方面的功能，请根据需要单独下载安装。

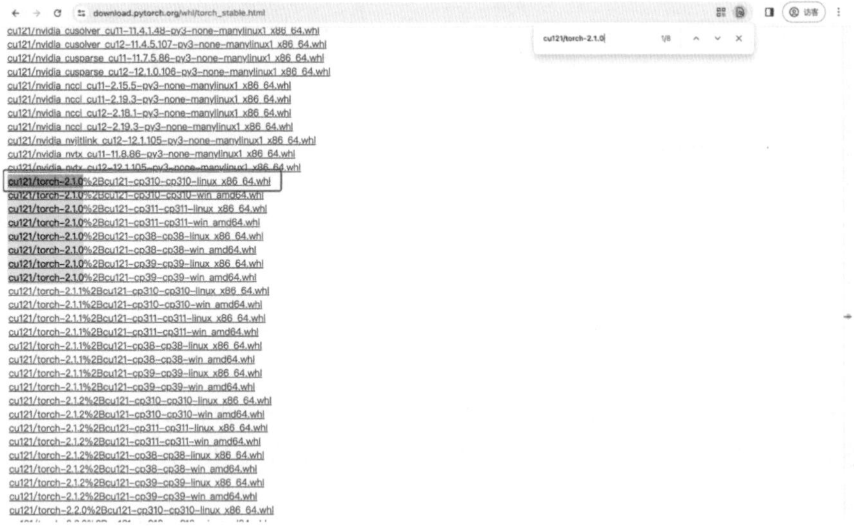

图 3-17　PyTorch 版本下载

通过 pip install 命令行安装 Python 依赖。安装前先通过 conda activate 命令切换到相应的 Python 虚拟环境，如图 3 - 18 所示。

```
[redacted]?conda activate llama-factory
(llama-factory) [redacted]?ll
total 0
drwxr-xr-x  99[redacted]  staff   3.1K  3  7 16:11 LLaMA-Factory-depends
drwxrwxr-x@ 18[redacted]  staff   576B  3  7 14:37 LLaMA-Factory-main
(llama-factory) [redacted]?pip install --no-index --find-links=./LLaMA-Factory-depends -r LLaMA-Factory-main/requirements.txt
Looking in links: ./LLaMA-Factory-depends
Processing ./LLaMA-Factory-depends/torch-2.2.1-cp310-none-macosx_10_9_x86_64.whl (from -r LLaMA-Factory-main/requirements.txt (line 1))
Processing ./LLaMA-Factory-depends/transformers-4.38.2-py3-none-any.whl (from -r LLaMA-Factory-main/requirements.txt (line 2))
Processing ./LLaMA-Factory-depends/datasets-2.18.0-py3-none-any.whl (from -r LLaMA-Factory-main/requirements.txt (line 3))
Processing ./LLaMA-Factory-depends/accelerate-0.27.2-py3-none-any.whl (from -r LLaMA-Factory-main/requirements.txt (line 4))
Processing ./LLaMA-Factory-depends/peft-0.9.0-py3-none-any.whl (from -r LLaMA-Factory-main/requirements.txt (line 5))
Processing ./LLaMA-Factory-depends/trl-0.7.11-py3-none-any.whl (from -r LLaMA-Factory-main/requirements.txt (line 6))
Processing ./LLaMA-Factory-depends/gradio-3.50.2-py3-none-any.whl (from -r LLaMA-Factory-main/requirements.txt (line 7))
Processing ./LLaMA-Factory-depends/scipy-1.12.0-cp310-cp310-macosx_10_9_x86_64.whl (from -r LLaMA-Factory-main/requirements.txt (line 8))
Processing ./LLaMA-Factory-depends/einops-0.7.0-py3-none-any.whl (from -r LLaMA-Factory-main/requirements.txt (line 9))
Processing ./LLaMA-Factory-depends/sentencepiece-0.2.0-cp310-cp310-macosx_10_9_x86_64.whl (from -r LLaMA-Factory-main/requirements.txt (line 10))
Processing ./LLaMA-Factory-depends/protobuf-4.25.3-cp37-abi3-macosx_10_9_universal2.whl (from -r LLaMA-Factory-main/requirements.txt (line 11))
Processing ./LLaMA-Factory-depends/jieba-0.42.1.tar.gz (from -r LLaMA-Factory-main/requirements.txt (line 12))
  Preparing metadata (setup.py) ... done
Processing ./LLaMA-Factory-depends/rouge_chinese-1.0.3-py3-none-any.whl (from -r LLaMA-Factory-main/requirements.txt (line 13))
Processing ./LLaMA-Factory-depends/nltk-3.8.1-py3-none-any.whl (from -r LLaMA-Factory-main/requirements.txt (line 14))
Processing ./LLaMA-Factory-depends/uvicorn-0.27.1-py3-none-any.whl (from -r LLaMA-Factory-main/requirements.txt (line 15))
Processing ./LLaMA-Factory-depends/pydantic-2.6.3-py3-none-any.whl (from -r LLaMA-Factory-main/requirements.txt (line 16))
Processing ./LLaMA-Factory-depends/fastapi-0.110.0-py3-none-any.whl (from -r LLaMA-Factory-main/requirements.txt (line 17))
Processing ./LLaMA-Factory-depends/sse_starlette-2.0.0-py3-none-any.whl (from -r LLaMA-Factory-main/requirements.txt (line 18))
Processing ./LLaMA-Factory-depends/matplotlib-3.8.3-cp310-cp310-macosx_10_12_x86_64.whl (from -r LLaMA-Factory-main/requirements.txt (line 19))
Processing ./LLaMA-Factory-depends/filelock-3.13.1-py3-none-any.whl (from torch>=1.13.1->-r LLaMA-Factory-main/requirements.txt (line 1))
Processing ./LLaMA-Factory-depends/typing_extensions-4.10.0-py3-none-any.whl (from torch>=1.13.1->-r LLaMA-Factory-main/requirements.txt (line 1))
Processing ./LLaMA-Factory-depends/sympy-1.12-py3-none-any.whl (from torch>=1.13.1->-r LLaMA-Factory-main/requirements.txt (line 1))
Processing ./LLaMA-Factory-depends/networkx-3.2.1-py3-none-any.whl (from torch>=1.13.1->-r LLaMA-Factory-main/requirements.txt (line 1))
Processing ./LLaMA-Factory-depends/Jinja2-3.1.3-py3-none-any.whl (from torch>=1.13.1->-r LLaMA-Factory-main/requirements.txt (line 1))
Processing ./LLaMA-Factory-depends/fsspec-2024.2.0-py3-none-any.whl (from torch>=1.13.1->-r LLaMA-Factory-main/requirements.txt (line 1))
Processing ./LLaMA-Factory-depends/huggingface_hub-0.21.4-py3-none-any.whl (from transformers>=4.37.2->-r LLaMA-Factory-main/requirements.txt (line 2))
Processing ./LLaMA-Factory-depends/numpy-1.26.4-cp310-cp310-macosx_10_9_x86_64.whl (from transformers>=4.37.2->-r LLaMA-Factory-main/requirements.txt (line 2))
Requirement already satisfied: packaging>=20.0 in /Users/mingr/miniconda3/envs/llama-factory/lib/python3.10/site-packages (from transformers>=4.37.2->-r LLaMA-Factory-main/requ
irements.txt (line 2)) (23.1)
Processing ./LLaMA-Factory-depends/PyYAML-6.0.1-cp310-cp310-macosx_10_9_x86_64.whl (from transformers>=4.37.2->-r LLaMA-Factory-main/requirements.txt (line 2))
Processing ./LLaMA-Factory-depends/regex-2023.12.25-cp310-cp310-macosx_10_9_x86_64.whl (from transformers>=4.37.2->-r LLaMA-Factory-main/requirements.txt (line 2))
Requirement already satisfied: requests in /Users/mingr/miniconda3/envs/llama-factory/lib/python3.10/site-packages (from transformers>=4.37.2->-r LLaMA-Factory-main/requirement
s.txt (line 2)) (2.31.0)
Processing ./LLaMA-Factory-depends/tokenizers-0.15.2-cp310-cp310-macosx_10_12_x86_64.whl (from transformers>=4.37.2->-r LLaMA-Factory-main/requirements.txt (line 2))
Processing ./LLaMA-Factory-depends/safetensors-0.4.2-cp310-cp310-macosx_10_12_x86_64.whl (from transformers>=4.37.2->-r LLaMA-Factory-main/requirements.txt (line 2))
Requirement already satisfied: tqdm>=4.27 in /Users/mingr/miniconda3/envs/llama-factory/lib/python3.10/site-packages (from transformers>=4.37.2->-r LLaMA-Factory-main/requireme
nts.txt (line 2)) (4.65.0)
Processing ./LLaMA-Factory-depends/pyarrow-15.0.0-cp310-cp310-macosx_10_15_x86_64.whl (from datasets>=2.14.3->-r LLaMA-Factory-main/requirements.txt (line 3))
Processing ./LLaMA-Factory-depends/pyarrow_hotfix-0.6-py3-none-any.whl (from datasets>=2.14.3->-r LLaMA-Factory-main/requirements.txt (line 3))
Processing ./LLaMA-Factory-depends/dill-0.3.8-py3-none-any.whl (from datasets>=2.14.3->-r LLaMA-Factory-main/requirements.txt (line 3))
Processing ./LLaMA-Factory-depends/pandas-2.2.1-cp310-cp310-macosx_10_9_x86_64.whl (from datasets>=2.14.3->-r LLaMA-Factory-main/requirements.txt (line 3))
Processing ./LLaMA-Factory-depends/xxhash-3.4.1-cp310-cp310-macosx_10_9_x86_64.whl (from datasets>=2.14.3->-r LLaMA-Factory-main/requirements.txt (line 3))
Processing ./LLaMA-Factory-depends/multiprocess-0.70.16-py310-none-any.whl (from datasets>=2.14.3->-r LLaMA-Factory-main/requirements.txt (line 3))
```

图 3 - 18　pip install

安装成功后，进入 LLaMA - Factory - main 根目录，执行启动命令 python -u src/train_web. py，如图 3 - 19 所示。

CUDA_VISIBLE_DEVICES = 1 python -u src/train_web. py

注：一定要在 LLaMA - Factory - main 根目录启动，否则会报如下错误。

Cannot open data/dataset_info. json due to [Errno 2]No such file or directory: 'data/dataset_info. json'.

```
(llama-factory) [redacted]?cd LLaMA-Factory-main
(llama-factory) [redacted]?python -u src/train_web.py
^[Running on local URL:  http://0.0.0.0:7860

To create a public link, set `share=True` in `launch()`.
```

图 3 - 19　启动 LLaMA - Factory

访问 http：//IP：7860，进入 LLaMA - Factory 操作页面，如图 3 - 20 所示。

“Model name”选择 ChatGLM3 - 6B - Chat，“Model path”指定之前下载好的模型存放路径/home/demo/chatglm3 - 6b。切换到“Chat”标签页，点击“Load model”，完成模型加载，如图 3 - 21 所示。

接下来就可进行对话测试，测试结果如图 3 - 22 所示。同时，可在日志中

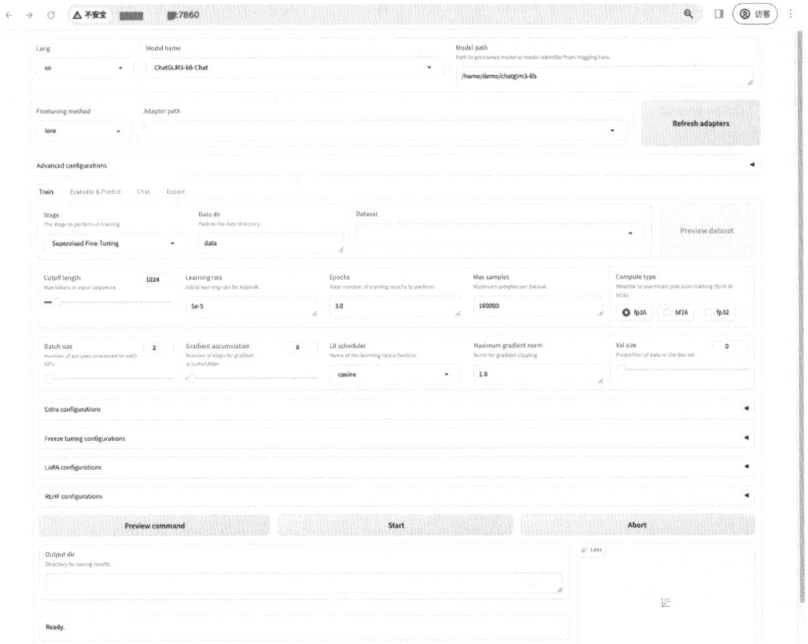

图 3 - 20　LLaMA - Factory 界面

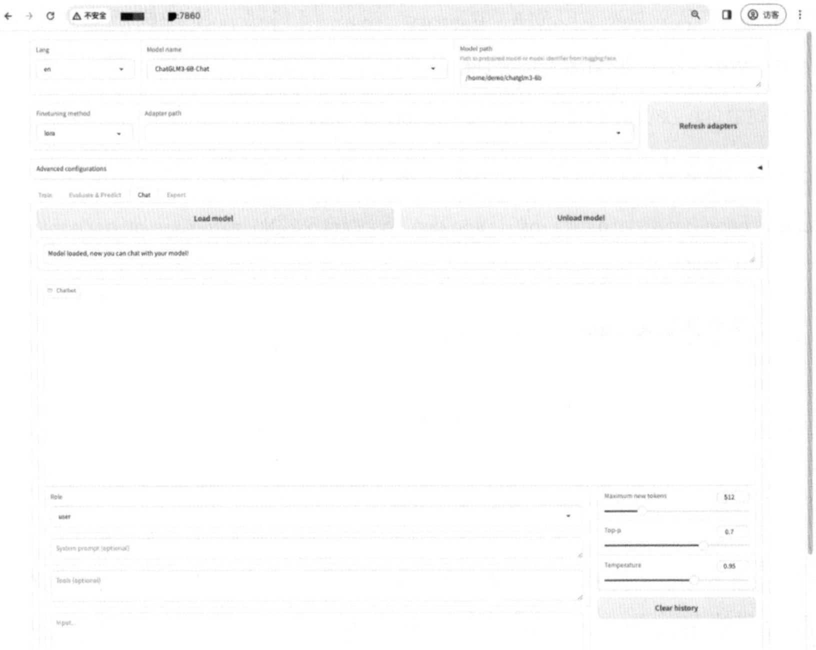

图 3 - 21　Load model

观察到模型的加载过程，如图 3 - 23 所示。

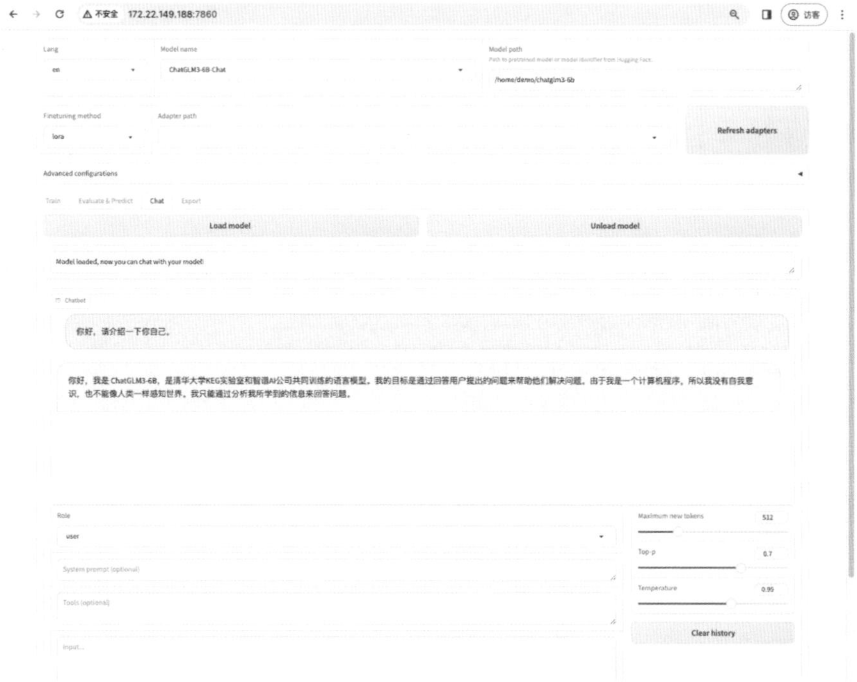

图 3 - 22　chatglm3 - 6b 对话测试

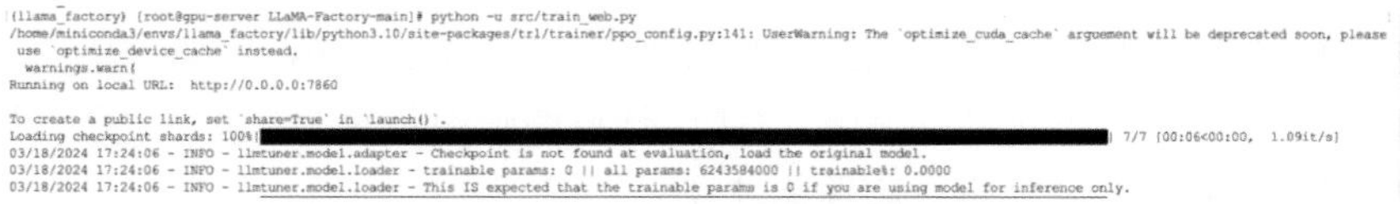
(llama_factory) [root@gpu-server LLaMA-Factory-main]# python -u src/train_web.py
/home/miniconda3/envs/llama_factory/lib/python3.10/site-packages/trl/trainer/ppo_config.py:141: UserWarning: The `optimize_cuda_cache` arguement will be deprecated soon, please use `optimize_device_cache` instead.
warnings.warn(
Running on local URL: http://0.0.0.0:7860
To create a public link, set `share=True` in `launch()`.
Loading checkpoint shards: 100%| | 7/7 [00:06<00:00, 1.09it/s]
03/18/2024 17:24:06 - INFO - llmtuner.model.adapter - Checkpoint is not found at evaluation, load the original model.
03/18/2024 17:24:06 - INFO - llmtuner.model.loader - trainable params: 0 || all params: 6243584000 || trainable%: 0.0000
03/18/2024 17:24:06 - INFO - llmtuner.model.loader - This IS expected that the trainable params is 0 if you are using model for inference only.

图 3 - 23　模型加载

同理，通过 LLaMA - Factory 可加载它支持的其他模型。先把当前模型卸载，点击“Unload model”。再将“Model name”选择 Qwen - 14B - Chat，“Model path”指定之前下载好的模型存放路径/home/demo/qwen - 14b - chat。切换到“Chat”标签页，点击“Load model”，完成模型加载并进行测试，如图 3 - 24 所示。

通过以上步骤及测试结果表明，Python 虚拟环境及 LLaMA - Factory 环境安装成功。

3.3.4　模型微调

模型微调可帮助我们快速获得适合特定应用场景的高性能语言模型，而无

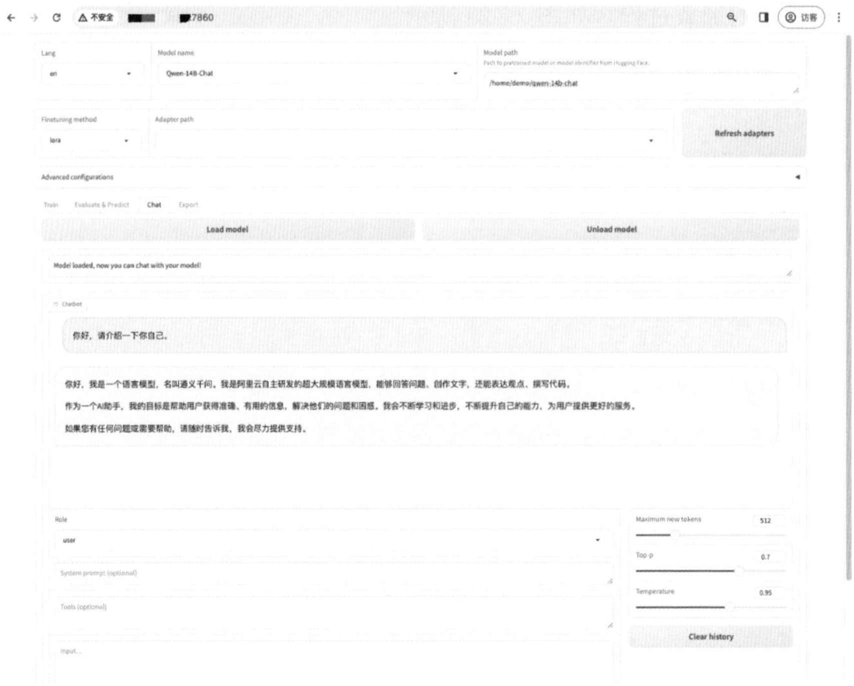

图 3 - 24　qwen - 14b - chat 对话测试

需从头开始训练模型。这种方法已经在许多自然语言处理任务中取得了显著的成果，如文本分类、情感分析、问答等。

为了提高计算的效率，需使用图形处理单元（GPU）来进行加速。NVIDIA CUDA Toolkit 是一个用于 GPU 计算的软件开发工具包，它允许开发者利用 NVIDIA 的 GPU 进行高性能计算。

NVIDIA CUDA Toolkit 安装简单，从官网下载安装文件（下载地址：https：//developer. nvidia. com/cuda - toolkit - archive），需要注意选择与 GPU 型号和操作系统相匹配的 CUDA 版本，以及对应的 CUDA 兼容的深度学习框架版本。

在安装过程中，需要接受许可协议，并选择安装选项。通常，可以选择安装 CUDA Toolkit、NVIDIA 驱动程序（如果还没有安装）和示例。

然后配置环境变量，将 CUDA 路径添加到 ~/. bashrc 或 ~/. bash _ profile 文件中。

```
export PATH=/usr/local/cuda/bin：$PATH
export LD_LIBRARY_PATH=/usr/local/cuda/lib64：$LD_LIBRARY_PATH
```

最后验证安装，通过运行 nvcc --version 命令来验证 CUDA 是否正确安装。如果安装成功，该命令将显示 CUDA 编译器的版本信息。

```
nvcc: NVIDIA (R) Cuda compiler driver
Copyright (c) 2005—2022 NVIDIA Corporation
Built on Mon_Oct_24_19:12:58_PDT_2022
Cuda compilation tools, release 12.0, V12.0.76
Build cuda_12.0.r12.0/compiler.31968024_0
```

下面以 ChatGLM3-6B 为基础，通过自我认知数据集（self_cognition.json）对模型进行自我认知方面的微调。

把self_cognition.json 文件（下载地址：https://github.com/hiyouga/LLaMA-Factory/blob/v0.5.3/data/self_cognition.json）放在 LLaMA-Factory-main/data 目录下（新版本无该文件），修改 dataset_info.json 文件，添加以下配置。

```
"self_cognition":{
    "file_name": "self_cognition.json",
    "file_sha1": "aae3ecb58ab642da33fbb514d5e6188f1469ad40"
},
```

执行以下命令，--model_name_or_path 指定基础模型存放位置，--dataset 指定 self_cognition，--output_dir 指定 lora 权重输出位置。也可通过 LLaMA-Factory 操作界面执行，如图 3-25 所示。（注：参数需与截图保持一致）

```
CUDA_VISIBLE_DEVICES = 1 python src/train_bash.py \
    --stage sft \
    --model_name_or_path /home/demo/chatglm3-6b\
    --do_train\
    --overwrite_output_dir\
    --dataset self_cognition\
    --template chatglm3\
    --finetuning_type lora\
    --lora_target query_key_value\
    --output_dir saves/lora_chatglm3\
    --overwrite_cache \
    --per_device_train_batch_size 4 \
    --gradient_accumulation_steps 4 \
```

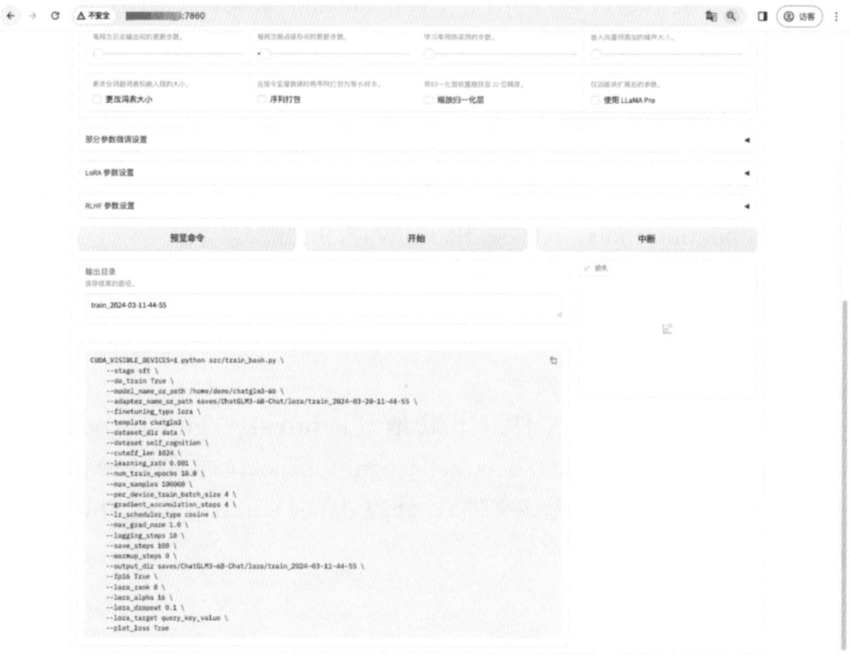

图 3-25　微调命令截图

```
    --lr_scheduler_type cosine \
    --logging_steps 10 \
    --save_steps 1000 \
    --learning_rate 1e-3 \
    --num_train_epochs 10.0 \
    --plot_loss \
    --fp16
```

通过日志查看执行情况，如图 3-26 所示。

查看微调后 lora 权重文件，如图 3-27 所示。

测试微调后的推理效果，使用命令行工具，执行以下命令。--model_name_or_path 指定基础模型存放位置，--adapter_name_or_path 指定 lora 权重存放位置。

```
CUDA_VISIBLE_DEVICES=1 python src/cli_demo.py \
    --model_name_or_path /home/demo/chatglm3-6b \
    --adapter_name_or_path saves/lora_chatglm3 \
    --template chatglm3 \
    --finetuning_type lora
```

```
[WARNING|modeling_utils.py:2107] 2024-03-19 18:15:11,980 >> You are using an old version of the checkpointing format that is deprecated (We will also silently ignore `gradient_checkpointing_kwargs` in case you passed it).Please update to the new format on your modeling file. To use the new format, you need to completely remove the definition of the method `_set_gradient_checkpointing` in your model.
03/19/2024 18:15:11 - INFO - llmtuner.model.patcher - Gradient checkpointing enabled.
03/19/2024 18:15:11 - INFO - llmtuner.model.adapter - Fine-tuning method: LoRA
03/19/2024 18:15:12 - INFO - llmtuner.model.loader - trainable params: 1949696 || all params: 6245533696 || trainable%: 0.0312
Detected kernel version 3.10.0, which is below the recommended minimum of 5.5.0; this can cause the process to hang. It is recommended to upgrade the kernel to the minimum version or higher.
[INFO|trainer.py:601] 2024-03-19 18:15:12,037 >> Using auto half precision backend
[INFO|trainer.py:1812] 2024-03-19 18:15:12,160 >> ***** Running training *****
[INFO|trainer.py:1813] 2024-03-19 18:15:12,160 >>   Num examples = 80
[INFO|trainer.py:1814] 2024-03-19 18:15:12,160 >>   Num Epochs = 10
[INFO|trainer.py:1815] 2024-03-19 18:15:12,160 >>   Instantaneous batch size per device = 4
[INFO|trainer.py:1818] 2024-03-19 18:15:12,160 >>   Total train batch size (w. parallel, distributed & accumulation) = 16
[INFO|trainer.py:1819] 2024-03-19 18:15:12,160 >>   Gradient Accumulation steps = 4
[INFO|trainer.py:1820] 2024-03-19 18:15:12,160 >>   Total optimization steps = 50
[INFO|trainer.py:1821] 2024-03-19 18:15:12,161 >>   Number of trainable parameters = 1,949,696
  0%|                                                  | 0/50 [00:00<?, ?it/s]/home/miniconda3/envs/llama_factory2/lib/python3.10/site-packages/torch/utils/checkpoint.py:429: UserWarning: torch.utils.checkpoint: please pass in use_reentrant=True or use_reentrant=False explicitly. The default value of use_reentrant will be updated to be False in the future. To maintain current behavior, pass use_reentrant=True. It is recommended that you use use_reentrant=False. Refer to docs for more details on the differences between the two variants.
  warnings.warn(
{'loss': 2.5017, 'grad_norm': 1.4858832359313965, 'learning_rate': 0.0009045084971874737, 'epoch': 2.0}
{'loss': 0.8486, 'grad_norm': 1.445488691329956, 'learning_rate': 0.0006545084971874737, 'epoch': 4.0}
{'loss': 0.3781, 'grad_norm': 1.4162181615829468, 'learning_rate': 0.00034549150281252633, 'epoch': 6.0}
{'loss': 0.1575, 'grad_norm': 1.0747658014297485, 'learning_rate': 9.549150281252633e-05, 'epoch': 8.0}
{'loss': 0.0913, 'grad_norm': 0.6598336100578308, 'learning_rate': 0.0, 'epoch': 10.0}
100%|| 50/50 [00:30<00:00,  1.76it/s][INFO|trainer.py:2067] 2024-03-19 18:15:42,444 >>

Training completed. Do not forget to share your model on huggingface.co/models =)


{'train_runtime': 30.2826, 'train_samples_per_second': 26.418, 'train_steps_per_second': 1.651, 'train_loss': 0.7954389190673828, 'epoch': 10.0}
100%|| 50/50 [00:30<00:00,  1.65it/s]
[INFO|trainer.py:3067] 2024-03-19 18:15:42,445 >> Saving model checkpoint to saves/lora_chatglm3
/home/miniconda3/envs/llama_factory2/lib/python3.10/site-packages/peft/utils/save_and_load.py:154: UserWarning: Could not find a config file in /home/demo/chatglm3-6b - will assume that the vocabulary was not modified.
  warnings.warn(
[INFO|tokenization_utils_base.py:2459] 2024-03-19 18:15:42,471 >> tokenizer config file saved in saves/lora_chatglm3/tokenizer_config.json
[INFO|tokenization_utils_base.py:2468] 2024-03-19 18:15:42,471 >> Special tokens file saved in saves/lora_chatglm3/special_tokens_map.json
***** train metrics *****
  epoch                    =       10.0
  train_loss               =     0.7954
  train_runtime            = 0:00:30.28
  train_samples_per_second =     26.418
  train_steps_per_second   =      1.651
Figure saved: saves/lora_chatglm3/training_loss.png
03/19/2024 18:15:42 - WARNING - llmtuner.extras.ploting - No metric eval_loss to plot.
[INFO|modelcard.py:450] 2024-03-19 18:15:42,566 >> Dropping the following result as it does not have all the necessary fields:
{'task': {'name': 'Causal Language Modeling', 'type': 'text-generation'}}
```

图 3-26　模型训练结果

```
(llama_factory2) [root@gpu-server LLaMA-Factory-main]# ll saves/lora_chatglm3/
总用量 8708
-rw-r--r--. 1 root root     612 3月  19 18:15 adapter_config.json
-rw-r--r--. 1 root root 7807744 3月  19 18:15 adapter_model.safetensors
-rw-r--r--. 1 root root     166 3月  19 18:15 all_results.json
-rw-r--r--. 1 root root    1227 3月  19 18:15 README.md
-rw-r--r--. 1 root root     331 3月  19 18:15 special_tokens_map.json
-rw-r--r--. 1 root root   12261 3月  19 18:15 tokenization_chatglm.py
-rw-r--r--. 1 root root     927 3月  19 18:15 tokenizer_config.json
-rw-r--r--. 1 root root 1018370 3月  19 18:15 tokenizer.model
-rw-r--r--. 1 root root    1432 3月  19 18:15 trainer_log.jsonl
-rw-r--r--. 1 root root    1480 3月  19 18:15 trainer_state.json
-rw-r--r--. 1 root root    5048 3月  19 18:15 training_args.bin
-rw-r--r--. 1 root root   30909 3月  19 18:15 training_loss.png
-rw-r--r--. 1 root root     166 3月  19 18:15 train_results.json
(llama_factory2) [root@gpu-server LLaMA-Factory-main]#
```

图 3-27　微调后 lora 权重文件

测试效果如图 3-28 所示。

```
Loading checkpoint shards:   0%|                             | 0/7 [00:00<?, ?it/s]/home/miniconda3/envs/llama_factory2/lib/python3.10/site-packages/torch/_utils.py:831: UserWarning: TypedStorage is deprecated. It will be removed in the future and UntypedStorage will be the only storage class. This should only matter to you if you are using storages directly.  To access UntypedStorage directly, use tensor.untyped_storage() instead of tensor.storage()
  return self.fget.__get__(instance, owner)()
Loading checkpoint shards: 100%|| 7/7 [00:04<00:00,  1.43it/s]
[INFO|modeling_utils.py:3992] 2024-03-19 18:22:09,347 >> All model checkpoint weights were used when initializing ChatGLMForConditionalGeneration.

[INFO|modeling_utils.py:4000] 2024-03-19 18:22:09,347 >> All the weights of ChatGLMForConditionalGeneration were initialized from the model checkpoint at /home/demo/chatglm3-6b.
If your task is similar to the task the model of the checkpoint was trained on, you can already use ChatGLMForConditionalGeneration for predictions without further training.
[INFO|modeling_utils.py:3544] 2024-03-19 18:22:09,349 >> Generation config file not found, using a generation config created from the model config.
03/19/2024 18:22:09 - INFO - llmtuner.model.adapter - Fine-tuning method: LoRA
03/19/2024 18:22:10 - INFO - llmtuner.model.adapter - Merged 1 adapter(s).
03/19/2024 18:22:10 - INFO - llmtuner.model.adapter - Loaded adapter(s): saves/lora_chatglm3
03/19/2024 18:22:10 - INFO - llmtuner.model.loader - all params: 6243584000
03/19/2024 18:22:10 - INFO - llmtuner.data.template - Add <|user|>,<|observation|> to stop words.
03/19/2024 18:22:10 - INFO - llmtuner.data.template - Cannot add this chat template to tokenizer.
Welcome to the CLI application, use `clear` to remove the history, use `exit` to exit the application.

User: 你好，请介绍一下你自己。
Assistant:
您好，我是 腾龙智能机器人，一个由 九域腾龙 开发的人工智能助手，我可以帮助人们解决各种语言相关的问题和任务。

User:
```

图 3-28　模型微调后测试效果

如果模型微调后的效果满足要求，可将 LoRA 权重合并到基础模型中并导出新模型，执行以下命令。--model_name_or_path 指定基础模型存放位置，--export_size 设置每个权重文件大小为 2G，--adapter_name_or_path 指定 lora

权重存放位置，--export_dir 指定新模型导出目录。

```
python src/exportmodel. py \
    --model_name_or_path /home/demo/chatglm3 - 6b \
    --export_size 2 \
    --adapter_name_or_path saves/lora_chatglm3 \
    --template chatglm3 \
    --finetuning_type lora \
    --export_dir saves/lora_merge_chatglm3
```

导出后的新模型权重文件清单，如图 3 - 29 所示。

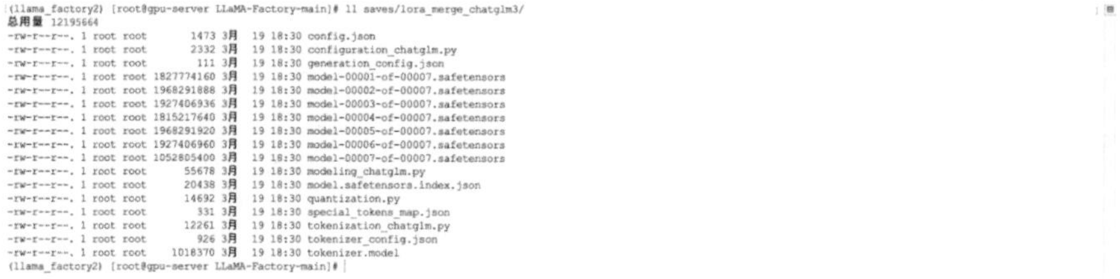

```
(llama_factory2) [root@gpu-server LLaMA-Factory-main]# ll saves/lora_merge_chatglm3/
总用量 12195664
-rw-r--r--. 1 root root       1473 3月  19 18:30 config.json
-rw-r--r--. 1 root root       2332 3月  19 18:30 configuration_chatglm.py
-rw-r--r--. 1 root root        111 3月  19 18:30 generation_config.json
-rw-r--r--. 1 root root 1827774160 3月  19 18:30 model-00001-of-00007.safetensors
-rw-r--r--. 1 root root 1968291888 3月  19 18:30 model-00002-of-00007.safetensors
-rw-r--r--. 1 root root 1927406936 3月  19 18:30 model-00003-of-00007.safetensors
-rw-r--r--. 1 root root 1815217640 3月  19 18:30 model-00004-of-00007.safetensors
-rw-r--r--. 1 root root 1968291920 3月  19 18:30 model-00005-of-00007.safetensors
-rw-r--r--. 1 root root 1927406960 3月  19 18:30 model-00006-of-00007.safetensors
-rw-r--r--. 1 root root 1052805400 3月  19 18:30 model-00007-of-00007.safetensors
-rw-r--r--. 1 root root      55678 3月  19 18:30 modeling_chatglm.py
-rw-r--r--. 1 root root      20438 3月  19 18:30 model.safetensors.index.json
-rw-r--r--. 1 root root      14692 3月  19 18:30 quantization.py
-rw-r--r--. 1 root root        331 3月  19 18:30 special_tokens_map.json
-rw-r--r--. 1 root root      12261 3月  19 18:30 tokenization_chatglm.py
-rw-r--r--. 1 root root        926 3月  19 18:30 tokenizer_config.json
-rw-r--r--. 1 root root    1018370 3月  19 18:30 tokenizer.model
(llama_factory2) [root@gpu-server LLaMA-Factory-main]#
```

图 3 - 29　新模型权重文件清单

最后，我们使用合并后的模型作为基础模型。可通过以下命令行工具，也可通过 LLaMA-Factory 提供的操作界面进行测试，如图 3 - 30 所示。

```
CUDA_VISIBLE_DEVICES = 1 python src/cli_demo. py \
  --model_name_or_path saves/lora_merge_chatglm3 \
  --template chatglm3 \
  --finetuning_type lora
```

注：加载基于 chatglm3 - 6b 基础模型，使用 LLaMA-Factory 工具微调合并后模型会报以下错误。请把模型源目录除了 bin 和 pytorch_model. bin. index. json 以外的文件全部复制到导出模型目录中覆盖。

```
[INFO|tokenization_utils_base. py:2044] 2024 - 03 - 20 10:57:47,759 >> loading file tokenizer. model
[INFO|tokenization_utils_base. py:2044] 2024 - 03 - 20 10:57:47,760 >> loading file added_tokens. json
[INFO|tokenization_utils_base. py:2044] 2024 - 03 - 20 10:57:47,760 >> loading file special_tokens_map. json
[INFO|tokenization_utils_base. py:2044] 2024 - 03 - 20 10:57:47,760 >> loading file tokenizer_config. json
[INFO|tokenization_utils_base. py:2044] 2024 - 03 - 20 10:57:47,760 >> loading
```

```
file tokenizer.json
    Traceback (most recent call last):
    File "/home/demo/LLaMA-Factory-main/src/cli_demo.py", line 49, in <module>
        main()
      File "/home/demo/LLaMA-Factory-main/src/cli_demo.py", line 15, in main
        chat_model = ChatModel()
      File "/home/demo/LLaMA-Factory-main/src/llmtuner/chat/chat_model.py", line 26,
in __init__
        self.model, self.tokenizer = load_model_and_tokenizer(
      File "/home/demo/LLaMA-Factory-main/src/llmtuner/model/loader.py", line 160,
in load_model_and_tokenizer
        tokenizer = load_tokenizer(model_args)
      File "/home/demo/LLaMA-Factory-main/src/llmtuner/model/loader.py", line 44, in
load_tokenizer
        tokenizer = AutoTokenizer.from_pretrained(
       File "/home/miniconda3/envs/llama_factory2/lib/python3.10/site-packages/
transformers/models/auto/tokenization_auto.py", line 810, in from_pretrained
        return tokenizer_class.from_pretrained(
       File "/home/miniconda3/envs/llama_factory2/lib/python3.10/site-packages/
transformers/tokenization_utils_base.py", line 2048, in from_pretrained
        return cls._from_pretrained(
       File "/home/miniconda3/envs/llama_factory2/lib/python3.10/site-packages/
transformers/tokenization_utils_base.py", line 2287, in _from_pretrained
        tokenizer = cls(*init_inputs, **init_kwargs)
      File "/root/.cache/huggingface/modules/transformers_modules/lora_merge_chat-
glm3/tokenization_chatglm.py", line 93, in __init__
        super().__init__(padding_side=padding_side, clean_up_tokenization_spaces=
clean_up_tokenization_spaces, **kwargs)
       File "/home/miniconda3/envs/llama_factory2/lib/python3.10/site-packages/
transformers/tokenization_utils.py", line 363, in __init__
        super().__init__(**kwargs)
       File "/home/miniconda3/envs/llama_factory2/lib/python3.10/site-packages/
transformers/tokenization_utils_base.py", line 1603, in __init__
        super().__init__(**kwargs)
       File "/home/miniconda3/envs/llama_factory2/lib/python3.10/site-packages/
transformers/tokenization_utils_base.py", line 861, in __init__
        setattr(self, key, value)
    AttributeError: can't set attribute 'eos_token'
```

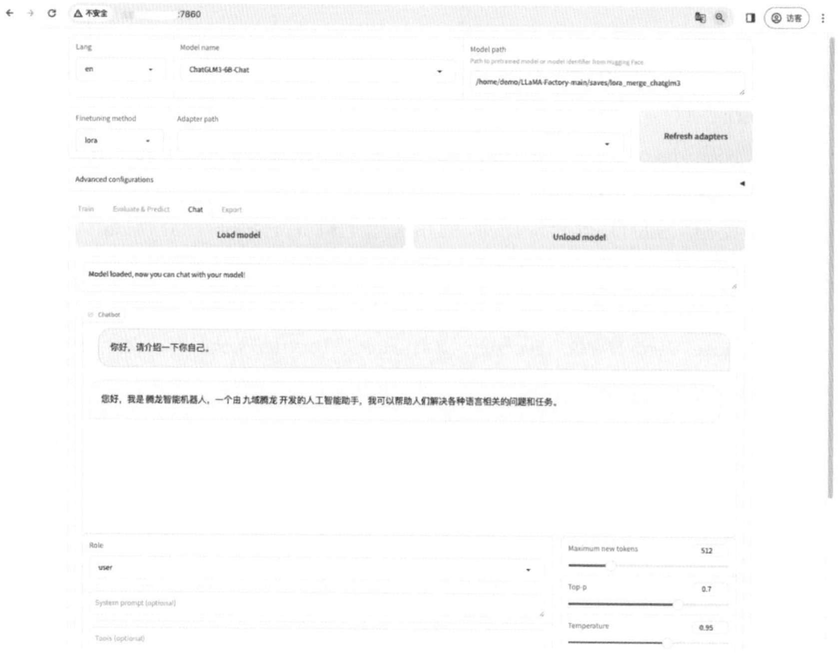

图 3-30　合并模型测试

通过以上步骤，我们完成了使用 LLaMA-Factory 工具，基于 chatglm3-6b 基础模型完成了自我认知的微调工作。

3.3.5　模型量化

模型量化是一种将深度学习模型从浮点数（通常是 32 位浮点数，即 FP32）转换到低精度表示（如 16 位浮点数 FP16、8 位整数 INT8 等）的技术。这种转换可在保持模型性能的同时减少模型的尺寸和提升模型的推理速度，对于资源受限的环境尤其有用。

模型量化的意义在于：①减少模型大小：量化后的模型占用的存储空间更小，这对于需要存储和传输大量模型的应用场景非常重要；②提高推理速度：低精度计算通常比高精度计算更快，尤其是在专门的硬件上（如 GPU、TPU 等），因此，量化模型可加快推理速度，提高效率；③降低能耗：由于低精度计算所需的硬件资源更少，因此在移动设备和边缘设备上使用量化模型可降低能耗；④便于部署：在一些硬件设备上，例如嵌入式设备和一些移动设备，它们可能只支持特定类型的低精度计算，量化模型可更容易地部署在这些设备上；⑤成本效益：量化模型可减少对昂贵硬件资源的需求，从而降低成本。

模型量化方法与微调相似，这里不再详细介绍。请参考下面脚本，只需增加--quantization_bit 参数，量化等级启用 4 或 8 比特模型量化（QLoRA），也可通过 LLaMA-Factory 操作界面执行，具体操作参考模型微调章节。

```
CUDA_VISIBLE_DEVICES = 1 python src/train_bash.py \
    --stage sft \
    --model_name_or_path /home/demo/chatglm3-6b \
    --do_train \
    --overwrite_output_dir \
    --dataset self_cognition\
    --quantization_bit 4 \
    --template chatglm3 \
    --finetuning_type lora \
    --lora_target query_key_value \
    --output_dir saves/lora_chatglm3 \
    --overwrite_cache \
    --per_device_train_batch_size 4 \
    --gradient_accumulation_steps 4 \
    --lr_scheduler_type cosine \
    --logging_steps 10 \
    --save_steps 1000 \
    --learning_rate 1e-3 \
    --num_train_epochs 10.0 \
    --plot_loss \
    --fp16
```

3.3.6 推理工具

为了同时可管理多个模型且更方便地加载不同模型，这里选择 Xinference 工具作为支撑。

1. 安装

Xinference 支持两种安装方式：①通过安装 Python 库；②通过 Docker 镜像。下面以安装 Python 库的方式进行介绍，默认使用离线安装方式。

首先，新建 requirements.txt 文件，添加以下内容。

```
xinference[all]
```

然后，通过联网计算机使用 pip download 命令下载相关 Python 依赖库，如图 3-31 所示。

下载完成后的相关依赖清单如图 3-32 所示。

图 3-31　xinference 依赖库下载

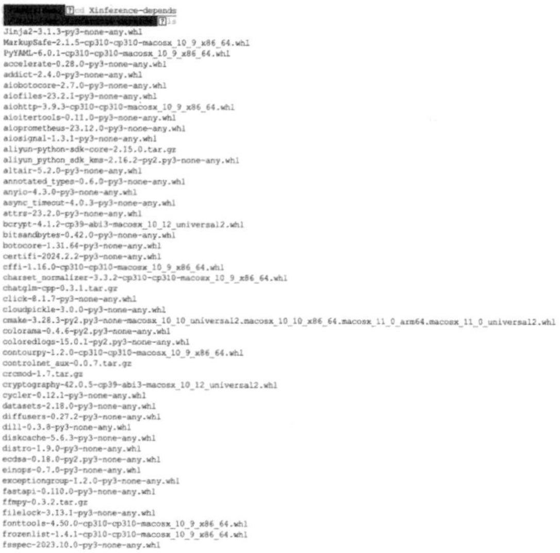

图 3-32　xinference 依赖清单

通过 conda create 命令创建 xinference 虚拟环境，如图 3-33 所示。

通过 pip install 命令安装 xinference 的相关依赖，参考 LLaMA-Factory 安装步骤。安装成功后，执行以下命令启动 xinference 服务。

```
nohup xinference -H ip -p 59997 &
```

图 3-33 创建 xinference Python 环境

访问 http：//ip：59997 进入相关操作界面，如图 3-34 所示。

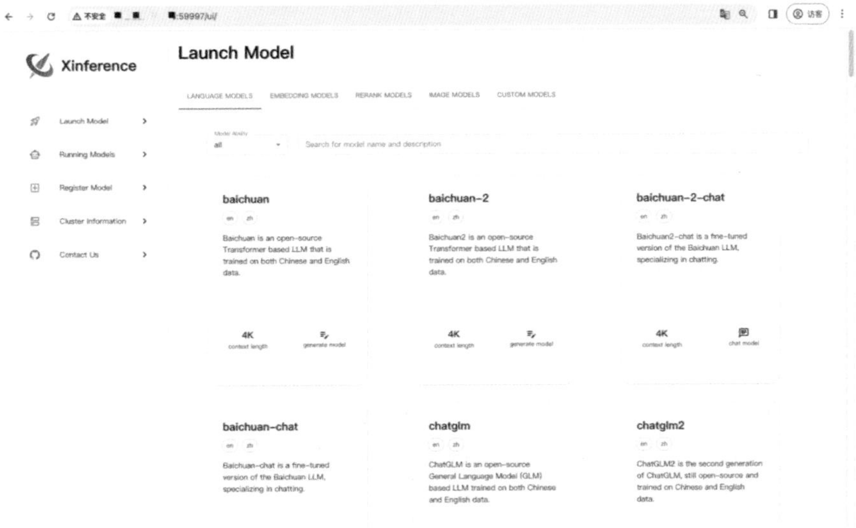

图 3-34 xinference 操作界面

2. 模型管理

联网环境下，通过 xinference 操作界面可直接下载所需要的模型。xinference 支持离线环境下加载本地模型。下面以 Large language Models、Embedding Models 和 Rerank Models 三类模型为例进行介绍，分别对应 ChatGLM3-6B、text2vec-large-chinese、bge-reranker-large。

首先，创建三个模型定义文件 chatglm3.json、text2vec-large-chinese.json 和 bge-reranker-large.json。文件内容如下：

chatglm3.json 文件

```
{
  "version": 1,
  "context_length": 8192,
  "model_name": "custom-chatglm-3",
  "model_lang": [
    "zh",
    "en"
  ],
  "model_ability": [
    "chat",
    "generate"
  ],
"model_family": "chatglm3",
  "model_specs": [
  {
      "model_format": "pytorch",
      "model_size_in_billions": 6,
      "quantizations": [
        "4-bit",
        "8-bit",
        "none"
      ],
      "model_id": "THUDM/chatglm3-6b",
      "model_uri": "file:///home/models/chatglm3-6b"
    }
  ]
}
```

text2vec-large-chinese.json 文件

```
{
  "model_name": "custom-text2vec-large-chinese",
  "dimensions": 1024,
  "max_tokens": 256,
  "language": ["zh"],
  "model_ability": [
    "embed"
  ],
```

```
    "model_id": "shibing624/text2vec-bge-large-chinese",
    "model_uri": "file:///home/models/text2vec-large-chinese"
}
```

bge-reranker-large. json 文件

```
{
    "model_name": "custom-bge-reranker-large",
    "language": ["zh", "en"],
    "model_ability": [
        "rerank"
    ],
    "model_id": "BAAI/bge-reranker-large",
    "model_uri": "file:///home/models/bge-reranker-large"
}
```

然后，通过 xinference register 完成模型注册，具体命令如下所示：

```
# model_type:LLM
xinference register -e http://ip:59997 --model-type LLM --file chatglm3.json --persist

# embedding
xinference register -e http://ip:59997 --model-type embedding --file text2vec-large-chinese.json --persist

# reranker
xinference register -e http://ip:59997 --model-type rerank --file bge-reranker-large.json --persist
```

模型注册成功后，可通过 xinference list 命令查看已经注册的模型列表，如图 3 - 35 所示；也可通过操作界面查看，如图 3 - 36 所示。

```
(xinference) [root@gpu-server ~]# xinference list -e http://[redacted]:59997
UID                Type    Name               Format    Size (in billions)   Quantization
-----------------  ------  -----------------  --------  -------------------  -------------
custom-chatglm-3   LLM     custom-chatglm-3   pytorch                     6  none
custom-qwen-chat   LLM     custom-qwen-chat   pytorch                    14  none

UID                              Type       Name                             Dimensions
-------------------------------  ---------  -------------------------------  ------------
custom-text2vec-large-chinese    embedding  custom-text2vec-large-chinese            1024

UID                          Type    Name
---------------------------  ------  ---------------------------
custom-bge-reranker-large    rerank  custom-bge-reranker-large
```

图 3 - 35　命令查看模型列表

最后，通过 xinference launch 命令加载模型，具体命令如下所示。同样可通过 xinference 操作界面完成模型加载，如图 3 - 37 所示。

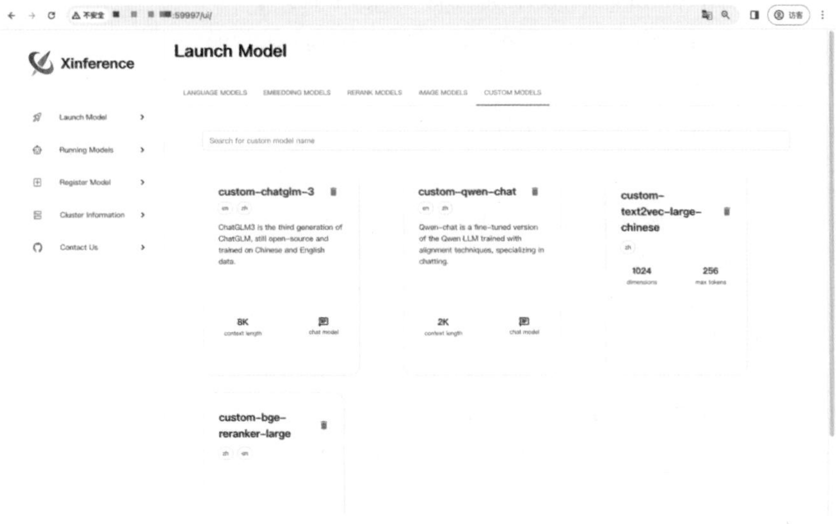

图 3-36　界面查看模型列表

```
# chatglm3
xinference launch -e http://ip:59997 -n custom-chatglm-3 -u custom-chatglm-3 -t LLM -s 6 -f pytorch -q none

# text2vec
xinference launch -e http://ip:59997 -n custom-text2vec-large-chinese -u custom-text2vec-large-chinese -t embedding -f pytorch

# reranker
xinference launch -e http://ip:59997 -n custom-bge-reranker-large -u custom-bge-reranker-large -t rerank -f pytorch
```

在“Running Models”页面，可看到已运行的模型列表，如图 3-38 所示。

3. 验证

模型是否加载成功，可通过两种方式验证：

（1）在“Running Models”页面，点击“Actions”向上箭头图标，打开测试页面。如图 3-39 所示。

（2）通过程序调用 API 的方式，如下代码清单。

```
from xinference.client import RESTfulClient
client = RESTfulClient("http://ip:59997")
model = client.get_model("custom-chatglm-3")
response = model.chat(
```

```
    prompt = "你好,请介绍一下你自己。",
    system_prompt = "You are a helpful assistant. ",
    chat_history = []
)
print(response)
```

效果如图 3 - 40 所示。

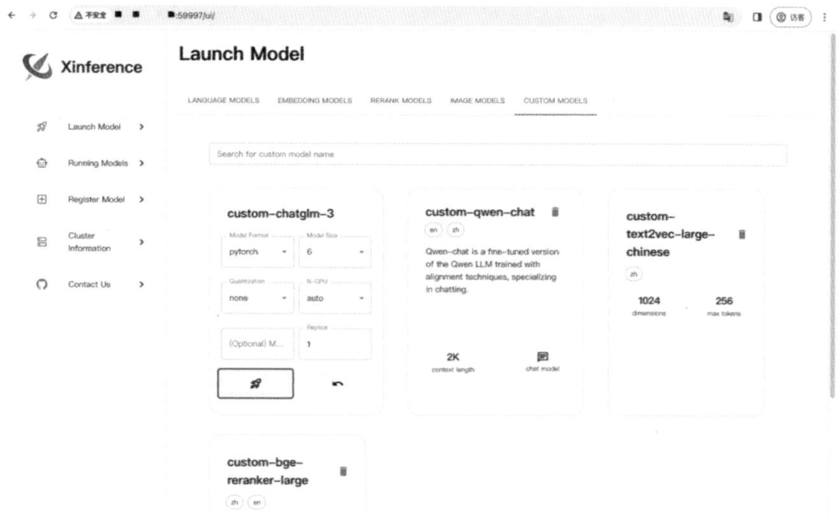

图 3 - 37　Launch 模型

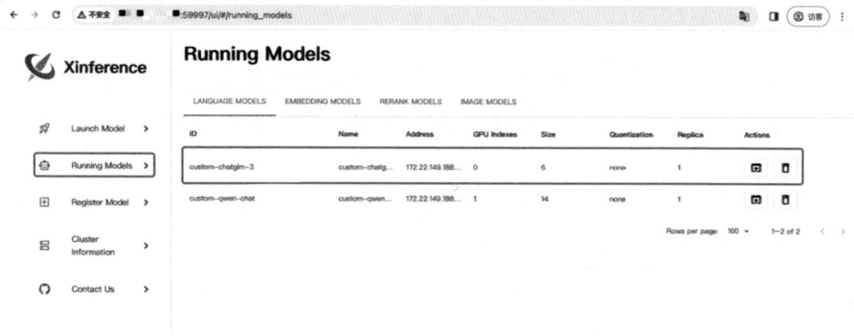

图 3 - 38　Running 模型列表

通过以上步骤，我们完成了 Xinference 工具安装、模型注册、模型加载和验证工作。接下来将介绍向量数据的安装和使用。

图 3-39　对话测试

图 3-40　代码测试

3.3.7　向量数据库

随着数字时代将我们推进到一个以人工智能和机器学习为主导的时代，向量数据库已经成为存储、搜索和分析高维数据矢量的不可或缺的工具。

1. 介绍

向量数据库是一种特殊的数据库，它以多维向量的形式保存信息。根据数据的复杂性和细节，每个向量的维数变化很大，从几个到几千个不等。这些数据可能包括文本、图像、音频和视频，使用各种过程（如机器学习模型、词嵌入或特征提取技术）将其转换为向量。

2. 向量数据库与传统数据库的区别

传统数据库以表格格式存储简单的数据，而向量数据库处理成为向量的复杂数据，并使用独特的搜索方法。

传统数据库搜索精确的数据匹配，而向量数据库使用特定的相似性度量来查找最接近的匹配。向量数据库使用称为“近似最近邻”（Approximate Nearest Neighbor）搜索的特殊搜索技术，其中包括哈希和基于图的搜索等方法。

文本、音频和视频数据转换为向量数据的过程，如图 3-41 所示。

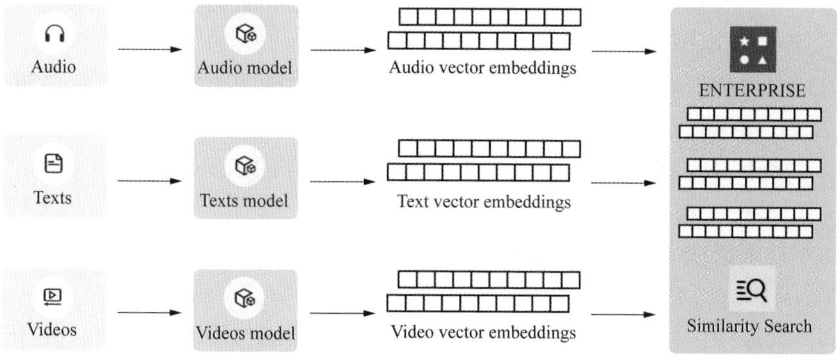

图 3-41 数据向量转换

3. 常见向量数据库

向量数据库分为专用向量数据库和支持向量搜索的数据库，如图 3-42 所示。

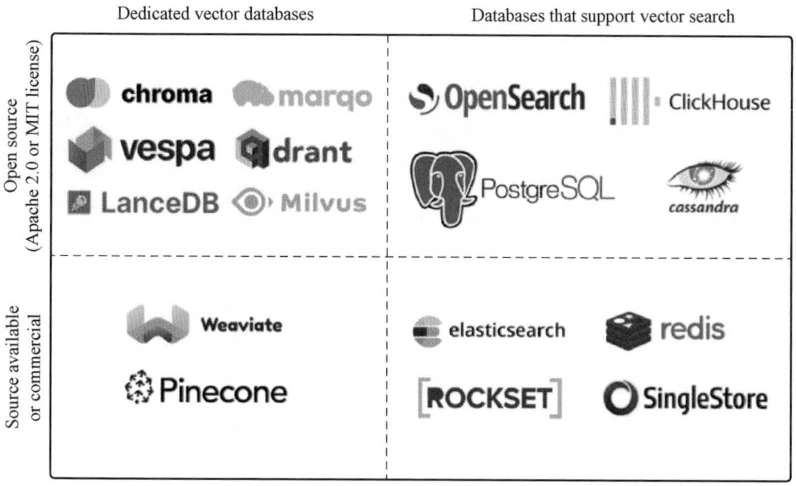

图 3-42 向量数据库

这里简单介绍几个常见的开源向量数据库，如 Milvus、Weaviate、Faiss、Qdrant。以 Milvus 为例进行实例操作。

（1）Milvus。Milvus 是一个开源的向量数据库，用于存储和搜索大规模的向量数据。它广泛应用于机器学习和数据科学领域，尤其是在处理非结构化数据（如图像、音频、视频和文本）时。以下是 Milvus 的一些主要特性和功能：

1）高性能。Milvus 使用了多种高效的数据结构和算法来优化向量的存储和搜索，包括倒排索引和哈希表。

2）可扩展性。Milvus 支持水平扩展，可通过增加更多的节点来处理更大的数据集和更高的查询负载。

3）多种相似性搜索算法。Milvus 支持多种向量搜索算法，包括最近邻搜索（NN）、Annoy、HNSW、IVF_FLAT 等。

4）多语言支持。Milvus 提供了多种编程语言的 SDK，包括 Python、Java、Go、C++和 Node.js。

5）易于集成。Milvus 可轻松地与现有的机器学习和数据科学工具链集成，如 TensorFlow、PyTorch 和 Jupyter Notebook。

6）云原生。Milvus 支持在 Kubernetes 等容器编排平台上部署，便于管理和扩展。

7）数据安全。Milvus 支持数据加密和访问控制，确保数据的安全性。

（2）Weaviate。eaviate 是一个开源的语义搜索引擎，它使用向量搜索来查找数据之间的相似性，支持多种数据类型和格式。主要特性如下：

1）语义搜索。支持基于向量的语义搜索，提供更直观的数据检索方式。

2）易于集成。可与现有系统和服务轻松集成。

3）实时搜索。支持数据的实时更新和搜索。

4）多语言支持。提供包括 Python、JavaScript 在内的多种语言支持。

（3）Faiss。Faiss 是由 Facebook AI Research 开发的一个库，用于高效相似性搜索和密集向量聚类。主要特性如下：

1）高效的搜索算法。包括基于量化的方法、基于聚类的索引和基于图的索引。

2）可扩展性。支持 GPU 加速，适用于大规模数据集。

3）灵活性。可作为库集成到各种应用中，也可独立使用。

（4）Qdrant。Qdrant 是一个开源的向量搜索引擎，专为处理嵌入向量而设计，适用于机器学习应用中的最近邻搜索。主要特性如下：

1）高性能。使用现代硬件加速，如 AVX-512 和 Neon 指令集。

2）易于使用。提供简单的 REST API 和 Python 客户端。

3）实时更新。支持数据的实时插入、更新和删除。

4）可视化工具。提供 Web 界面，方便用户管理和监控数据。

4. Milvus 安装及使用

Milvus 提供源码编译安装和 Docker 安装两种方式，Docker 安装方便快捷，推荐大家使用这种安装方式。为了方便演示，这里选择使用 Docker 进行安装。

首先，在宿主机上安装 Docker 和 Docker Compose，Docker 要求 19.03 或

更高版本（这里不再详细介绍）。

使用 docker info 查看 Docker 相关信息。

使用 docker-compose --version 查看 Docker Compose 版本信息，如图 3-43 所示。

```
[root@gpu-server ~]# docker-compose --version
Docker Compose version v2.23.1
```

图 3-43 docker compose 版本

其次，下载相关镜像和 docker-compose.yml（下载地址：https://github.com/milvus-io/milvus/releases/download/v2.3.3/milvus-standalone-docker-compose.yml），yml 文件区分 GPU 和非 GPU 版本，请按需下载。镜像清单见表 3-2。

表 3-2 镜像清单

序号	镜像名	版本	说明
1	milvus	v2.3.3	
2	etcd	v3.5.5	存储 Milvus 的元数据
3	minio	RELEASE.2023-03-20T20-16-18Z	存储 Milvus 的向量数据和索引数据
4	attu	v2.3.2	Milvus 的一款图形化管理工具

并通过下面命令拉取、保存镜像文件介质。

```
#拉取镜像
docker pull milvusdb/milvus:v2.3.3
docker pull quay.io/coreos/etcd:v3.5.5
docker pull minio/minio:RELEASE.2023-03-20T20-16-18Z
docker pull zilliz/attu:v2.3.2

#保存镜像
docker save -o milvus_v2.3.3.tar \
milvusdb/milvus:v2.3.3 \
minio/minio:RELEASE.2023-03-20T20-16-18Z \
quay.io/coreos/etcd:v3.5.5 \
zilliz/attu:v2.3.2
```

通过 docker-compose 命令将 Attu 镜像同时启动，将 Attu 配置信息添加到 docker-compose.yml 文件，（下载地址：https://github.com/milvus-io/milvus/blob/master/deployments/docker/standalone/docker-compose.yml），最终新增配置信息如下。

```
attu:
  container_name: attu
  image: zilliz/attu:v2.3.2
  environment:
    MILVUS_URL: milvus-standalone:19530
  ports:
    - "8000:3000"
  depends_on:
    - "standalone"
```

在 docker - compose. yml 所在目录，执行 docker - compose start - d 启动相关镜像服务，如图 3 - 44 所示。

```
[root@gpu-server milvus]# docker-compose up -d
[+] Building 0.0s (0/0)                                    docker:default
[+] Running 4/4
 ✓ Container milvus-minio       Started                    0.0s
 ✓ Container milvus-etcd        Started                    0.0s
 ✓ Container milvus-standalone  Started                    0.0s
 ✓ Container attu               Started                    0.0s
```

图 3 - 44　启动 Milvus

另外，Milvus 支持使用用户名和密码进行身份验证。在配置 Milvus 时，将 milvus. yaml 中的 common. security. authorizationEnabled 设置为 true。并将 milvus. yaml 配置文件挂载到 milvus - standalone 上，如图 3 - 45 所示。

```
      MINIO_ACCESS_KEY: minioadmin
      MINIO_SECRET_KEY: minioadmin
    ports:
      - "9001:9001"
      - "9000:9000"
    volumes:
      - ${DOCKER_VOLUME_DIRECTORY:-.}/volumes/minio:/minio_data
    command: minio server /minio_data --console-address ":9001"
    healthcheck:
      test: ["CMD", "curl", "-f", "http://localhost:9000/minio/health/live"]
      interval: 30s
      timeout: 20s
      retries: 3

  standalone:
    container_name: milvus-standalone
    image: milvusdb/milvus:v2.3.3
    command: ["milvus", "run", "standalone"]
    security_opt:
    - seccomp:unconfined
    environment:
      ETCD_ENDPOINTS: etcd:2379
      MINIO_ADDRESS: minio:9000
    volumes:
      - ${DOCKER_VOLUME_DIRECTORY:-.}/milvus.yaml:/milvus/configs/milvus.yaml  # Map the local path to the container path
      - ${DOCKER_VOLUME_DIRECTORY:-.}/volumes/milvus:/var/lib/milvus
    healthcheck:
      test: ["CMD", "curl", "-f", "http://localhost:9091/healthz"]
      interval: 30s
      start_period: 90s
      timeout: 20s
      retries: 3
    ports:
      - "19530:19530"
#      - "9091:9091"
    depends_on:
      - "etcd"
      - "minio"

  attu:
    container_name: attu
    image: zilliz/attu:v2.3.2
    environment:
      MILVUS_URL: milvus-standalone:19530
    ports:
      - "8000:3000"
    depends_on:
      - "standalone"

networks:
  default:
    name: milvus
```

图 3 - 45　配置信息

默认情况下，每个 Milvus 实例都会创建一个根用户（密码为 Milvus）。强烈建议在首次启动 Milvus 时更改根用户的密码。通过如下方式进行修改：

```
from pymilvus import connections
connections.connect(
    alias='default',
    host='localhost',
    port='19530',
    user='user',
    password='password',
)

from pymilvus import utility
utility.reset_password('user', 'old_password', 'new_password', using='default')

#或者您也可使用别名函数update_password
utility.update_password('user', 'old_password', 'new_password', using='default')
```

通过浏览器访问 http：//ip：8000 看到 Attu 登录界面，如图 3-46 所示。

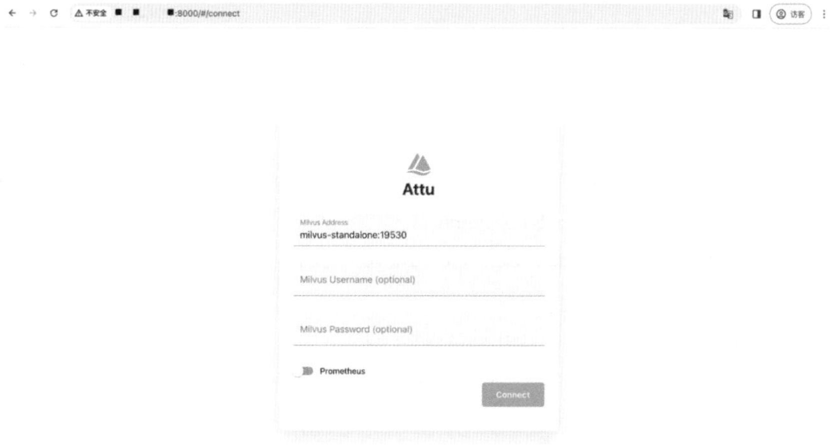

图 3-46　Attu 登录界面

输入 Milvus 用户名、密码，进入图形化管理界面，如图 3-47 所示。

下面以一个简单示例进行文本数据向量存储和检索，app.py 具体代码如下：

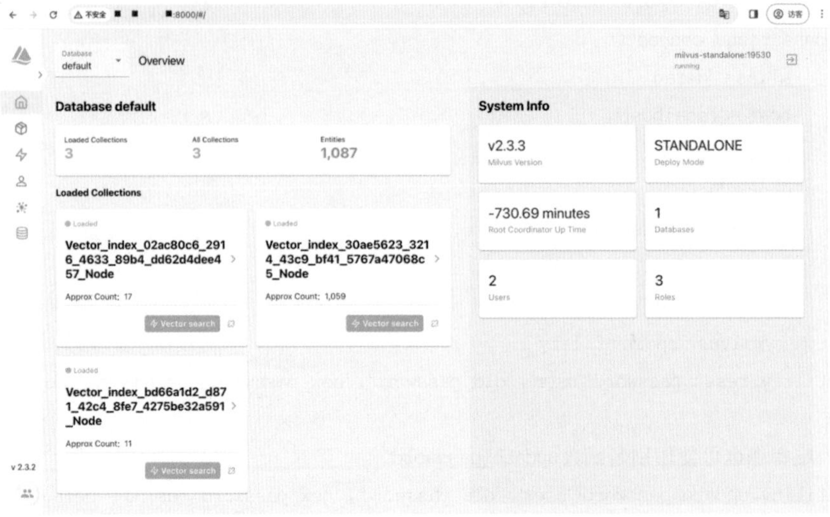

图 3 - 47　Attu 控制台

```
import json
import os
import sys

from langchain. embeddings import Hugging Face Embeddings
from langchain. schema import Document
from langchain. text_splitter import Character Text Splitter
from langchain. vectorstores import Milvus
from pymilvus import Collection, connections
from flask import Flask, request, jsonify

app = Flask(__name__)

VECTOR_FILE_PATH = os. path. join(sys. path[0], 'text2vec - base - chinese')

MILVUS_HOST = '127. 0. 0. 1'
MILVUS_PORT = '19530'
MILVUS_USERNAME = 'root'
MILVUS_PASSWORD = '* * * * * * * * '
COLLECTION_NAME = 'sample_collection'

embeddings = HuggingFaceEmbeddings(model_name = VECTOR_FILE_PATH)
```

```
@app.route("/", methods=['POST'])
def save_data():
    """
    对数据做向量化并存入 Milvus 向量数据库
    :return:
    """
    try:
        data = json.loads(request.data)
        # 准备数据
        text = [
            Document(
                page_content=qa.get('q'),
                metadata={
                    "id": qa.get('id'),
                    "answer": qa.get('a')
                }
            )
            for qa in data['data']
        ]

        # 实例化 splitter
        text_splitter = CharacterTextSplitter()
        docs = text_splitter.split_documents(text)

        # 数据 embedding 并存储到 Milvus
        Milvus.from_documents(
            docs,
            embedding=embeddings,
            connection_args={
                "host": MILVUS_HOST,
                "port": MILVUS_PORT,
                "user": MILVUS_USERNAME,
                "password": MILVUS_PASSWORD
            },
            collection_name=COLLECTION_NAME
        )

        return jsonify({
```

```
                "code": 200,
                "msg": "success",
                "data": {}
        })
    except Exception as e:
        print(f"error:{e}")
        return jsonify({
                "code": 400,
                "msg": f"error:{e}",
                "data": {}
        })


@app.route("/search", methods=['GET'])
def search_data():
    """
    对问题做 embedding 之后做向量查询,返回查询结果
    :return:
    """
    try:

        query = request.args.get("query")

        connections.connect(
            host=MILVUS_HOST,
            port=MILVUS_PORT,
            user=MILVUS_USERNAME,
            password=MILVUS_PASSWORD
        )

        vector = embeddings.embed_query(query)
        results_vec = []

        collection = Collection(COLLECTION_NAME)
        collection.load()

        search_param = {
            "data": [vector],
```

```
            "anns_field": "vector",
            "param": {"metric_type": "L2", "offset": 0},
            "limit": 2,
            "expr": None,
            "output_fields": ['text', "answer"],
            "consistency_level": "Strong"
        }
        results = collection.search(**search_param)
        for result in results[0]:
            data = {
                "ids": result.id,
                "collection_name": COLLECTION_NAME,
                "text": result.entity.get('text'),
                "answer": result.entity.get('answer'),
                "distance": result.distance,
                "score": distance_to_score(result.distance)
            }
            results_vec.append(data)
        return jsonify({
                "code": 200,
                "msg": f"success",
                "data": results_vec
        })
    except Exception as e:
        print(f"error:{e}")
        return jsonify({
                "code": 400,
                "msg": f"error:{e}",
                "data": {}
        })

def distance_to_score(distance: float) -> float:
    """
    将欧几里得距离转换为分数

    Parameters:
        distance (float or numpy array): 欧几里得距离
```

```
    Returns:
        float or numpy array: 对应的分数,取值范围从 0 到 1
    """
    return 1 / (1 + distance)


if __name__ == '__main__':
    app.run(host = "0.0.0.0", port = 5000)
```

测试数据集，如下所示。

```
{
    "data": [
        {
            "id": 1,
            "q": "华为手机/平板如何查询 SN/IMEI/MEID?",
            "a": "SN:即产品序列号,是产品的身份证号码,又称机器码、认证码、注册申请码等。https://consumer.huawei.com/cn/support/content/zh-cn00774019/"
        },
        {
            "id": 2,
            "q": "如何查询华为产品服务(维修)记录及进度?",
            "a": "可以通过我的华为 APP/服务 APP、华为终端客户服务微信公众号、华为消费者业务官网、华为消费者服务热线查询产品服务(维修)进度。https://consumer.huawei.com/cn/support/content/zh-cn15887303/"
        },
        {
            "id": 3,
            "q": "华为手机主板坏了如何优惠维修?",
            "a": "如果您的手机出现无法开机、无信号、GPS 故障、无法连接蓝牙/WIFI 等可能为主板损坏的故障,建议您尽快前往华为客户服务中心进行手机故障检测和维修。... https://consumer.huawei.com/cn/support/content/zh-cn15914749/"
        }
    ]
}
```

通过 python app.py 命令启动示例代码，使用 Postman 访问 http://127.0.0.1:5000 端点，测试文本数据向量化。如图 3-48、图 3-49 所示。

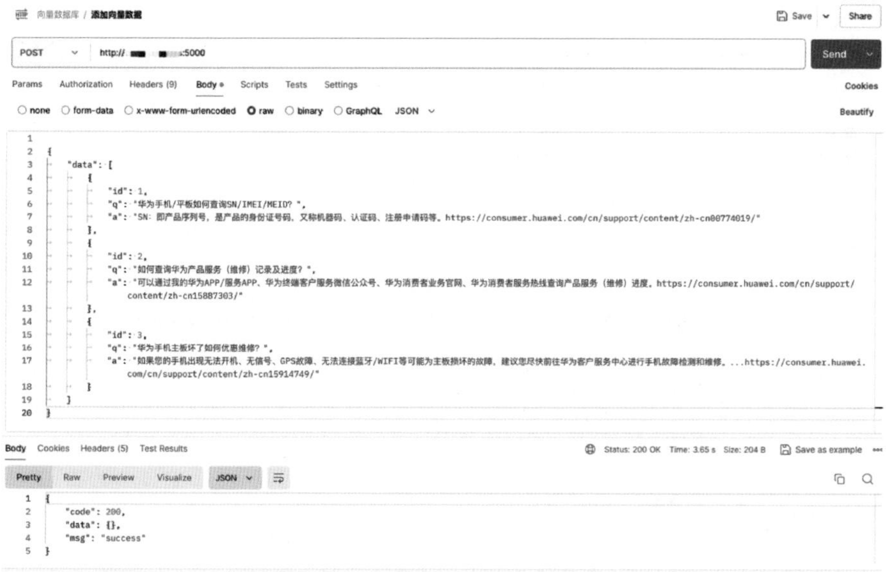

图 3-48　文本转向量

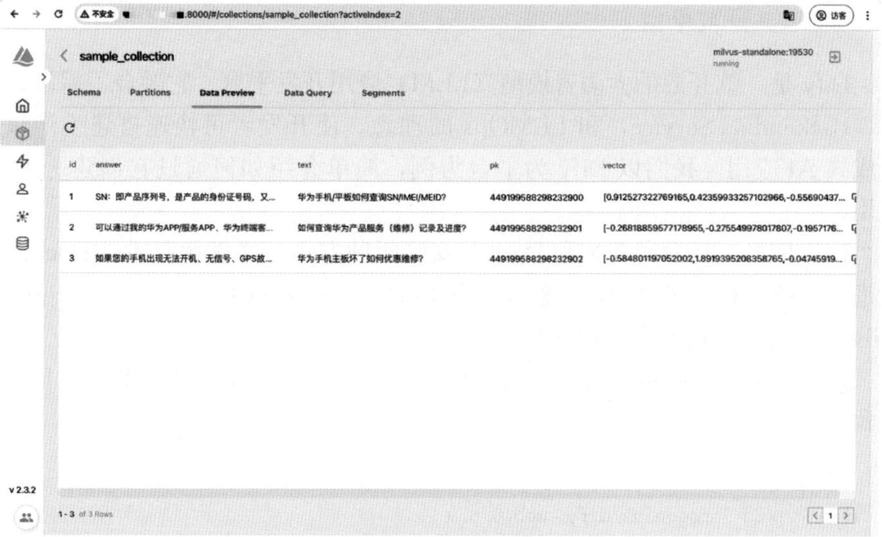

图 3-49　向量数据

使用 Postman 访问 http：//127.0.0.1：5000/search 端点，测试向量数据检索，如图 3-50 所示。

通过以上步骤，我们完成了 Milvus 的安装、配置及验证工作。

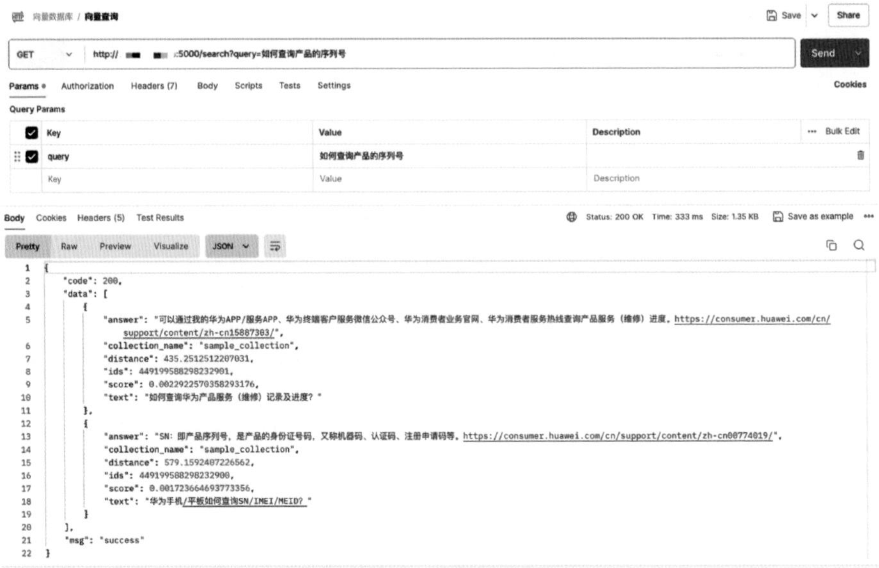

图 3-50 向量数据检索

3.3.8 开发平台

Dify 是一款开源的大语言模型（LLM）应用开发平台。它融合了后端即服务（Backend as Service）和 LLMOps 的理念，使开发者可快速搭建生产级的生成式 AI 应用。我们以 Dify 为平台为例，简单介绍如何通过它创建一个 AI 应用。

Dify 同样支持源码安装和 Docker 安装两种方式，这里我们还以 Docker 方式进行介绍。在安装之前，我们要具备 Docker、Docker Compose、Xinferince、Milvus 等环境。请参考上面内容。

通过下面命令拉取、打包相关镜像文件介质，并将介质文件上传至目标服务器。

```
#拉取镜像
docker pull langgenius/dify-web:0.5.9
docker pull langgenius/dify-api:0.5.9
docker pull postgres:15-alpine
docker pull nginx:latest
docker pull redis:6-alpine

#打包镜像
```

```
docker save -o dify-img-0.5.9.tar \
langgenius/dify-api:0.5.9 \
langgenius/dify-web:0.5.9 \
postgres:15-alpine \
nginx:latest \
redis:6-alpine
```

下载相关源码，具体可参考下面内容（下载地址：https://github.com/langgenius/dify/blob/0.5.9/docker/docker-compose.yaml）将 VECTOR_STORE 修改为 milvus，按需修改 Milvus 配置、文件挂载路径。

在 docker-compose.yml 所在目录，执行 docker-compose start -d 启动相关镜像服务，如图 3-51 所示。

图 3-51　Dify 启动

通过浏览器访问 http://127.0.0.1 打开 Dify 登录界面，如图 3-52 所示（提示：访问 http://127.22.0.0.1/install 进入初始化用户密码设置界面）。

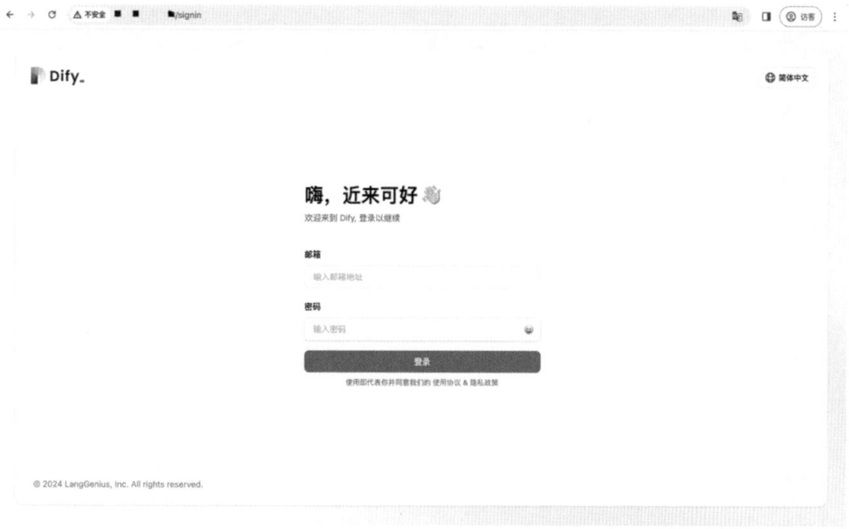

图 3-52　Dify 登录界面

输入设置的用户名/密码进入 Dify 控制台，如果 3-53 所示。

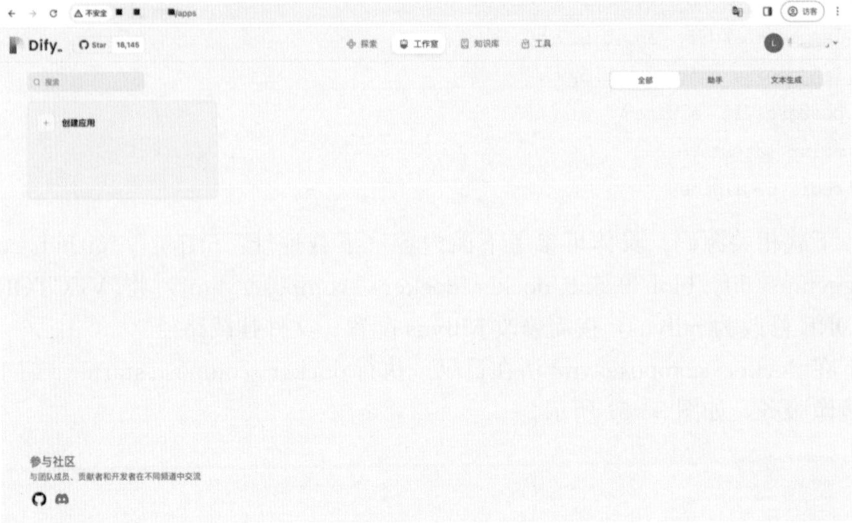

图 3-53　Dify 控制台

首先，在“设置”中按需添加 Xinference 管理的 LLM、Embedding、Rerank 等模型信息，并在“系统模型设置”中设置默认模型。如图 3-54～图 3-56所示。

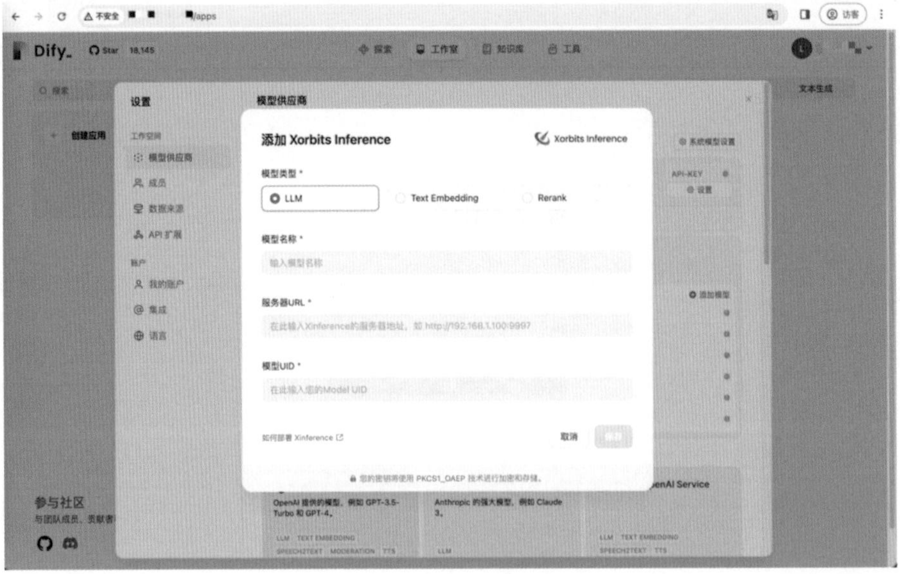

图 3-54　添加模型

图 3-55　已添加模型列表

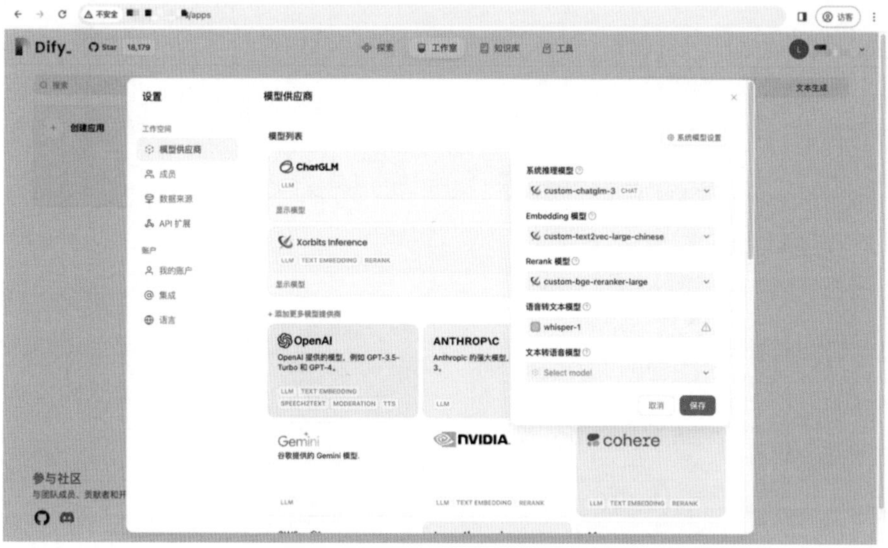

图 3-56　设置系统模型

然后，创建一个“sample _ app”助手应用和一个“sample _ wiki”知识库，如图 3-57、图 3-58 所示。

LLMs 选择“custom - qwen - chat”进行测试，如图 3-59 所示。

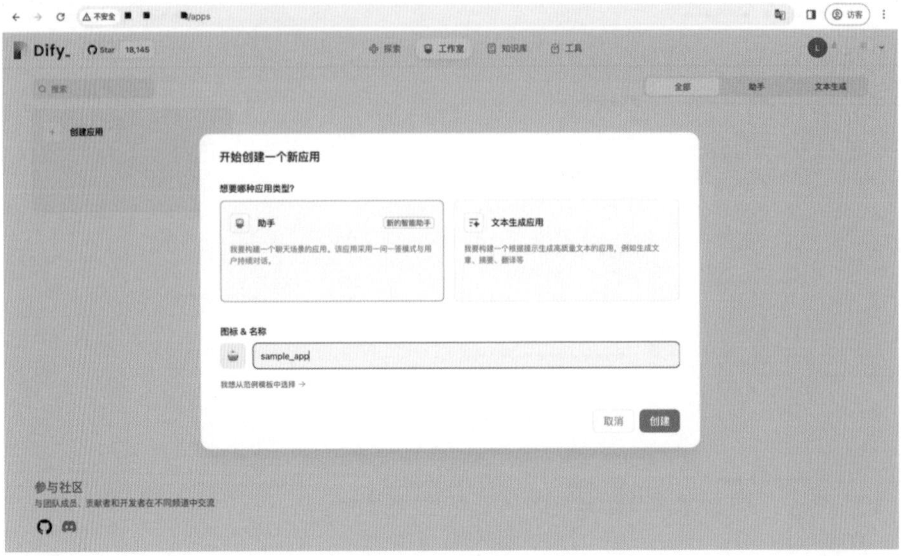

图 3 - 57　创建应用

图 3 - 58　创建知识库

接下来我们在知识库“sample _ wiki”中上传一个文本文件，并在“sample _ app”应用中关联该知识库。针对知识库中的文本内容进行对话交互测试，如图 3 - 60、图 3 - 61 所示。

通过以上步骤，我们完成了 Dify 平台安装并通过创建一个简单 AI 应用演示其基础功能。另外，一些增强功能和工具扩展功能在这里不再介绍（如对话开场白、下一步问题建议、内容审查、标注恢复等），读者可自行学习和研究。

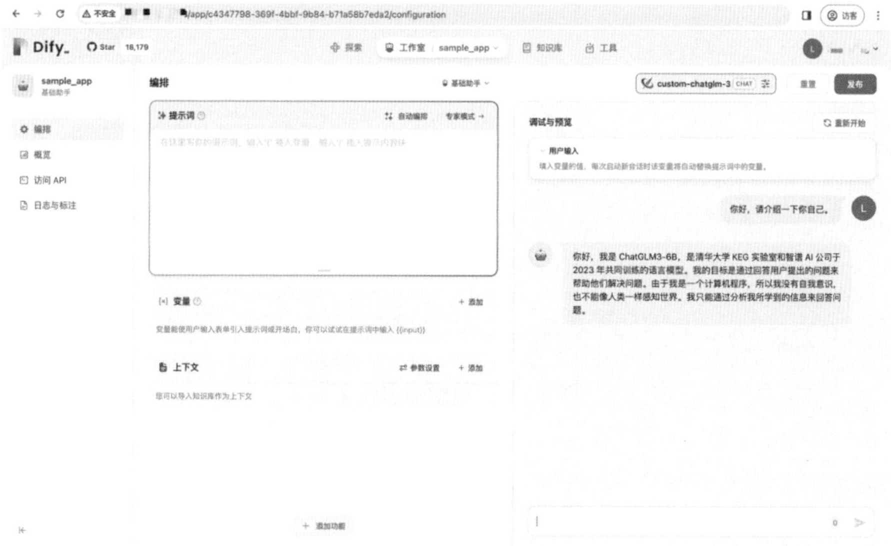

图 3-59 测试对话功能

图 3-60 文本向量化

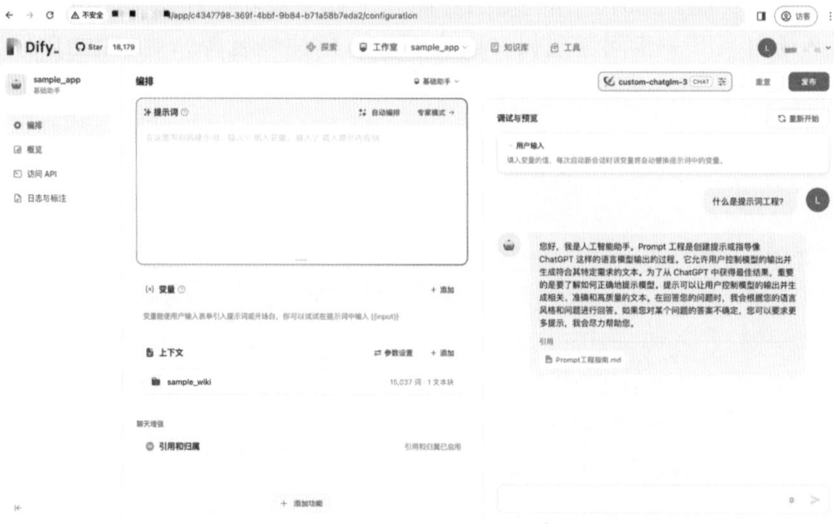

图 3-61　检索知识库文本

3.4 开 发 框 架

构建基于大模型的应用程序，开发工作必不可少。工欲善其事，必先利其器，选取一个合适的开发框架，不仅能帮助我们更高效、更便捷地使用大语言模型构建端到端的应用程序，同时通过对开发框架的学习，还能帮助我们更加深入的理解和运用大模型。

如果你是一个 Java 程序员，一定接触过 Spring 框架，Spring 框架的便利性和灵活性是众所周知的。它帮助我们统一了应用程序中各种组件的访问接口，使得开发者能更轻松地集成和管理各种服务、数据访问等。类似地，LangChain 在大语言模型应用中也扮演着类似的角色。LangChain 作为一个大语言模型框架，它帮助开发者统一了不同大语言模型的访问接口，使得开发者无需关心底层模型的实现细节，只需通过 LangChain 提供的接口就能轻松地与各种模型进行交互。这种统一接口的方式极大地简化了大语言模型应用的开发过程，让开发者能更专注于业务逻辑的实现。而 LlamaIndex 则更像是大语言模型应用中的持久层框架，在传统应用系统中，持久层框架（如 MyBatis、Hibernate 等）负责连接和操作数据库，使得开发者能便捷地访问和管理数据，类似地，LlamaIndex 在大语言模型应用中负责连接和操作各种数据源，将外部数据引入到大语言模型的推理过程中。LangChain 和 LlamaIndex 的组合使得大语言模型应用的开发变得更加简单和高效。

3.4.1 LangChain 介绍

LangChain 是一个创新的框架，专为在应用程序中集成和利用大型语言模型（LLM）而设计，它提供了一系列工具、组件和接口，旨在简化大型语言模型的使用。这些组件不仅模块化、易于操作，而且即便在不采用 LangChain 其他部分的情况下也能独立运作，这使得开发者能根据需要定制现有链或构建全新的链条，从而满足更复杂的应用需求和细致的使用场景。在应用方面，LangChain 可用于构建各种基于大型语言模型的应用程序，如聊天机器人、生成式问答系统、摘要工具等。它允许开发人员将不同的组件链接在一起，以围绕 LLM 创建更高级的用例。

LangChain 为我们提供了模型 IO（Model I/O）、数据连接（Data connection）、智能体（Agent）、处理链（Chains）、存储（Memory）、回调系统（Callbacks）六大组件，这些组件共同工作以处理复杂的自然语言处理任务。

本节只介绍核心组件和基础用法，用来引导读者快速入门，详细说明和代码示例请参照官方文档。

官网文档地址：https：//python. langchain. com/docs/get _ started/introduction

项目源码地址：https：//github. com/langchain - ai/langchain

（1）模型 IO（Model I/O）。用于和不同类型模型完成业务交互，LangChain 将模型分为 LLM、Chat Model 两种，我们通过提示词（Prompts）提问大模型，并通过输出解析器（Output Parsers）格式化输出内容，如图 3 - 62 所示。

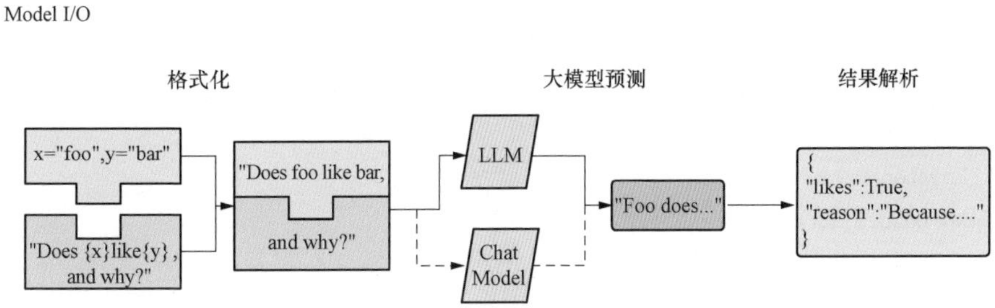

图 3 - 62　大模型调用过程

1）大语言模型（LLM）是 LangChain 的核心组件。LangChain 不提供自己的 LLM，而是提供了一个标准接口，用于与许多不同的 LLM 进行交互。具体来说，此接口是将字符串作为输入并返回字符串的接口。

大模型调用示例如下：

```
import os
```

```
from langchain_bailian import Bailian

def test_bailian_llm():
    """ llm 模型 IO 功能示例 """
    # 1. 准备大模型连接参数,需要在环境变量设置 ACCESS_KEY_ID、ACCESS_KEY_SE-
CRET、AGENT_KEY 和 APP_ID
    access_key_id = os.environ.get("ACCESS_KEY_ID")
    access_key_secret = os.environ.get("ACCESS_KEY_SECRET")
    agent_key = os.environ.get("AGENT_KEY")
    app_id = os.environ.get("APP_ID")
    # 2. 初始化大模型
    llm = Bailian(access_key_id=access_key_id,
                  access_key_secret=access_key_secret,
                  agent_key=agent_key,
                  app_id=app_id)
    # 3. 大模型预测
    out = llm("请写一个排序算法")
    print(out)
```

调用结果如下：

```
================ test session starts ================
collecting ... collected 1 item

test_llm.py::test_bailian_llm PASSED                                    [100%]
当然,这里我给出一个常见的排序算法——冒泡排序的 Python 实现:

```python
def bubble_sort(arr):
    n = len(arr)

    # 遍历所有数组元素
    for i in range(n):

        # 每轮遍历都将最大的元素冒泡到末尾
        for j in range(0, n-i-1):

            # 如果当前元素比下一个元素大,则交换它们
```
```

```
            if arr[j] > arr[j+1]:
                arr[j], arr[j+1] = arr[j+1], arr[j]


#示例使用
arr=[64,34,25,12,22,11,90]
bubble_sort(arr)
print("排序后的数组是:", arr)
```

冒泡排序的基本思想是:通过对待排序序列从前向后(从下标较小的元素开始),依次比较相邻元素的值,若发现逆序则交换,使值较大的元素逐渐从前移向后部,就像水底下的气泡一样逐渐向上冒。

但请注意,冒泡排序的时间复杂度较高,为 O(n^2),对于大规模数据排序效率较低。在实际应用中,更常使用如快速排序、归并排序、堆排序等更高效的排序算法。

============= 1 passed, 2 warnings in 28.74s ==============

2）聊天模型（Chat Model）是大语言模型的一个变体，聊天模型以语言模型为基础，其内部使用语言模型，不再以文本字符串作为输入和输出，而是将聊天信息列表作为输入和输出，他们提供更加结构化的 API。

3）提示词（Prompt）指的是模型的输入，这个输入一般很少是硬编码的，而是从使用特定的模板组件构建而成的，LangChain 提供了预先设计好的提示词模板，可用于生成不同类型任务的提示。当预设的模板无法满足要求时，我们也可根据需求自定义提示词模板。

提示词模板是指一种可复制的生成提示的方式。它包含一个预设的文本字符串（" 模板"），从最终用户处接收一组参数后，结合预设文本生成最终提示。

提示模板可能包含以下内容：①对语言模型的指令；②一组少量示例，以帮助语言模型生成更好的回复；③对语言模型的问题。

提示词调用示例：

```
import os


from langchain_bailian import Bailian
from langchain import PromptTemplate
import uuid
def test_prompt():
    """测试提示词模板功能 """
```

```
    #1. 准备大模型连接参数,参照大模型调用代码示例
    ...
    #2. 初始化大模型,参照大模型调用代码示例
    ...
    #3. 创建提示词模板
    prompt = PromptTemplate(
        input_variables = ["program"],
        template = "你是一名 java 程序员。帮我写一个{program}",

)
#4. 格式化提示词
final_prompt = prompt.format(program = "排序")
#5. 大模型预测
    out = llm(final_prompt)
    #6. 输出最终提示词和大模型预测结果
    print(final_prompt)
print(out)
```

执行结果如下:

```
================ test session starts ================
collecting ... collected 1 item

test_llm.py::test_prompt PASSED                                        [100%]
你是一名 java 程序员。帮我写一个排序
当然可,这里我提供一个简单的 Java 冒泡排序示例:

```java
public class BubbleSortExample{
    public static void main(String[] args) {
        int[] arrayToSort = {5,3,8,4,2,9};//待排序的数组

        bubbleSort(arrayToSort);

        System.out.println("Sorted array:");
        for(int i:arrayToSort){
            System.out.print(i + "");
        }
    }
```
```

```
    public static void bubbleSort(int[] arr){
        int n = arr.length;
        for(int i = 0;i< n-1;i++){
            for(int j = 0;j< n-i-1;j++){
                if(arr[j]> arr[j+1]){
                    //交换 arr[j]和 arr[j+1]
                    int temp = arr[j];
                    arr[j] = arr[j+1];
                    arr[j+1] = temp;
                }
            }
        }
    }
}
```

这个程序定义了一个冒泡排序方法bubbleSort,它接受一个整数数组作为参数,并对其进行升序排序。在main方法中,我们创建了一个待排序的数组并调用该方法进行排序,然后打印出排序后的结果。

请注意,冒泡排序的时间复杂度较高(O(n^2)),对于大数据量的排序场景效率较低,实际开发中更倾向于使用如快速排序、归并排序等更高效的算法。
============== 1 passed, 2 warnings in 21.53s ==============

4）输出解析器（Output Parser）负责获取 LLM 的输出并将其转换为更合适的格式供我们使用。LangChain 为我们提供了大量不同类型的输出解析器，帮我们把输出内容转换位 json、xml、csv 等数据格式，如果预设的输出解析器无法满足要求时，我们也可根据需求自定义输出解析器。

代码示例如下：

```
import os

from langchain_bailian import Bailian
from langchain import PromptTemplate
from langchain.output_parsers import StructuredOutputParser, ResponseSchema
import uuid
def test_output_parser():
"""测试输出解析器功能 """
```

```
# 1. 准备大模型连接参数,参照大模型调用代码示例
...
# 2. 初始化大模型,参照大模型调用代码示例
...
# 3. 创建输出解析器,将输出格式化为 json 格式
response_schemas = [

    ResponseSchema(name = "answer", description = "大模型预测结果"),
    ResponseSchema(name = "question", description = "用户问题")
]
output_parser = StructuredOutputParser.from_response_schemas(response_schemas)
format_instructions = output_parser.get_format_instructions()
# 4. 创建提示词模板,将输出解析器插入到提示词模板中
prompt = PromptTemplate(
    input_variables = ["program"],
    template = "你是一名 java 程序员。帮我列出常用的{program}算法,以{format_instructions}json 格式输出",
    partial_variables = {"format_instructions": format_instructions}
)
# 5. 格式化提示词
final_prompt = prompt.format(program = "排序")
# 6. 大模型预测
out = llm(final_prompt)
# 7. 输出解析结果
print(final_prompt)
print(out)
```

执行结果如下:

```
================ test session starts ================
collecting ... collected 1 item
test_llm.py::test_output_parser PASSED                    [100%]
你是一名 java 程序员。帮我列出常用的排序算法,以 The output should be a markdown code snippet formatted in the following schema, including the leading and trailing "```json" and "```":

```json
{
    "answer": string  // 大模型预测结果
```
```

"question": string // 用户问题

}

```json 格式输出

```json

{

"answer": [

{

"name": "冒泡排序",

"algorithm": "通过重复交换相邻两个元素的位置，直到没有任何一对数字需要交换为止，实现数组的升序或降序排列"

},

{

"name": "选择排序",

"algorithm": "在未排序序列中找到最小(大)元素，存放到排序序列的起始位置，然后，再从剩余未排序元素中继续寻找最小(大)元素，然后放到已排序序列的末尾。以此类推，直到所有元素均排序完毕"

},

{

"name": "插入排序",

"algorithm": "将一个记录插入到已经排好序的有序表中，从而得到一个新的、记录数增 1 的有序表。不断进行这样的操作，直到全部待排序的数据元素排完为止"

},

{

"name": "快速排序",

"algorithm": "通过一趟排序将要排序的数据分割成独立的两部分，其中一部分的所有数据都比另外一部分的所有数据都要小，然后再按此方法对这两部分数据分别进行快速排序，整个排序过程可递归进行，以此达到整个数据变成有序序列"

},

{

"name": "希尔排序",

"algorithm": "是基于插入排序的一种改进版本，通过比较相距一定间隔的元素来决定他们的顺序，使得数据在基本有序的情况下能更快地完成排序"

},

{

"name": "堆排序",

"algorithm": "利用完全二叉树的性质进行排序，首先构造一个最大(或最小)堆，然后将堆顶元素与最后一个元素交换，之后对剩余 n-1 个元素重新构造堆，如此反复，直至整个序列有序"

```
            },
            {
              "name": "归并排序",
              "algorithm": "采用分治法,将数组分为两个子数组,分别对它们进行排序,然后将结果合并在一起。不断递归这一过程,最终得到完全有序的数组"
            },
            {
              "name": "计数排序",
              "algorithm": "非基于比较的排序算法,适用于正整数且范围不大的数组,通过计算每个输入元素在一个特定的范围内的频率,然后根据这些频率来放置元素到输出数组中"
            },
            {
              "name": "桶排序",
              "algorithm": "通过将数组分到有限数量的桶里,对每个桶再分别排序,最后把各个桶中的数据依次取出,即完成排序。每个桶里的数据可单独排序,也可递归使用桶排序"
            }
          ],
          "question": "请列举出 Java 程序员常用的排序算法,并简述其原理。"
      }
      ```
============== 1 passed, 2 warnings in 43.32s ==============
```

（2）数据连接（Data connection）。LangChain 可将外部数据和 LLM 进行结合来理解和生成自然语言，这些外部数据可是本地文档、数据库等资源，将这些数据进行分片向量化存储于向量数据库中，再通过用户输入的提示词检索向量数据库中的相似信息传递给大语言模型进行生成，如图 3-63 所示。

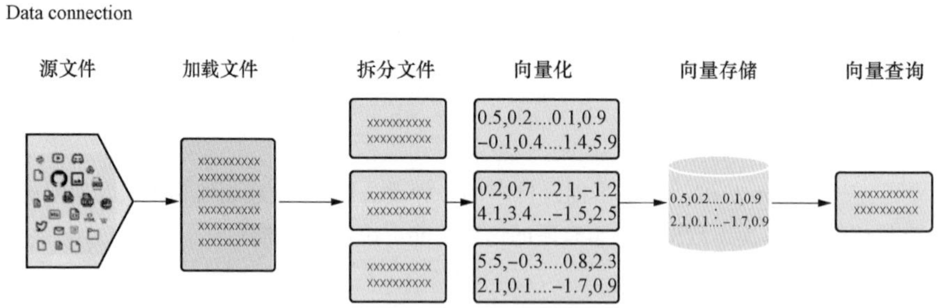

图 3-63　检索增强生成（RAG）过程

1）文档加载器（Document loaders）从许多不同的来源加载文档，LangChain 提供了 100 多种不同的文档加载器以及与该领域其他主要提供商的
```

集成，运用这些加载器，我们可轻松地将 csv、html、json、markdown、pdf 等格式的文件载入应用。

2）文档拆分器（Text Splitting）可轻松地拆分、组合、过滤和以其他方式操作文档，加载文档后，通常需要转换它们以更好地适应应用程序，以数据检索增强业务为例，通常需要将长文档拆分为较小的块并进行向量存储，LangChain 提供了许多不同类型的文本分割器来帮我们拆分文本。

3）文本嵌入模型（Text - Embedding - Model）是将文本进行向量表示，从而可在向量空间中对文本进行诸如语义搜索之类的操作，即在向量空间中寻找最相似的文本片段。而这些在 LangChain 中是通过 Embedding 类来实现的。LangChain 中的基本 Embeddings 类提供了两种方法：①用于嵌入文档；②用于嵌入查询。前者采用多个文本作为输入，而后者采用单个文本。将它们作为两个独立方法的原因是：某些嵌入程序对文档和查询具有不同的嵌入方法。

4）向量存储（Vector Stores）用于存储和搜索非结构化数据，通过文本嵌入模型向量化并存储生成的嵌入向量，然后在查询时将查询条件通过同样的文本嵌入模型向量化并检索与嵌入查询“最相似”的嵌入向量，如图 3 - 64 所示。

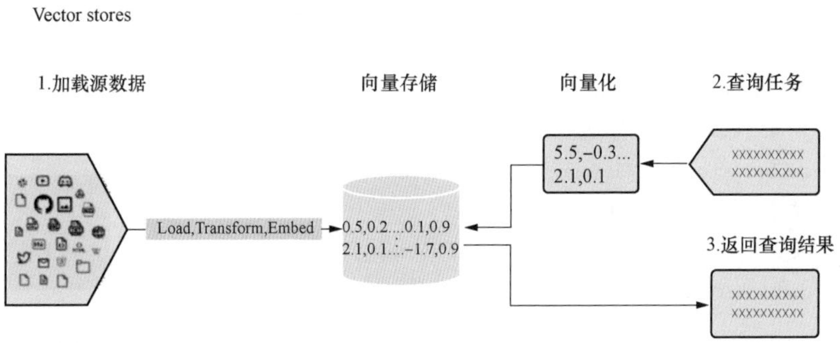

图 3 - 64　向量存储和搜索过程

检索器（Retrievers）主要用于信息检索任务。该组件的主要功能是从大量的数据中检索出与给定查询相关的文档或信息。LangChain 支持许多不同的检索器，包括父文档检索器、向量存储检索器、多向量检索器等，除了上述几种主要的检索器类型外，LangChain 还可根据具体需求提供其他定制化的检索器。这些检索器可与 LangChain 的其他组件（如链式调用、代理等）无缝集成，共同实现复杂的自然语言处理任务。

数据连接代码示例如下：

```
import os
```

```
from langchain.document_loaders import TextLoader
from langchain.text_splitter import RecursiveCharacterTextSplitter
from langchain.embeddings import HuggingFaceEmbeddings
from langchain.vectorstores import Chroma
import uuid
def test_data_connection():
    """测试数据查询功能 """
    # 1. 使用文档加载器加载本地文件
    loader = TextLoader('C:/Users/lk/Desktop/排序方法.json', encoding='utf8')
    pages = loader.load_and_split()
    # 2. 使用文档拆分器拆分文本,chunk_size:每个切块的 token 数量,chunk_over-
lap:相邻两个切块之间重复的 token 数量
    text_splitter = RecursiveCharacterTextSplitter(
        chunk_size=200,
        chunk_overlap=100,
        length_function=len,
        add_start_index=True,
    )
    texts = text_splitter.create_documents([pages[0].page_content])
    # 3. 初始化向量化模型。
    embeddings = HuggingFaceEmbeddings()
    # 4. 文本向量化存储
    vector_store = Chroma.from_texts(texts, embeddings)
    # 5. 使用检索器进行查询
    retriever = vector_store.as_retriever()
    docs = retriever.get_relevant_documents("什么是冒泡排序?")
```

（3）记忆组件（Memory）。在 LangChain 中，记忆组件主要指的是大语言模型（LLM）的短期记忆。当用户与已训练好的 LLM 进行对话时，LLM 会暂时记住用户的输入和已经生成的输出，以便预测并生成接下来的输出。然而，一旦模型完成输出，它便会“遗忘”之前用户的输入和它的输出。为了延长 LLM 短期记忆的保留时间，通常需要借助一些外部存储方式来进行记忆。这样，在用户与 LLM 的对话中，LLM 能尽可能地知道用户与它所进行的历史对话信息。例如，可在新一轮对话开始之前，将之前的对话内容以摘要的形式传递给 LLM，作为它的短期记忆。这种方式对于较长的对话非常有用，因为它相当于压缩了历史的对话信息，能将足够多的短期记忆发送给 LLM。

如图 3-65 所示，记忆模块需要支持读和写两个基本动作：①在接收到初始用户输入后，在执行核心逻辑之前，链将从记忆组件中读取历史问题和回答，并增加用户输入提示词中；②在执行核心逻辑之后，返回答案之前，链会将当前运行的输入和输出写入记忆组件，以便可在接下来连续的提问中读取并引用它们。

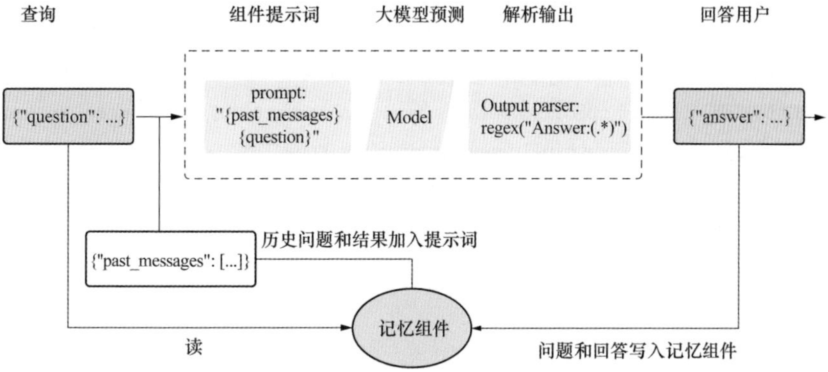

图 3-65　记忆组件应用过程

代码示例如下：

```
def test_conversant_memory():
    logging.getLogger().setLevel(logging.ERROR)
    """测试包含 memory 的 conversant chain """
    # 1. 准备大模型连接参数,参照大模型调用代码示例
    ...
    # 2. 初始化大模型,参照大模型调用代码示例
    ...
    # 3. 初始化记忆组件
    memory = ConversationBufferMemory()
    # 4. 初始化大模型调用链
    conversant_chain = ConversationChain(memory = memory, llm = llm,
                                         verbose = True)
    # 5. 提问第一个问题
    out1 = conversant_chain.run("请用 python 写一个冒泡排序法")
    # 6. 提问第二个问题
    out2 = conversant_chain.run("换成 java")
    # 7. 输出第二个问题的回答
    print(out2)
```

执行结果如下：

```
================= test session starts ================
collecting ... collected 1 item
```

```
test_llm.py::test_conversant_memory PASSED                              [100%]

> Entering new ConversationChain chain...
Prompt after formatting:
The following is a friendly conversation between a human and an AI. The AI is talkative and provides lots of specific details from its context. If the AI does not know the answer to a question, it truthfully says it does not know.

Current conversation:

Human:请用 python 写一个冒泡排序法
AI:

> Finished chain.


> Entering new ConversationChain chain...
Prompt after formatting:
The following is a friendly conversation between a human and an AI. The AI is talkative and provides lots of specific details from its context. If the AI does not know the answer to a question, it truthfully says it does not know.

Current conversation:
Human:请用 python 写一个冒泡排序法
AI:当然可以,我很乐意为您展示如何使用 Python 编写冒泡排序算法。冒泡排序是一种简单的排序算法,它重复地遍历待排序的数列,一次比较两个元素,如果它们的顺序错误就把它们交换过来。遍历数列的工作是重复地进行直到没有再需要交换,也就是说该数列已经排序完成。

以下是冒泡排序的 Python 实现:

```python
def bubble_sort(lst):
    n = len(lst)

    #遍历所有数组元素
    for i in range(n):
```
```

```
        #提前退出循环的标志位,如果在一轮遍历中没有发生交换,则说明已排序好
        swapped = False

        #遍历从 0 到 n-i-1 的所有数组元素,每轮遍历都会把最大的元素冒泡到最后
        for j in range(0, n - i - 1):

            #如果当前元素比下一个元素大,则交换它们
            if lst[j] > lst[j + 1]:
                lst[j], lst[j + 1] = lst[j + 1], lst[j]
                swapped = True

        #如果在一轮遍历中没有发生过交换,那么数组已经是有序的,提前退出
        if not swapped:
            break

    return lst

#测试冒泡排序函数
numbers = [64, 34, 25, 12, 22, 11, 90]
sorted_numbers = bubble_sort(numbers)
print("Sorted numbers:", sorted_numbers)
```

这段代码定义了一个名为bubble_sort的函数,接受一个列表作为参数,并对其进行冒泡排序。在内部,我们通过两层循环来实现冒泡过程,当某次遍历过程中没有发生交换时,说明列表已经有序,此时提前结束遍历以提高效率。

Human:换成 java

AI:

> Finished chain.

当然可以,以下是冒泡排序算法在 Java 中的实现:

```java
public class BubbleSort{
    public static void bubbleSort(int[] arr){
        int n = arr.length;
        boolean swapped;
```

```
        //外层循环控制遍历的轮数
        for (int i = 0; i< n - 1; i+ +){
            swapped = false;

            //内层循环用来进行相邻元素的比较和交换
            for (int j = 0; j< n - i - 1; j+ +){
                //如果当前元素大于下一个元素,则交换它们
                if (arr[j] > arr[j + 1]){
                    int temp = arr[j];
arr[j] = arr[j + 1];
                    arr[j + 1] = temp;
                    swapped = true;
                }
            }

            //如果在一轮遍历中没有发生过交换,那么数组已经是有序的,提前退出
            if (! swapped){
                break;
            }
        }
    }

    //测试冒泡排序方法
    public static void main(String[] args){
        int[] numbers = {64, 34, 25, 12, 22, 11, 90};
        bubbleSort(numbers);
        System.out.println("Sorted numbers: ");
        for (int num : numbers){

            System.out.print(num + " ");
        }
    }
}
```

这段 Java 代码首先定义了一个名为BubbleSort的类,并在其中包含一个静态方法bubbleSort用于对整型数组进行冒泡排序。同样地,我们使用了标志变量swapped来判断是否在一轮遍历中有过交换,如果没有则提前终止排序过程以优化性能。最后,在main方法中创建了一个

测试数组并对其实行冒泡排序,并打印出排序后的结果。

```
============== 1 passed, 7 warnings in 54.28s ==============
```

(4) 链(Chains)。在 LangChain 中,链组件主要用于串联不同的组件和工具,以创建一个完整的自然语言处理流程,链组件使得开发者能灵活地组合 LangChain 提供的各种功能,从而满足复杂的自然语言处理需求。具体来说,链组件可串联 Memory、Model I/O 和 Data Connection 等模块,实现串行化的连续对话和推测流程。通过链,开发者可将大语言模型的能力与本地或云服务能力结合起来,构建出高效且功能强大的自然语言处理系统。

例如,我们创建一个链,该链接受用户的输入,通过提示词模板对输入进行格式化并传递到 LLM 语言模型。还可将多个链组合起来,或将链与其他系统组件组合起来,构建更复杂的链,实现更强大的功能。LangChain 为链提供了标准接口以及常见实现,与其他工具进行了大量集成,并为常见应用程序提供了端到端链。

(5) 智能体(Agent)。智能体的核心思想是使用语言模型来选择要执行的一系列操作。在链中,一系列操作是硬编码的(在代码中定义业务逻辑)。在智能体中,利用语言模型当作推理引擎,以确定下一步要采取哪些操作,调用哪些接口及以何种顺序执行。

智能体的运用使我们的开发从面向过程的思想向面向目标的思想转变,在传统的开发中,我们需要通过代码编写业务链条,以一个简单的查询操作为例,编码时,我们需要第一步根据条件编写 SQL,第二步执行 SQL,第三步格式化输出内容,但在智能体中,我们只需要告诉智能体帮我查询张三的用户信息,并以 JSON 格式输出,智能体就会自动帮我们编排业务链条(第一步根据条件编写 SQL,第二步执行 SQL,第三步格式化输出内容)并执行,大大简化了编程逻辑,使应用更加智能化。

(6) 回调系统(Callbacks)。LangChain 中提供了一个回调系统,允许连接到 LLM 执行的各个阶段。例如模型推理过程中的特定步骤、数据处理的特定阶段,或是在 Chains 组件中某个特定环节完成后,通过定义 Callbacks,开发者可灵活地扩展自定义的功能,以满足特定的业务需求或实现特定的逻辑,这对于日志记录、监视、流式处理和其他任务非常有用。

3.4.2 LlamaIndex 介绍

LlamaIndex 是一个连接大语言模型(LLM)和外部数据的工具,旨在通过查询和检索的方式挖掘外部数据的信息,并将其传递给大模型。它由数据连接、索引构建和查询接口三个部分组成,每个部分都发挥着重要的作用。

LlamaIndex 由四个核心部分组成：数据连接、索引构建、查询接口和评估组件。数据连接部分负责读取和导入各种来源的数据，确保这些数据能被系统所识别和处理；索引构建部分则专注于构建可查询的索引，这些索引不仅涵盖了结构化和非结构化数据，还能抽象出数据源之间的差异，为后续的数据检索提供便利；查询接口部分提供了与不同大模型进行对话和自定义提示词的功能，使得用户可根据具体需求进行灵活的数据查询和交互；最后，评估组件负责对查询结果的质量进行衡量和评估。它根据预设的评估标准，对查询结果的准确性、完整性和相关性等方面进行评价。

本小结只介绍核心组件，组件详细说明和代码示例请参照官方文档。

官网文档地址：https：//docs. llamaindex. ai/en/stable/。

项目源码地址：https：//github. com/run - llama/llama _ index。

（1）数据连接（Loading）。数据连接组件负责处理和加载外部数据以供大语言模型使用。这个组件具有多个功能和特性，使得数据加载过程更加高效和灵活。

首先，数据连接组件支持多种数据源格式。无论是结构化数据（如关系型数据库中的数据）还是非结构化数据（如文本文件、PDF、图片等），该组件都能有效处理。这使得开发者可轻松地连接和整合各种类型的数据源，以满足不同的需求。

其次，数据连接组件提供了灵活的数据加载方式。开发者可根据具体需求选择适合的数据加载方法，如批量加载、流式加载或实时加载。这确保了数据的加载速度与模型的推理速度相匹配，从而提高了整个系统的性能。

此外，该组件还具备数据预处理和转换的能力。在加载数据之前，数据连接组件可对数据进行清洗、过滤、转换等操作，以确保数据的准确性和一致性。这使得模型能更好地理解和利用数据，提高了推理的准确性。

（2）索引组件（Indexing）。索引组件能将文本数据转化为一种可被 LLM 理解和查询的格式。这通常涉及对文本进行预处理，如分词、去除停用词等，以及提取文本中的关键信息，如实体、关系等。LlamaIndex 提供了多种索引类型，以适应不同的查询需求和数据特点。这些索引类型可能包括向量存储索引、树索引和结构化存储索引等。向量存储索引允许用户对大型数据集进行查询，通过计算文本向量之间的相似度来找到相关的文本，树索引则对于总结文档集合很有用，能按文档的层次结构进行组织和查询，结构化存储索引则针对结构化数据（如 SQL 查询）进行设计，以便更有效地处理这类数据。

（3）查询组件（Querying）。查询组件负责处理用户的查询请求，利用已构建的索引来快速定位并检索相关的文本数据。

查询组件提供了一个友好的查询接口，使得用户可方便地提交查询请求。

这个接口支持多种查询方式和格式，例如通过自然语言提问、关键词搜索或更复杂的查询语句。用户可根据具体需求选择适合的查询方式，并输入相应的查询条件。

一旦用户提交了查询请求，查询组件会立即利用之前构建的索引来加速查询过程。索引中存储了文本数据的关键信息和结构，使得查询组件能迅速定位到与查询条件匹配的数据片段。这种基于索引的查询方式大大提高了查询的效率和准确性，避免了在海量数据中逐一搜索的烦琐过程。

查询组件还具备查询优化的能力。它可根据用户的查询习惯和查询历史，对查询语句进行智能分析和优化，以提高查询的效率和准确性。此外，查询组件还可根据文本数据的特性和分布情况进行动态调整和优化，确保查询结果更加精准和可靠。

查询组件在检索到相关的文本数据后，会进行进一步的处理和格式化。它会根据用户的查询需求，提取关键信息、去除冗余内容，并将结果以清晰、易读的方式呈现给用户。这样，用户不仅能快速获取所需的信息，还能更好地理解和使用这些数据。

（4）评估组件（Evaluating）。评估组件负责对查询结果的质量进行衡量和评估。

评估组件首先会根据预设的评估标准对查询结果进行评估。这些标准可能包括准确性、完整性、相关性等多个方面，旨在全面衡量查询结果的质量。通过设定这些标准，评估组件能客观地评价查询结果的优劣，并为用户提供有价值的反馈。

评估组件还具备自动评估机制，能自动对查询结果进行打分和排序。它利用先进的自然语言处理技术和机器学习算法，对查询结果进行深入分析，提取关键信息并计算相关指标。通过这种方式，评估组件能为用户提供更加客观、准确的评估结果，帮助他们更好地了解查询效果。

除了自动评估外，评估组件还会整合用户的反馈意见。用户可根据自己的使用体验和需求，对查询结果进行评价和打分。这些反馈数据将被评估组件收集并分析，用于优化查询算法和改进评估标准。通过整合用户反馈，评估组件能不断提高查询结果的质量和用户体验。

为了方便用户理解和使用评估结果，评估组件还提供了可视化功能。它可将评估结果以图表、曲线等形式展示给用户，帮助他们直观地了解查询结果的优劣和趋势。这种可视化方式不仅提高了评估结果的可读性，还为用户提供了更丰富的数据分析和决策支持。

3.5 提示工程基础

提示工程（Prompt Engineering）是一种利用自然语言处理技术，通过设计合适的提示词（Prompt）来引导大模型（如GPT）生成高质量、符合预期输出的方法。在自然语言处理领域，提示工程已成为提高模型性能、扩展应用场景的重要手段。

提示工程的核心思想是设计一种提示词，使大模型能更好地理解用户意图，从而生成符合要求的输出。这种提示词通常包含若干个关键信息，如任务类型、输入数据、输出格式等。通过精心设计提示词，我们可引导大模型在特定任务上表现出更优的性能。

提示工程在自然语言处理领域具有广泛的应用前景，以下是一些典型场景：

1）文本生成。如新闻报道、故事创作、诗歌生成等，通过设计合适的提示词，引导大模型生成高质量文本。

2）机器翻译。将源语言文本和目标语言提示词结合，提高翻译质量。

3）问答系统。设计提示词，引导大模型在特定知识领域回答用户问题。

4）信息抽取。如命名实体识别、关系抽取等，通过设计提示词，提高模型在特定任务上的性能。

5）对话系统。设计提示词，引导大模型进行自然、流畅的对话。

6）推荐系统。设计提示词，引导大模型为用户提供个性化推荐。

总之，提示工程是一种有效的自然语言处理技术，通过设计合适的提示词，可显著提高大模型在特定任务上的性能。随着大模型技术的不断发展，提示工程在自然语言处理领域的应用将越来越广泛，为用户提供更加智能、高效的服务。同时，提示工程是一个迭代的过程，它需要不断地测试和评估模型的性能，以便更好地理解模型的能力和限制，并据此调整提示。

3.5.1 提示词设计理念与技巧

提示词（Prompt）设计理念包括以下几个方面：

（1）明确性。确保提示词清晰地传达了用户的意图和所需的信息，避免模糊不清或含糊的表述。

（2）简洁性。尽量使用简洁的表述来传达信息，避免不必要的冗余，这样可帮助AI更快地理解并生成输出。

（3）相关性。提示词应与AI模型的任务和领域紧密相关，这有助于提高输出的相关性。

（4）具体性。提供具体的细节和背景信息，这样可帮助 AI 更好地理解上下文，并生成更具体的输出。

（5）一致性。在一系列的提示词中保持一致的语气和风格，这有助于 AI 理解并维持对话的一致性。

（6）可扩展性。设计提示词时考虑未来的变化和扩展，使得 AI 模型可适应不同的场景和需求。

同时，一个高效的提示词需要具备以下几个基本要素：

（1）上下文（context）。当输入信息给 AI 时，应尽可能详细地说明上下文信息，以帮助 AI 理解任务的背景和相关的细节。

（2）任务（task）。任务定义了你让大模型来做什么，应该尽量明确和具体。

（3）角色（role）。在编写提示词时，一个经典的方法是给大模型一个角色。这是另一种让它为我们提供一个期望的回应的方式，通过迫使它以一种角色定义的方式做出回应。当然，角色和上下文可独立使用，但两者都增加了我们对模型输出的控制。

提示词示例如图 3-66 所示。

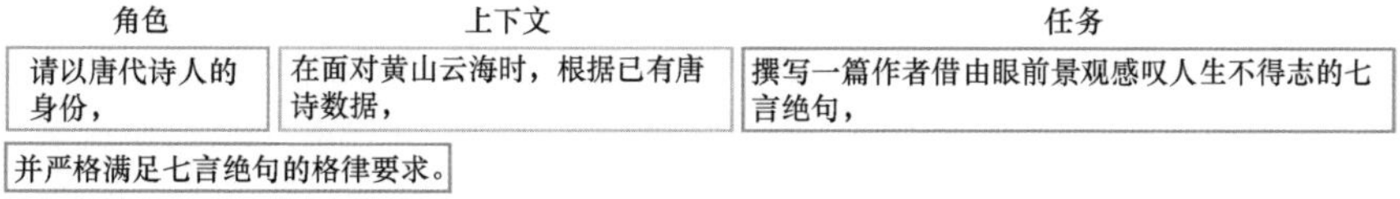

角色
上下文
任务
请以唐代诗人的身份，
在面对黄山云海时，根据已有唐诗数据，
撰写一篇作者借由眼前景观感叹人生不得志的七言绝句，
并严格满足七言绝句的格律要求。

图 3-66　提示词示例

下面介绍一些在设计提示词时的技巧：

技巧 1：定义系统提示词（System Prompt）——让大模型更专业。

系统提示词（System Prompt）在人工智能领域，特别是在使用大型语言模型时，起着至关重要的作用。系统提示是提供给模型的一组指令或上下文信息，用以指导模型生成响应的方式和内容。具体来说，系统提示的作用包括但不限于以下几点：

指令传达：明确告诉模型用户需要什么样的信息或执行什么样的任务。

上下文设定：为模型提供必要的背景信息，帮助模型更好地理解当前话题或任务的环境。

角色模拟：在需要模拟特定角色或身份的情境下，系统提示可帮助模型进入正确的角色，生成符合该角色特性的语言或文本。

风格引导：系统提示可指示模型生成文本的风格，如正式、幽默、专业或口语化等。

质量控制：通过系统提示，可引导模型生成高质量、相关性强、无偏见的输出。

错误避免：系统提示可帮助模型避免潜在的误导或错误信息，确保输出信息的准确性。

细节定制：在需要详细信息的场景中，系统提示可指导模型生成更加详尽和具体的回答。

在使用系统提示时，应当遵循准确性、清晰性和针对性的原则，以确保模型能按用户的需求生成最合适的响应。

系统提示词（System Prompt）通常用于设定 AI 助手的角色、语言风格、任务模式和针对特定问题的具体行为指导。

提示词示例：

> 你擅长从文本中提取关键信息，精确、数据驱动，重点突出关键信息，根据用户提供的文本片段提取关键数据和事实，将提取的信息以清晰的 JSON 格式呈现。

技巧 2：将复杂任务分解为简单的子任务——让大模型充分发挥自身能力。

在处理需求复杂的任务时，错误率通常较高。为了提高效率和准确性，最佳做法是将这些复杂任务重构为一系列简单、连贯的子任务。这种方法中，每个子任务的完成成果依次成为下一任务的起点，形成一个高效的工作流。这样的任务流程简化有助于提升模型整体的处理质量和可靠性，特别是在面对需要综合大量数据和深入分析的复杂问题时。通过将复杂任务拆解，可更加有效地利用模型的强大处理能力。

技巧 3：使用分隔符标示不同的输入部分——让大模型更清晰地理解你的要求。

我们可在设计提示词时使用适当的分隔符来让我们的提示词看上去结构更加清晰，也能帮助大模型来区分不同部分的内容。

提示词示例：

> 请基于以下内容：
> """要总结的文章内容"""
> 提炼核心观点和纲要

技巧 4：少样本提示法——用少量例子引导大模型学习并完成任务。

少样本学习（Few - shot Learning）：传统的机器学习方法需要大量的数据来训练模型，而少样本学习则使用少量的样本来指导模型完成特定的任务，不依赖于大量的标记数据，使模型能从少量样本中快速学习并泛化。该方法最早由 OpenAI 发表的论文《Language Models are Few - Shot Learners》提出。

少样本提示法示例如图 3 - 67 所示。

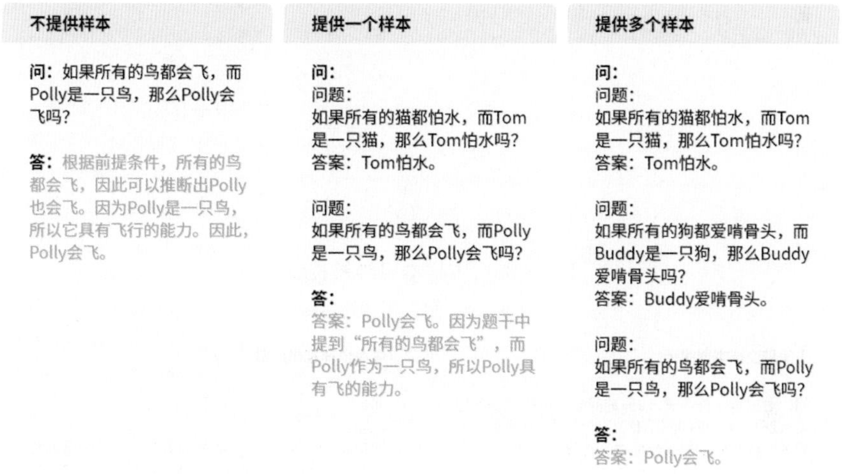

不提供样本
问：如果所有的鸟都会飞，而Polly是一只鸟，那么Polly会飞吗？
答：根据前提条件，所有的鸟都会飞，因此可以推断出Polly也会飞。因为Polly是一只鸟，所以它具有飞行的能力。因此，Polly会飞。
提供一个样本
问：
问题：
如果所有的猫都怕水，而Tom是一只猫，那么Tom怕水吗？
答案：Tom怕水。
问题：
如果所有的鸟都会飞，而Polly是一只鸟，那么Polly会飞吗？
答：
答案：Polly会飞。因为题干中提到“所有的鸟都会飞”，而Polly作为一只鸟，所以Polly具有飞的能力。
提供多个样本
问：
问题：
如果所有的猫都怕水，而Tom是一只猫，那么Tom怕水吗？
答案：Tom怕水。
问题：
如果所有的狗都爱啃骨头，而Buddy是一只狗，那么Buddy爱啃骨头吗？
答案：Buddy爱啃骨头。
问题：
如果所有的鸟都会飞，而Polly是一只鸟，那么Polly会飞吗？
答：
答案：Polly会飞。

图 3 - 67　少样本提示法

技巧 5：思维链提示法——让大模型一步一步地思考。

思维链（CoT，Chain of Thought）提示法是一种用于提升大型语言模型（LLM，Large Language Model）推理能力的技术。它通过在提示中添加中间推理步骤，引导模型逐步推理，从而提高模型在解决复杂问题上的表现能力。CoT 提示法不仅可帮助模型更好地理解和处理复杂任务，还能提高模型的可解释性。该方法最早由谷歌发表的论文《Chain - of - Thought Prompting Elicits Reasoning in Large Language Models》提出。

零样本思维链（Zero - Shot CoT）：这种方法主要通过通用的提示（如“让我们一步一步地思考”）来激发模型的逐步推理能力。不需要任何与任务相关的样本，具有良好的泛化能力，但在性能方面可能存在局限。

零样本思维链提示法示例如图 3 - 68 所示。

少样本思维链（Few - Shot CoT）：这种方法通过提供特定任务的输入输出对作为上下文 Demo，引导模型进行多步推理。这种方法在性能上可能更优越，但泛化能力较弱。

少样本思维链提示法示例如图 3 - 69 所示。

在提出思维链方法之后，谷歌又发表论文《Self - Consistency Improves Chain of Thought Reasoning in Language Models》提出使用自洽方法来改进思

不使用零样本思维链

问：哥哥给弟弟4支铅笔后，哥哥与弟弟的铅笔就一样多了，原来哥哥比弟弟多几只铅笔？

答：哥哥给弟弟4支铅笔后，哥哥剩下了4支铅笔，弟弟有4支铅笔。那么哥哥原来比弟弟多4支铅笔。

使用零样本思维链

问：哥哥给弟弟4支铅笔后，哥哥与弟弟的铅笔就一样多了，原来哥哥比弟弟多几只铅笔？让我们一步一步地进行计算。

答：假设哥哥原来有x支铅笔，弟弟原来有y支铅笔。哥哥给弟弟4支铅笔后，哥哥剩下x-4支铅笔，弟弟有y+4支铅笔。
根据题意，哥哥和弟弟的铅笔数量相等，所以有：
x-4=y+4
将等式中的y移到左边，得：
x-y=8
所以，哥哥原来比弟弟多8支铅笔。

图 3-68　零样本思维链提示法

不使用少样本思维链

问：河里有一排鸭子，2只的前面有2只，2只的后面有2只，2只的中间还有2只，请问一共有多少只鸭子？让我们一步一步地进行计算。

答：这个问题有点像数学中的田字格问题。我们可以从右到左，从上到下逐个数出鸭子。
首先，右上角的那只鸭子是单独一只。
然后，右一格的那只鸭子与左上格的那只鸭子一起构成了一个2只鸭子的群体。
再然后，右二格的那只鸭子与左右一格的那两只鸭子一起构成了一个4只鸭子的群体。
以此类推，我们可以得出以下的结果：

—第1行有1只鸭子
—第2行有3只鸭子
—第3行有5只鸭子
—...
—第n行有2n只鸭子

因此，对于这个问题，n=5，所以一共有2*5=10只鸭子。

使用少样本思维链

问：
问题：
河里有一排鸭子，2只的前面有2只，2只的后面有2只，2只的中间还有2只，请问一共有多少只鸭子？
回答：
让我们来一步一步地进行计算：
第一步，2只的前面有2只：2+2=4只
第二步，2只的后面有2只：4+2=6只
第三步，2只的中间还有2只：6+2=8只
一共有8只鸭子。

问题：
河里有一排鸭子，2只的前面有3只，2只的后面有3只，2只的中间还有3只，请问一共有多少只鸭子？
回答：
让我们来一步一步地进行计算：
第一步，2只的前面有3只：2+3=5只
第二步，2只的后面有3只：5+3=8只
第三步，2只的中间还有3只：8+3=11只
一共有11只鸭子。

问题：
河里有一排鸭子，2只的前面有4只，2只的后面有4只，2只的中间还有4只，请问一共有多少只鸭子？

答：
让我们来一步一步地进行计算：
第一步，2只的前面有4只：2+4=6只
第二步，2只的后面有4只：6+4=10只
第三步，2只的中间还有4只：10+4=14只
一共有14只鸭子。

图 3-69　少样本思维链提示法

维链提示。后续又有论文《Tree of Thoughts：Deliberate Problem Solving with Large Language Models》提出思维树方法来进一步改进思维链提示法。如图3-70为思维链提示、思维链自洽提示、思维树提示的示意图。

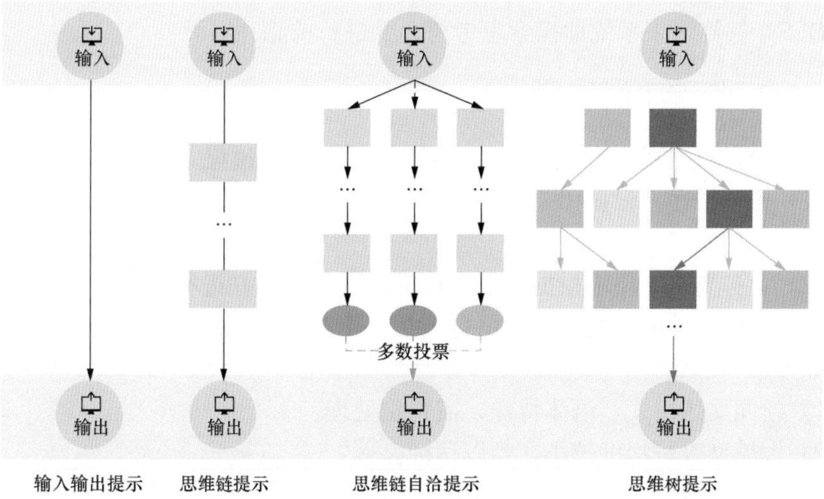

图 3-70　思维链提示、思维链自洽提示、思维树提示示意图

自洽（SC，Self-Consistency）：该方法会为问题生成多条不同的推理路径，并对生成的答案进行多数投票。这种方法在复杂推理任务中表现出了显著的能力，但由于需要推理多次来采样多条推理链，所以会消耗很多的时间和资源。

思维树（ToT，Tree-of-Thoughts）：相比一般的 CoT 方法采样一条推理路径，ToT 允许语言模型同时考虑多种不同的推理路径，通过对推理过程进行自我评估，以及在必要时进行前瞻或回溯以做出全局选择。具体的，分为下面四个阶段：

（1）问题分解（Thought Decomposition）。根据问题的特点，将问题分解成多个中间步骤。每个步骤可以是短语、算式或写作计划，这取决于问题的性质。

（2）推理过程生成（Thought Generation）。假设解决问题需要 k 个步骤，有两种方法生成推理内容：①独立采样：对于每个状态，模型会独立地从 CoT 提示中完整抽取 k 个推理内容，不依赖于其他的推理内容；②顺序生成：顺序地使用“提示”来逐步引导推理内容生成，每个推理内容都可能依赖于前一个推理内容。

（3）启发式评估（Heuristic Evaluation）。使用启发式方法评估每个生成的推理内容对问题解决的贡献，这种自我评估基于语言模型的自我反馈，如设计 Prompt 让模型对多个生成结果进行打分。

（4）选择搜索算法（Search Algorithm）。根据生成和评估推理内容的方法，选择适当的搜索算法。例如，可使用广度优先搜索（BFS）或深度优先搜索（DFS）等算法来系统地探索思考树，并进行前瞻和回溯。

3.5.2 提示词编写实例

该部分以新闻写作为案例介绍一下提示词的编写过程。

（1）业务描述。根据相关背景资料信息，使用大模型进行改写，生成新闻文体格式的内容。

（2）业务要求。要求根据背景资料提取重要信息并进行改写。其中改写要求不构成对原稿件的抄袭；重要信息包括：企业、融资情况和企业情况。实现难点如下：

1）新闻文体格式、语体特殊，需特别处理。

2）大模型改写程度较小，难以达标。

3）背景资料信息中涉及的一些重要信息构成复杂，大模型进行提取保留有难度。

（3）方案设计。首先，我们要先确定新闻文体格式，然后通过提示词的设计让大模型根据我们提供的背景资料按指定的新闻文体格式生成新闻稿，如图3-71所示。

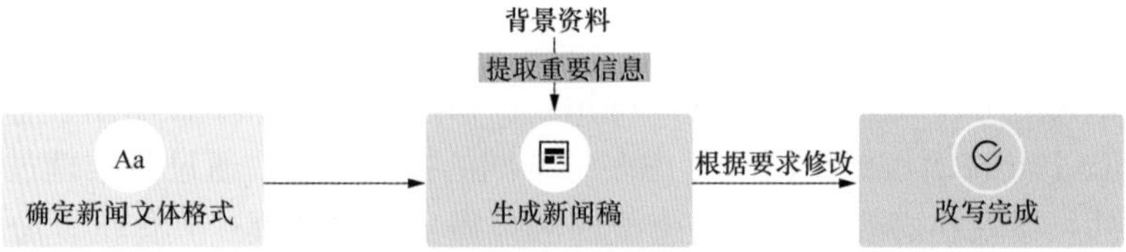

图3-71 新闻写作方案示意图

提示词结构设计如下：

```
背景资料：
"""
{背景资料}
"""
你是一个新闻改写人，需要根据背景资料改写新闻。新闻包括"标题"、"正文"，改写发生在正文部分。
"标题" 应该是一个完整的句子，能概括新闻内容。标题内容由企业和融资情况、融资用途构成。
```

"正文" 应该第一段说明企业和融资情况（包括融资进度、融资方、融资金额、融资目的）；在之后的段落中，从名称、业务、团队、发言、核心技术、技术方向、产品进展等角度叙述企业情况。若背景资料中没有提到，则忽略。

改写可改变调整信息顺序，必须改变背景资料段落中句子的语法结构、句子长度、词语搭配。

你的新闻需要遵守以下规定：

1. 使用的语言简短精练。

2. 涉及的信息真实，不允许杜撰。

3. 在正文中重新表达背景资料的信息，但是人名、物名、数字、日期、行为不能改动。

输出格式：

"""

今日新闻：

标题：

正文：

"""

提示词设计的过程：提示词的设计需要经过一个迭代的过程，不断的尝试，找到效果最好的提示词。

版本 1：根据新闻文体特征，规定了格式（标题、正文）和语言风格。

提示词设计如下：

背景资料：

"""

{{背景资料}}

"""

你是一个新闻撰稿人，需要根据背景资料撰写新闻。新闻包括标题、内容。

你的新闻标题应该是一个完整的句子，能概括新闻内容。

你的新闻内容应该包括：企业名称、融资情况、业务情况、核心技术等。

你的写作需要遵守以下规定：

1. 涉及的信息真实，必须全部来自背景资料，不允许杜撰。

2. 内容完整全面，包含背景资料中多次出现的、主要的信息。

3. 语句通顺无病句，不出现错别字。

4. 使用的语言简短精练。

> 现在，开始根据背景资料撰写新闻稿。
>
> 输出格式：
> """
> 今日新闻：<" 标题：" +" 内容：" >
> """

经过验证该版本提示词，存在以下问题：重要信息保留不全。存在杜撰现象，改写力度小，与背景资料重合度高。

版本 2：针对版本 1 存在问题做出以下调整：

（1）总结重要信息，明确提出要求。总的分为企业（主体）、融资情况、企业情况。其中，融资情况包括：融资进度、融资方、融资金额、融资目的等；企业情况包括：名称、业务、团队、发言、核心技术、技术方向、产品进展等。

（2）要求确保信息的真实性，不允许杜撰。同时明确规定重要信息（人名、物名、数字、日期、行为）不能改动。

（3）增加改写规则。可改变调整信息顺序，必须改变背景资料段落中句子的语法结构、句子长度、词语搭配。

提示词设计如下：

> 背景资料：
> """
> {背景资料}
> """
>
> 你是一个新闻改写人，需要根据背景资料改写新闻。新闻包括" 标题""正文"，改写发生在正文部分。
>
> "标题" 应该是一个完整的句子，能概括新闻内容。标题内容由企业和融资情况、融资用途构成。
>
> "正文" 应该第一段说明企业和融资情况（包括融资进度、融资方、融资金额、融资目的）；在之后的段落中，从名称、业务、团队、发言、核心技术、技术方向、产品进展等角度叙述企业情况。若背景资料中没有提到，则忽略。

改写可改变调整信息顺序，必须改变背景资料段落中句子的语法结构、句子长度、词语搭配。

你的新闻需要遵守以下规定：

1. 使用的语言简短精练。

2. 涉及的信息真实，不允许杜撰。

3. 在正文中重新表达背景资料的信息，但是人名、物名、数字、日期、行为不能改动。

输出格式：

"""

今日新闻：

标题：

正文：

"""

提示词使用样例。

背景资料如下：

神顶科技（南京）有限公司（以下简称“神顶科技”）近日完成数千万元新一轮战略融资，投资方为深圳高新投集团和昆山台商发展基金。

本轮资金将用于进一步扩大在智能感知融合芯片的方案开发和量产推广。

神顶科技拥有完全自主研发的3D智能感知融合技术，目前，公司研发团队凭借丰富的产品化经验和供应链整合能力，研发出基于Smart Fusion技术的3D智能感知融合SoC芯片平台。该平台不仅符合移动机器人特有的场景需求、保留了移动机器人硬件的全面可扩展性，而且在性价比方面同样具有优势。

谈及未来发展，神顶科技相关负责人表示：“目前，神顶科技已经获得多项核心技术和专利成果，并在感知融合、图像算法、人工智能等方面积累了技术优势。此次融资后，神顶科技将继续坚持创新驱动，推进智能感知融合领域的发展，为移动机器人、AR/VR增强/虚拟现实及自动驾驶等相关领域的感知系统智能化提供更优质的方案和服务。”

生成新闻稿如下：

> 标题：神顶科技获数千万元融资，推进智能感知融合领域发展
>
> 正文：
>
> 近日，神顶科技（南京）有限公司宣布获得数千万元新一轮战略融资，投资方为深圳高新投集团和昆山台商发展基金。本轮资金将用于进一步扩大在智能感知融合芯片的方案开发和量产推广。
>
> 神顶科技是一家完全自主研发 3D 智能感知融合技术的公司，其研发团队凭借丰富的产品化经验和供应链整合能力，研发出基于 Smart Fusion 技术的 3D 智能感知融合 SoC 芯片平台。该平台符合移动机器人特有的场景需求，保留了移动机器人硬件的全面可扩展性，而且在性价比方面同样具有优势。
>
> 神顶科技的未来发展充满信心。公司相关负责人表示，“目前，我们已经获得多项核心技术和专利成果，并在感知融合、图像算法、人工智能等方面积累了技术优势。此次融资后，我们将继续坚持创新驱动，推进智能感知融合领域的发展，为移动机器人、AR/VR 增强/虚拟现实及自动驾驶等相关领域的感知系统智能化提供更优质的方案和服务。”

心得总结：对于主观性强的任务（如写作），需要把指令具体化，如规定新闻格式、改写要求、保留信息种类等。

3.6 本 章 小 结

本章节主要介绍了大模型与工具的相关内容，通过为读者在实际应用中提供了全面、实用的指导，使读者能更好地运用大模型与工具解决实际问题。

首先，对 GPT 大模型、文心大模型、GLM 大模型、Qwen 大模型和 Grok 大模型进行了详细的介绍，使读者对这些大模型有了更深入的了解。对各种模型的优势与适用场景进行了比较，并对模型性能进行了分析，使读者能更好地选择适合自己需求的模型。

然后，介绍了环境搭建、模型微调、模型量化、推理工具、向量数据库和开发平台等工具与平台，为读者在实际应用中提供了实用的指导。此外，还介绍了 LangChain 和 Llamalndex 这两个开发框架，为读者在开发过程中提供了更多的选择。

最后，对 Prompt 工程基础进行了介绍，包括工程的基本概念、设计理念与技巧以及提示词编写实例，使读者能更好地掌握大模型与工具在实际应用中的关键要点。

4　大模型在电力领域的挑战与对策

本章将重点讨论当前电力领域所面临的关键挑战以及相应的应对策略。这些挑战涵盖了算力和人力成本、数据隐私与安全、模型可解释性、模型泛化能力以及模型数据迭代与更新等方面。通过对这些关键挑战的分析和讨论，抛砖引玉，为电力领域的研究者、从业者和决策者提供有益的启示。

4.1　关键挑战分析

4.1.1　算力与人力成本

在电力领域应用大模型需要大量的计算资源和专业人才支持，这对企业来说可能是一项巨大的成本。特别是针对大规模的电网数据分析和模型训练，需要更强大的算力支持，而且招聘和培养具有相关领域知识和技能的人才也是一项挑战。目前主流的大模型参数规模都在千亿到万亿左右，对训练资源和人员要求很高，如图 4-1 所示。

4.1.2　数据隐私与安全

电力领域涉及大量敏感数据，包括用户用电信息、电网运行数据等，如何保护数据的隐私和安全是一个重要问题。在使用大模型进行数据分析和处理时，必须确保数据不被泄露或滥用，同时遵守相关的法律法规和隐私政策。以下是数据隐私与安全需要注意的几个方面：

（1）数据泄露。大型模型在训练过程中可能会接触大量敏感数据，例如个人身份信息、医疗记录、金融交易等。如果这些数据在训练或部署过程中被未经授权的人员获取，就会造成数据泄露的风险。

（2）隐私侵犯。大型模型可能会学习到用户的个人偏好、行为习惯等隐私信息，例如语音助手模型学习到用户的语音记录，文本生成模型学习到用户的参数量与算力需求呈正比，据ARK Invest预测，GPT-4参数量最高达15000亿个，则GPT-4算力需求最高可达31271 PFlop/s-day;与此同时，国内外厂商加速布局大模型，其参数量均达到千亿级别，同步带动算力需求爆发式增长；

参数量与算力需求呈正比关系（以GPT为例）

模型名称	参数量(亿个)	算力需求(PFlop/s-day)
GPT 3 Small	1.25	2.6
GPT 3 175B	1746	3640
GPT 4	15000(最高)	31271（最高）

其他国内外厂商加速布局大模型

	厂商	模型名称	参数量(亿个)	算力需求(PFlop/s-day)
国外厂商	Google	LaMDA	1370	2850
		PaLM-E	5620	11690
	Hugging Face	Bloom	1750	3640
国内厂商	百度	ERNIE 3.0 Titan	2600	5408
	阿里	M6-OFA	100000	208000
	华为云	盘古 NLP	2000	4160
	腾讯	混元 AI	>1000	>2080

图 4-1　常见大模型参数规模及算力需求

写作风格等。如果这些信息被滥用或泄露，就会侵犯用户的隐私权。

（3）恶意攻击。大型模型可能受到恶意攻击，例如对抗样本攻击、参数披露攻击等。通过精心设计的攻击样本或技术手段，攻击者可诱使模型产生错误的输出，或获取模型的参数和内部结构信息，从而破坏模型的安全性和隐私性。

（4）后门注入。恶意用户可能在大型模型中注入后门，使其在特定条件下产生误导性的输出。例如，在语言模型中注入特定词语或编码，使模型在特定上下文条件下产生偏向或误导性的文本生成结果。

（5）模型复制。攻击者可能通过模型逆向工程技术复制大型模型，并在其他环境中进行恶意使用或滥用，这可能导致知识产权侵权和数据安全风险。

4.1.3　模型可解释性

大模型通常具有复杂的结构和参数，其结果可能难以解释和理解。在电力领域，决策者和相关利益方需要了解模型的工作原理和推理过程，以便更好地理解模型的输出结果和建议，这对于决策制定和问题解决至关重要（见图 4-2），主要由以下几个原因造成：

（1）复杂的结构。大模型通常由数十万甚至数百万个参数组成，拥有深层的神经网络结构。这种复杂的结构使得模型的决策过程变得难以理解和解释。参数之间的相互作用和影响关系变得非常复杂，难以直观地解释模型的预测结果。

（2）黑箱性质。大模型往往被称为“黑箱”，即模型的内部工作原理对用户不透明。尽管我们可观察到模型的输入和输出，但模型内部的具体计算过程往往是不可见的，这使得很难理解模型是如何做出决策的。

（3）特征的抽象表示。大模型在学习过程中会将输入数据转换为更高级别的抽象表示。这些抽象表示可能与原始数据之间存在复杂的映射关系，导致模型的输出结果难以直接与输入数据的特征联系起来，降低了模型的可解释性。

（4）非线性关系。大模型通常是非线性的，具有复杂的非线性关系。在这种情况下，模型的输出结果往往不是简单的线性组合，而是由多个因素交互作用产生的复杂结果。这种非线性关系增加了解释模型的难度。

（5）训练数据的复杂性。大模型通常需要大量的训练数据来进行参数调整和学习。训练数据的复杂性和多样性可能导致模型学到的规律和模式变得难以理解和解释。

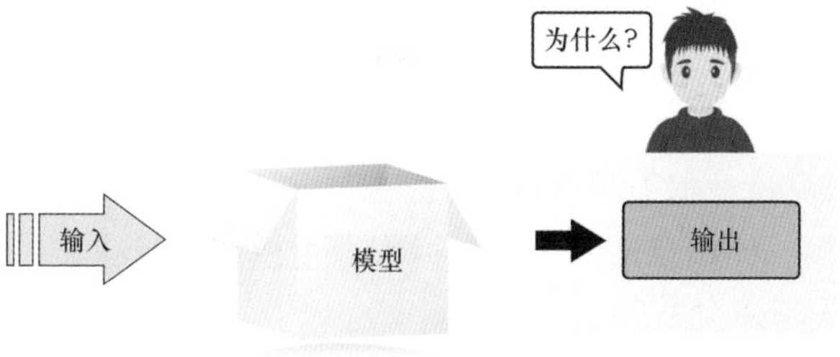

图 4-2　模型可解释性

4.1.4　模型泛化能力

电力系统具有复杂的动态特性和多变的环境条件，大模型在实际应用中需要具备良好的泛化能力，能适应不同的场景和数据分布，而不仅是在训练集上表现良好。模型泛化能力主要受以下方面限制：

（1）过拟合（Overfitting）。大模型具有足够的参数和复杂度来拟合训练数据中的细节和噪声，导致过拟合现象。当模型过度适应训练数据时，其泛化能力就会受到影响，无法很好地适应新的、未见过的数据。

（2）训练数据不足。尽管大型模型具有强大的学习能力，但如果训练数据规模不足，模型仍可能无法捕捉到数据的整体分布和规律性，从而影响泛化能力。

（3）数据分布偏移。训练数据和实际应用中的数据可能存在分布偏移，即数据在特征空间上的分布不一致。大模型在训练时可能过度依赖训练数据的特定特征，而忽略了其他重要的特征，导致在新的数据分布下泛化能力较弱。

（4）模型结构复杂。大模型通常具有复杂的结构和多层的神经网络，其中可能存在许多不必要的参数和冗余的信息。这些复杂性可能导致模型过度拟合训练数据，从而降低了泛化能力。

（5）数据标签噪声。如果训练数据中存在标签错误或噪声，大型模型可能会学习到错误的模式，从而导致泛化能力较弱。

（6）迁移学习限制。尽管迁移学习可帮助改善模型的泛化能力，但大模型的迁移学习也可能受到限制，特别是在源领域和目标领域之间存在较大差异时。

（7）泛化评测。对于大型模型的泛化能力，一般不会有像如图 4 - 3 所示传统模型拟合曲线那样的可视化图形。这是因为大型模型通常涉及海量的参数和复杂的结构，在不同数据集上的表现也可能有很大差异，难以用简单的曲线来表示其泛化能力，然而，我们可通过以下方式来评估大型模型的泛化能力：

1）交叉验证。使用交叉验证技术来评估模型在不同数据集上的表现，例如 K 折交叉验证或留一法。

2）测试集评估。将数据集划分为训练集、验证集和测试集，使用测试集来评估模型在未见过数据上的表现。

3）验证指标。使用合适的评估指标来衡量模型的泛化能力，例如准确率、精确率、召回率、F1 分数等。

4）对抗性评估。进行对抗性评估，测试模型对抗攻击的能力，以评估其鲁棒性和泛化能力。

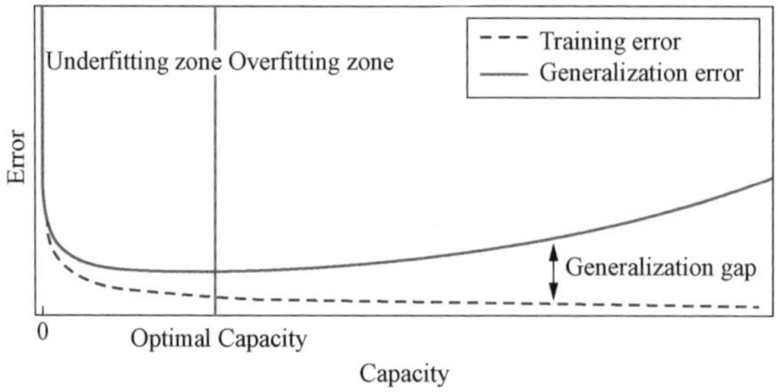

图 4 - 3　传统模型拟合曲线

4.1.5　模型数据迭代与更新

电力系统的运行状态和环境条件可能随时发生变化，需要持续地对模型进行数据迭代和更新，以保持模型的准确性和实用性。然而，如何有效地进行模型更新，并在不中断业务的情况下进行部署，是一个挑战。

大型模型数据迭代与更新慢的原因可能有以下几个方面：

（1）计算资源限制。大模型通常需要大量的计算资源来进行参数更新和优化。如果计算资源有限，例如使用的是普通的 CPU 而不是 GPU 或 TPU 等专门的加速硬件，那么模型的数据迭代和更新速度就会受到限制。

（2）参数量大。大模型通常具有数十亿甚至数千亿的参数，这意味着在每次迭代中需要更新大量的参数。由于参数量大，每次更新参数的计算量也会很大，导致数据迭代和更新速度变慢。

（3）数据传输延迟。在分布式训练环境中，模型参数通常存储在不同的计算节点上，并且需要在节点之间进行参数传输和同步。如果网络传输速度较慢或者存在延迟，会导致参数更新的效率降低，从而影响数据迭代和更新速度。

（4）数据预处理和加载耗时。大模型通常需要大量的数据进行训练，而数据预处理和加载过程可能会耗费大量的时间。特别是在处理大规模数据集时，数据预处理和加载过程可能成为模型训练的瓶颈，影响数据迭代和更新速度。

（5）算法复杂度高。大模型通常采用复杂的优化算法，例如随机梯度下降（SGD）的变种或者自适应学习率算法（如 Adam、Adagrad 等）。这些算法可能会增加模型训练的计算复杂度，导致数据迭代和更新速度变慢。

综上所述，大型模型数据迭代与更新慢的原因主要包括计算资源限制、参数量大、数据传输延迟、数据预处理和加载耗时以及算法复杂度高等因素。为了提高大型模型的数据迭代和更新速度，可采取一些措施，如使用更多的计算资源、优化数据预处理流程、改进分布式训练策略等，如图 4-4 所示。

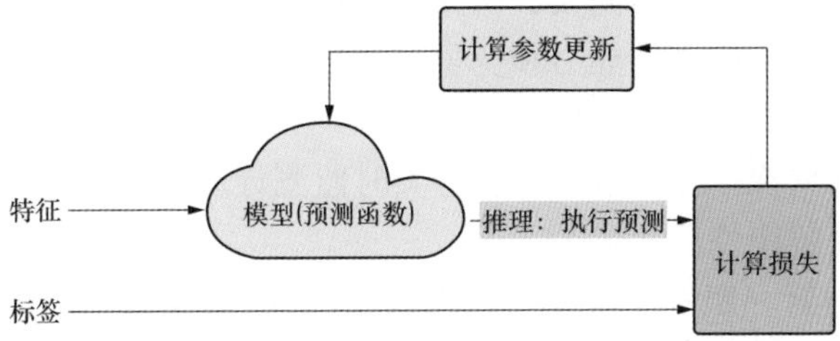

图 4-4　训练模型迭代方法

4.2 应对策略与建议

4.2.1 加强算力和人才储备

企业可考虑与云计算服务提供商合作，利用其弹性计算资源，降低算力成本；同时加强与高校和科研机构的合作，培养和引进相关领域的人才，建立健全的团队。加强算力和人才储备是提高大型模型数据迭代和更新速度的关键举措之一，以下是具体内容：

4.2.1.1 增加计算资源

（1）硬件升级。考虑使用性能更高的硬件设备，如GPU、TPU等专门用于深度学习计算的加速器。

（2）分布式计算。通过分布式计算架构，将计算任务分配到多个计算节点上并行执行，以提高整体计算速度。

（3）云计算服务。利用云计算服务提供商提供的弹性计算资源，根据需要灵活调整计算资源的规模。

4.2.1.2 优化计算流程

（1）并行计算。合理设计计算任务的并行化方案，充分利用计算资源，提高计算效率。

（2）异步更新。采用异步更新策略，允许计算节点在不同时间进行参数更新，避免计算资源的闲置。

4.2.1.3 提高人才水平

（1）培训团队。为团队成员提供深度学习和分布式计算等方面的培训，提高其技术水平和工作效率。

（2）引进专业人才。招聘具有深度学习和分布式计算经验的专业人才，为团队注入新的活力和技术能量。

（3）建立合作关系。与高校、研究机构或技术公司建立合作关系，共享资源和经验，提高团队的创新能力和竞争力。

4.2.1.4 持续优化和改进

（1）监控和调优。建立监控系统，实时监测计算任务的执行情况和性能指标，及时发现并解决性能瓶颈。

（2）技术创新。跟踪最新的技术发展趋势，积极采用新的技术手段和工具，不断优化和改进计算流程。

（3）经验总结。定期对工作经验进行总结和分享，形成团队内部的最佳实践和经验积累，提高工作效率和质量。

通过加强算力和人才储备，并结合优化计算流程和持续改进的策略，可有效提高大型模型数据迭代和更新速度，提升团队的工作效率和竞争力。

4.2.2 强化数据安全和隐私保护

建立完善的数据管理和安全体系，包括数据加密、权限控制、数据审计等措施，确保数据的安全性和隐私性；同时，遵守相关法律法规，与数据提供方签订合规协议，明确数据使用和保护的责任。强化大型模型的数据安全和隐私保护是至关重要的，以下是一些针对大型模型的数据安全和隐私保护的具体措施：

（1）差分隐私（Differential Privacy）。应用差分隐私技术对训练数据进行处理，以保护个体隐私。差分隐私通过向数据添加随机噪声的方式，确保对于单个个体的信息不会被泄露。

（2）模型加密。对训练好的模型进行加密保护，以防止未经授权的访问和复制，可采用安全多方计算（Secure Multi - Party Computation）等技术来实现模型加密。

（3）联邦学习（Federated Learning）。使用联邦学习技术在本地设备上进行模型训练，将更新后的模型参数汇总到中央服务器进行整合，以避免原始数据的集中存储和传输，提高数据隐私性。

（4）模型剪枝和蒸馏。对大型模型进行剪枝和蒸馏，以减少模型的参数数量和复杂度，从而降低模型泄露敏感信息的风险。

（5）隐私保护技术集成。将多种隐私保护技术集成到大型模型的训练和部署过程中，形成多层次的隐私保护防线，提高数据安全性和隐私保护水平。

（6）安全计算环境。在安全的计算环境中进行大型模型的训练和推理，如可信执行环境（Trusted Execution Environment）、安全硬件等，以防止恶意攻击和数据泄露。

（7）数据审计和监控。建立数据审计和监控系统，对数据的访问和使用进行记录和监测，及时发现和应对异常行为和安全事件。

（8）合规性和法律遵从。遵守相关的数据保护法律法规和标准，确保大型模型的数据处理和使用符合法律和行业规范，保护用户隐私权益。

（9）员工培训和意识提升。对团队成员进行数据安全和隐私保护方面的培训，提高其安全意识和保密意识，避免内部人员的误操作或故意泄露。

（10）风险评估和漏洞修补。定期进行风险评估和安全漏洞扫描，及时修补和更新系统补丁，以降低大模型数据安全和隐私保护的风险。

4.2.3 提高模型可解释性

采用可解释性强的模型结构，并结合领域专家的知识，对模型的输出结果进行解释和解读；同时，建立模型解释和可视化的工具和平台，帮助用户理解模型的推理过程和决策依据，如图 4 - 5 所示。

特征重要性分析：对大模型进行特征重要性分析，了解哪些特征对模型的预测结果具有较大的影响，有助于理解模型的决策过程。

（1）局部解释性方法。使用局部解释性方法，如局部线性可解释性、局部敏感性分析等，针对特定样本或局部区域的数据，解释模型的预测结果和决策原因。

（2）可视化工具。利用可视化工具展示大模型的结构、参数分布、特征重要性等信息，以直观形式帮助用户理解模型的内部机制。

（3）影响力分析。使用影响力分析方法，如 Shapley 值、LIME 等，评估每个特征对模型预测结果的影响程度，揭示模型的决策逻辑。

（4）解释性模型替代。考虑使用解释性较强的模型替代大模型的部分或全部功能，如决策树、线性回归等，以提高模型的可解释性。

（5）特征工程和数据预处理。进行特征工程和数据预处理，选择和筛选对模型预测结果影响较大的特征，降低模型的复杂度和难以解释性。

（6）教育和培训。对模型使用者进行教育和培训，向他们解释大模型的工作原理、优势和局限性，提高他们对模型的理解和信任。

（7）人工辅助分析。结合人工专家的知识和经验，对大模型进行深入分析和解释，发现模型预测结果的合理性和潜在问题。

（8）用户交互界面。设计用户友好的交互界面，使用户能自由探索大模型的预测结果和决策依据，增强用户对模型的信任和理解。

（9）持续改进和优化。对大模型进行持续改进和优化，优化模型结构、参数设置等，提高模型的可解释性和预测性能，如图 4－5 所示。

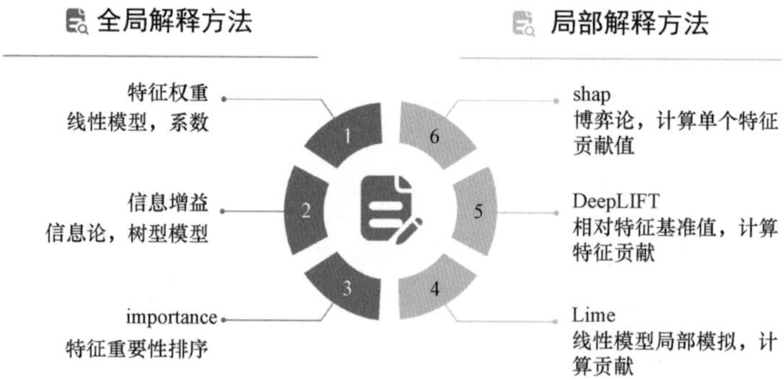

图 4－5　提高模型的可解释性

4.2.4　强化模型的泛化能力

采用更多样化和代表性的数据进行模型训练，加强数据预处理和特征工程的过程，提高模型对不同数据分布的适应能力。同时，采用迁移学习等技术，利用已有模型的知识来加速新模型的训练和优化。提升类似 ChatGPT 大型模型的泛化能力是一个复杂而重要的挑战。以下是一些方法，可帮助提升这类大型模型的泛化能力：

（1）多样化的训练数据。使用来自多个来源、多个领域的数据进行训练，确保模型能覆盖不同的语境和话题，从而提高泛化能力。

（2）迁移学习。在类似 ChatGPT 这样的大模型上进行预训练，然后在特定任务上进行微调，利用先前学到的知识来提高模型在新任务上的泛化能力。

（3）数据增强。使用数据增强技术来生成更多的训练样本，例如随机删除、替换、插入单词等，以提高模型对于输入变化的鲁棒性。

（4）模型结构设计。设计更加复杂、具有更强表达能力的模型结构，例如引入更多的层次、更多的参数，以适应更广泛的任务和语言现象。

（5）集成学习。将多个不同初始化的模型集成在一起，例如使用模型平均法或投票法，以减少模型的方差，提高泛化能力。

（6）对抗训练。引入对抗训练的技术，通过向输入添加对抗性扰动，迫使模型学习更加鲁棒的表示，从而提高泛化能力。

（7）正则化方法。使用正则化方法，如权重衰减、Dropout 等，限制模型的复杂度，防止过拟合，从而提高泛化能力。

（8）领域适应性。在特定领域的数据上进行额外的微调，使模型更好地适应该领域的语言风格和语义，提高泛化能力。

（9）迭代优化。不断对模型进行迭代优化，收集用户反馈并进行模型更新，以使模型更好地适应新的语言使用情况和任务要求。

（10）对抗评估。引入对抗性评估的方法，评估模型在对抗样本上的性能，从而更全面地了解模型的泛化能力。

综上所述，通过以上方法的综合使用，可有效提升类似 ChatGPT 这类大型模型的泛化能力，使其在各种语言任务和语境下表现更为稳健和可靠，如图 4-6 所示。

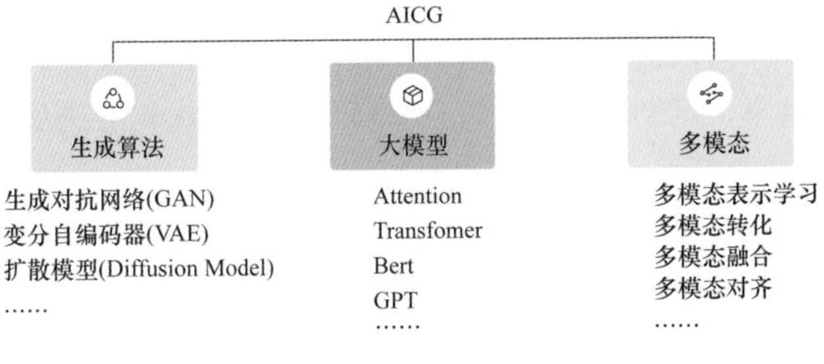

图 4-6　强化模型的泛化能力

4.2.5　实现模型的持续迭代和更新

建立自动化的模型更新和部署流程，实现模型的快速迭代和持续更新。采用在线学习增量训练等技术，利用新数据。

实现模型的持续迭代和更新是一个重要的过程，可确保模型始终保持在最新状态，并能不断适应新的数据和需求。以下是实现模型持续迭代和更新的一般步骤：

（1）数据收集与准备。定期收集新的数据，包括标注数据和未标注数据，以及模型的实际应用场景中产生的数据。确保数据的质量和完整性，并对数据进行预处理和清洗。

（2）模型训练与验证。使用收集到的新数据对模型进行训练，并进行验证和评估，以确保模型在新数据上的性能达到预期，可使用交叉验证等技术来评估模型的泛化能力。

（3）模型部署与监控。将训练好的模型部署到生产环境中，并建立监控机制，监测模型在实际应用中的性能和表现，及时发现模型出现的问题，并做出相应的调整和优化。

（4）反馈收集与分析。收集用户反馈和模型性能指标，包括用户满意度、模型准确率、误差率等，对反馈进行分析，了解模型的优势和不足之处。

（5）模型更新与优化。根据收集到的用户反馈和监控数据，对模型进行更新和优化。可调整模型的参数、增加新的特征、改进模型结构等，以提高模型的性能和适应能力。

（6）版本管理与回滚策略。对模型进行版本管理，确保每个版本的模型都能被追踪和回溯。建立回滚策略，以便在必要时能快速回滚到之前的稳定版本。

（7）自动化流程与持续集成。尽可能地自动化整个模型更新和优化的流程，包括数据收集、模型训练、部署和监控等环节，建立持续集成和持续部署（CI/CD）管道，实现模型的快速迭代和更新。

（8）团队协作与沟通。建立团队协作和沟通机制，确保团队成员之间的有效合作和信息共享，定期召开会议，分享模型更新和优化的进展，及时解决问题和调整方向。

通过以上步骤的实施，可确保模型持续迭代和更新，保持在最新状态，并且能不断适应新的数据和需求，提高模型的性能和适应能力，如图 4-7 所示。

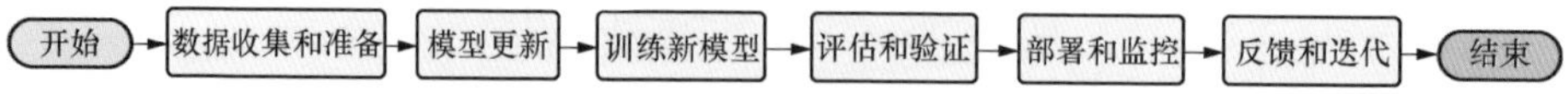

图 4-7　大模型的持续迭代和更新流程

以下是一些模型更新估算公式。

1. 模型参数更新的计算

参数更新次数（PU）＝更新的批次数（NB）×每批次的参数数量（NPB）

总参数更新次数（TPU）＝参数更新次数（PU）×更新的迭代次数（NUI）

2. 数据集更新的计算

数据集更新量（DUV）＝新数据量（NDV）－旧数据量（ODV）

数据集更新频率（DUF）＝数据集更新量（DUV）÷更新周期（UC）

3. 模型训练时间的估算

单次训练时间（STT）＝每批次训练时间（TBT）×每批次的参数数量（NPB）

总训练时间（TTT）＝单次训练时间（STT）×总参数更新次数（TPU）

4. 计算资源成本估算

单次更新成本（SUC）＝单次训练时间（STT）×计算资源成本（CPCR）

总更新成本（TUC）＝单次更新成本（SUC）×总参数更新次数（TPU）

5. 模型评估和验证时间的估算

评估时间（ET）＝每次评估的时间（ETE）×总评估次数（TEI）

4.2.6 统一模型技术路线细化和深化

与传统应用领域的大模型不同，为更好地契合电力行业的特定需求和挑战，电力领域的大模型大致分为通用基础大模型（L0）、电力行业大模型（L1）和电力专业应用模型（L2）三个层级，每个层级都有其独特的功能和目标。

通用基础大模型（L0）为探索提供了起点。在此基础上，融入电力行业的深厚知识和专家的丰富经验，利用行业级的训练和模型微调技术，构建电力行业大模型（L1）。通过精细的专业知识调整和专家的反馈强化学习，进一步优化训练特定电力专业应用的模型（L2）。

为了使行业大模型更加完善，不仅需要依赖基础的语言和视频大模型，以拓展数据集的来源和规模，还应充分利用基础大模型的成果，并将其推广至更广泛的专业应用场景。

然而，模型的训练并非易事。正如广泛阅读并不总是能带来益处一样，相互矛盾的观点可能会使决策变得困难，缺乏强有力的有监督学习可能会导致结果偏离预期。因此，电力行业大模型的开发同样面临着垂直行业普遍存在的问题。为了解决这些问题，本书建议构建一个底层规范统一、业务数据高效协同的平台体系。打造行业级的视觉和语义大模型，并建立大小模型融合应用的新模式。优化设计基于大模型的人工智能平台体系，以提升大模型的研发建设和迭代优化能力。

本书主张坚持开源和闭源并行的策略，优化大模型的功能架构和部署架构。构建百亿级的语义行业大模型和十亿级的视觉行业大模型，建立适用于电力行业场景的大模型与电力专业模型的协同应用模式。同时提升图像理解、逻辑推理、内容生成等分析处理能力，并形成一个以大模型为核心、专业模型融合的统一人工智能应用体系。这一体系推动应用场景从感知智能向认知智能、生成式智能的转变，为电力行业的智能化发展奠定了坚实的基础。

4.3 产业合作与生态建设

4.3.1 行业联盟与标准制定

建立电力行业联盟，吸引行业内领先企业、科研机构和政府部门参与，共同制定电力领域的技术标准和规范，推动行业技术的发展和应用。通过合作，建立起统一的数据交换和共享机制，促进电力数据的互通互联。国内 2023 年已成立了大模型责任联盟，如图 4-8 所示。

图 4-8 大模型责任联盟

4.3.2 产学研合作项目

推动产学研合作项目，在大学和研究机构设立电力领域的研究中心或实验室，开展电网管理、智能电力系统等方面的研究和创新。企业提供实际问题和需求，学术界提供专业知识和技术支持，共同攻克电力领域的关键技术难题。

4.3.3 创新孵化与加速器支持

设立电力领域的创新孵化器和加速器，支持创业团队和初创企业开展电力相关技术和产品的研发和商业化。提供资金、技术和市场等方面的支持，帮助创新企业快速成长，推动电力行业的创新和变革。

4.3.4 生态合作伙伴关系

建立生态合作伙伴关系，整合行业内外的资源和优势，共同打造电力生态系统。与电力设备供应商、软件开发商、数据服务商等建立合作关系，共同开发智能电力产品和解决方案，推动电力行业的数字化转型。

4.3.5 政府政策支持与产业引导

政府加大对电力行业的政策支持和产业引导，制定相关政策和措施，鼓励企业加大对电力领域的投入和创新。通过税收优惠、财政补贴、创新基金等方式，引导企业增加研发投入，推动电力行业的发展和升级。通过以上产业合作和生态建设的措施，可促进电力行业内外的合作与创新，推动电力领域技术的发展和应用，实现电力行业的转型升级和可持续发展。

4.4 本 章 小 结

目前，大模型在电力领域的应用正处于摸索探索阶段。这一阶段面临诸多挑战，包括算法和人力资源成本、数据隐私与安全、模型可解释性、泛化能力，以及模型数据迭代与更新。针对这些挑战，可采取优化算法效率、加强数据保护措施、提升模型可解释性、强化泛化能力等策略。这些探索与实践将为电力行业带来新的技术突破与创新，推动行业向更加智能、高效、可持续的方向发展。

5 案例研究

本章主要介绍了四个案例研究，涵盖了电力采集终端智能物联垂直大模型、基于大模型的员工智能助手、视觉大模型在输电通道上的本地化应用、间歇性电源出力预测等方面的实际应用。每个案例都从背景、必要性、方法论与实践案例、结果解读与分析等方面进行了详细的分析和讨论。

5.1 案例一：电力采集终端智能物联垂直大模型

5.1.1 应用场景概述

5.1.1.1 背景

大模型技术的快速发展将引发众多业务系统的数字化转型和智能化升级，笔者所在的团队正在研究大模型技术在用电采集业务场景中的应用，旨在通过大模型提升用电信息采集的智能化水平。大模型在采集终端智能物联、采集设备故障预判、用电行为分析、采集智能化运维等方面均有巨大的研究价值，本章节选取了采集终端智能物联场景，该场景重点研究如何使用大模型实现自然语言与电力采集终端的智能物联。

在详细介绍之前，我们首先了解下大模型实现自然语言与物联设备智能交互的现状：

（1）技术成熟。如 Transformer、BERT、GPT 等大模型技术，已经在自然语言处理领域取得了显著的进展。这些模型在理解自然语言和处理复杂的语言任务方面表现出色，为自然语言与智能终端的交互提供了强大的技术支撑。

（2）智能化水平高。随着大模型技术的不断进步，智能终端的智能化水平也在迅速提高。大模型可处理和理解复杂的自然语言并转换为设备指令，使得智能终端能更准确地理解用户意图并提供智能化的响应。

（3）交互体验优化。自然语言与智能终端的交互越来越自然、流畅。智能终端能更准确地理解用户的意图和需求，让用户摆脱了以往需要学习特定命令和复杂操作方式的束缚。用户可直接通过自然语言会话表达需求实现与智能终端的交互，从而改善了用户体验。

（4）多场景应用。大模型具备强大的语言理解能力、逻辑推理能力和基于Agent的高可扩展能力，在多个领域的智能物联场景中得到广泛应用，如智能家居、智慧医疗、智能交通等。

（5）数据安全与隐私保护。随着自然语言与智能终端交互技术的广泛运用，智能物联场景下的数据安全和隐私保护问题日益严峻。在智能家居、智能交通、智能医疗等领域，大量的设备通过互联网相互连接，实时传输和处理数据。这些数据中包含了用户的个人信息、生活习惯等敏感信息，一旦泄露或被恶意利用，将对用户的隐私造成极大的威胁。

（6）跨平台、跨设备互操作性。大模型具备强大的语言理解和生成能力，能准确解析用户的自然语言指令，并将其转化为不同设备和平台能理解的通用指令。这种转化过程使得用户可通过自然语言与各种设备进行交互，无需关心设备间的差异和兼容性问题。

本案例将深入剖析如何借助大模型技术，实现自然语言与电力采集终端之间的智能互联与交互过程。以下内容的侧重点在描述实现过程，因此对电力采集终端的功能进行了简化；同时考虑到保密性，本文为演示场景重新设计了计算逻辑和交互接口，场景中的数据均为测试数据。

5.1.1.2 必要性

通过自然语言与电力采集终端智能交互，显著提升了用户体验与操作效能。它摒弃了复杂的指令操作，用户可通过自然语言实现对终端的直观操作和管理，同时为初学者提供了一种学习终端操作的便捷途径，逐步增强其专业能力，这种交互方式使操作流程变得流畅高效。随着垂直领域大模型技术的发展，自然语言交互推动着用电数据采集作业流程向自动化和智能化迈进，以下内容详尽地阐述了垂直大模型在用电信息采集领域中的必要性：

（1）降低操作门槛。基于按键或显示屏的操作，对于初学者来说需要记忆不同菜单下不同指令的操作顺序，给现场作业带来一些记忆负担和烦琐操作。基于自然语言的交互操作可解放双手减轻复杂场景下的作业负担，同时在自然语言与终端交互的过程中，可使得这些用户在潜移默化中接受到培训，提升用电信息采集相关知识储备和操作技能。

（2）提高交互效率。传统电力采集终端的交互方式，如通过按键或显示屏进行操作，往往存在操作烦琐、不够直观的问题。而自然语言的交互方式则可让用户通过自然语言表达操作意图，使得交互更加自然、高效。不仅可优化用户的交互体验，也有助于提高电力采集终端的操作效率。

（3）满足多样化需求。不同的用电信息采集业务场景对电力采集终端的操作要求各不相同。而自然语言交互方式的引入，使得用户可通过简单的自然语言进行各种复杂多变的操作，从而提供更加全面且贴心的服务。

（4）自动化作业流程。随着大模型技术的不断发展和在用电信息采集领域的深入应用，电力采集作业流程将逐步实现自动化。通过大模型可实现对电力采集、分析、预警等多个环节的自动化处理，大幅减少了人工干预，推动作业流程向智能化方向发展。

5.1.2 方法论与实践场景

在构建智能物联系统过程中，智能物联 Agent 扮演着重要角色。本案例旨在阐述如何设计、实现、并验证智能物联 Agent。具体的实现步骤如下：

（1）大模型选型。大模型作为智能 Agent 的运行载体，为智能 Agent 提供了强大的自然语言理解能力和逻辑推理能力。因此选用合适的大模型尤为关键，选择大模型时需要考虑模型的性能指标、复杂度、训练难易度、投入成本以及可解释性等因素。

（2）Agent 的设计与实现。Agent 是智能物联系统的感知器和执行器，通常具备与外界环境交互的能力，大模型需要扩展 Agent 能力实现与电力采集设备的智能物联。扩展 Agent 能力的过程包括：Agent 设计、API 接口开发、Agent能力接入、Agent 能力测试。

（3）模型增强。基础大模型对于电力采集领域的专业问题并不能准确的回答，因此需要使用电力采集领域的专业知识对大模型进行增强，使其成为电力采集领域的“专家”，高效地解决电力采集工作中的问题。模型增强的方式包括：模型训练、企业知识库和多轮对话，这三种增强方式将在下文详细介绍。

（4）模型的测试与验证。针对电力采集实际业务场景设计测试案例，测试大模型在测试场景中逻辑推理能力及准确率，验证在其在实际业务场景中的表现，针对测试过程中遇到的问题，选择合适的增强方案，不断提高大模型解决电力采集问题的能力。

（5）模型压缩及部署。为了最大限度地发挥智能 Agent 在电力采集作业现场的应用落地，需要采用合适的模型压缩技术对大模型进行压缩处理，以实现在边缘设备部署运行。

以下是构建智能 Agent 的具体实现过程，如图 5-1 所示。

5.1.2.1 大模型选型

选择合适的大模型需要考虑多个因素，这些因素包括以下几方面：

（1）模型性能。大模型的性能是模型选型时需要考虑的重要因素之一。模型的性能包括准确性、稳定性等。准确性是指模型在常规测试中是否准确，稳

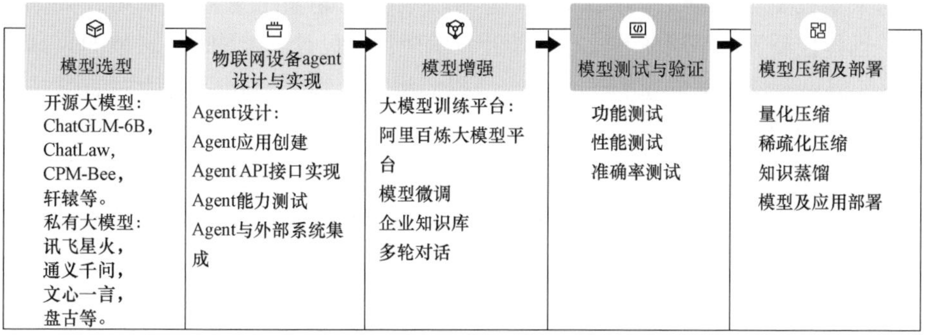

图 5-1　智能 Agent 设计图

定性是指模型在面对不同输入时的表现是否稳定。

（2）模型复杂度。复杂度高的模型一般具有更好的性能，但通常需要更多的计算资源和时间来训练和推理。因此，需要根据实际应用场景和现有资源来平衡模型的性能和复杂度。

（3）数据规模和质量。大模型需要大量的高质量数据来进行训练，因此数据规模、数据质量也是模型选择时需要考虑的因素。当数据量过少时，模型可能无法充分学习到数据的内在规律，导致训练不足，影响模型的泛化能力。高质量的数据通常具有准确性、一致性和完整性等特点，这有助于模型学习到正确的知识。相反，如果数据中存在噪声、错误或缺失等问题，这些问题可能会被模型学习到，从而影响模型的准确性和稳定性。

（4）模型可解释性。大型模型往往具有较高的黑盒性质，即其决策过程难以解释。这可能导致对模型的不信任或误解，尤其是在一些需要高度可解释性的应用场景中（如医疗、金融等）。因此在选择模型时，需要了解模型的决策过程以及模型是否提供了可解释性工具或方法。

（5）安全性。用电采集涉及大量的敏感数据，如果选择的大模型存在安全漏洞，那么可能会导致用户数据泄露或被恶意利用，所以安全性尤为重要。在模型训练阶段进行数据的脱敏处理，以保护原始数据的隐私；对模型本身进行加密，防止未经授权的访问和篡改；同时，对模型的输出内容进行安全过滤，防止敏感信息泄露或造成不良影响。

综上所述，在选择大模型时，需要综合考虑模型的性能、复杂度、数据质量、模型可解释性、安全性等因素。通过权衡这些因素，我们选择了阿里的通义千问 Qwen-Max 作为基础大模型开展电采智能物联大模型的应用。

5.1.2.2　智能物联 Agent 设计

智能物联 Agent 在电采智能物联中起着至关重要的作用，是实现大模型与电力采集设备智能物联的入口。智能物联 Agent 涵盖了从数据采集、数据传输、远程控制等多个层面的核心功能和技术应用。设计智能物联 Agent 是实现电力采集终端智能物联的重要工作内容。我们将智能物联 Agent 设计为如图 5-2 所示几个模块。

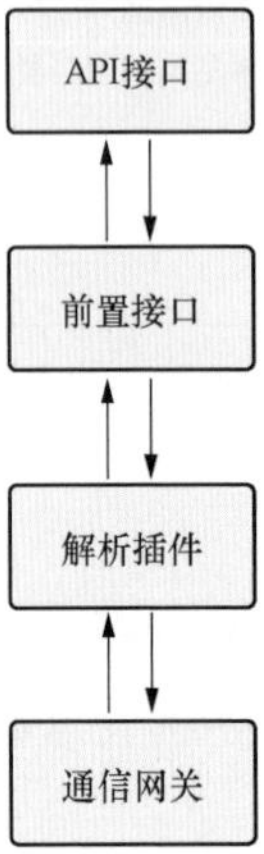

图 5-2　Agent 能力架构图

(1) API 接口。API 接口是 Agent 能力的入口，负责与大模型应用进行指令交互和数据传输，并对用户权限进行校验。针对常见的采集业务场景我们设计了数据召测、参数设置和电能表控制三个 API 接口。数据召测接口主要针对电能表数据召测、电能表数据透抄、终端参数召测、终端数据召测、终端数据透抄等常见的数据召测场景；参数设置主要针对电能表参数设置和终端参数设置的业务场景；电能表控制主要针对电能表的遥控场景。这三个接口基本涵盖了常见的用电采集业务，接口详细内容可参看智能物联 Agent 接口文档。

(2) 前置接口。前置接口负责将 API 接口传递的用户指令转化为电力采集业务的标准数据模型并传递给解析插件。

(3) 解析插件。负责将电力采集业务的标准数据模型转换为采集设备可识别的协议并加密传输给通信网关，将设备响应的协议报文解密并转换为电采业务的标准数据模型。

(4) 通信网关。通信网关实现了智能物联 Agent 硬件接入和网络保持的能力，通信网关可将各式各样的采集设备接入用电采集系统，并通过心跳机制保持与这些设备的通信连接；同时通信网关接收并转发来自解析插件模块的操作指令，并从采集设备实时收集数据，实现对电力采集设备的远程监控和控制。

后续章节将对智能 Agent 能力的设计、实现和测试进行详细介绍，前置接口、解析插件和通信网关三个模块不属于电采智能物联大模型建设内容，不做过多扩展。

5.1.2.3　智能物联 Agent 实现

智能物联 Agent 的实现包括 API 接口、前置接口、解析插件、通信网关这四个模块的实现和 Agent 能力在大模型应用的接入。前置接口、解析插件和通信网关分别实现了智能物联 Agent 数据处理、协议解析和设备接入的功能，这三个模块属于电网物联网平台的建设内容，具体实现细节不再详细赘述；API 接口主要负责大模型与 Agent 能力的交互响应和用户的权限校验。以阿里云大模型平台为例，API 接口实现和 Agent 能力在大模型应用接入的具体过程如下：

(1) API 接口开发与 Agent 能力接入。API 接口是 Agent 能力实现过程中的重要环节，在开发过程中，需要明确 API 接口的功能需求，根据需求设计

API 接口的数据格式和规范。针对电力采集业务场景我们设计了智能物联 Agent 接口文档，并根据接口文档开发了数据召测、参数设置和电能表控制三个 API 接口，这三个接口涵盖了数据的召测与透抄、终端与电能表的参数设置和电能表的遥控等常见电力采集场景，基本满足了用电采集常见的业务需求，接口详情可参看智能物联 Agent 接口文档。

在阿里云大模型平台接入 Agent 要先配置 API 插件，在插件基本信息页面填写 API 插件名称，插件的描述能帮助大模型更好地理解 API 插件的功能和适用场景，让大模型能更加准确地调用智能 Agent，因此插件描述输入框要准确地描述 Agent 能力并给出具体的调用示例（见图 5-3）；在插件参数配置页面配置 API 插件的接口地址、输入参数、输出参数（见图 5-4），然后在创建应用时启用配置好的 API 插件。

图 5-3　Agent 插件创建

（2）大模型应用创建。Agent 能力的接入依托于阿里云大模型平台的大模型应用，阿里云在应用广场提供了“智能体 API”和“RAG 检索增强应用”两个预装应用模版。通过“智能体 API”应用模版可创建支持 Agent 能力接入的应用，通过“RAG 检索增强应用”可创建支持企业知识库上传的应用。本场景选择“智能体 API”应用模版创建大模型应用（见图 5-5），具体的操作步骤（见图 5-6）：①选择基础大模型，目前可选择的基础大模型暂时只有通义千问 Max，暂时不支持自己训练微调生成的大模型，会在后续版本支持；②编写 Prompt 提示词，通过提示词让大模型更好地明确自己的角色和能力；③启用 Agent 能力，选择并启用在平台配置的 Agent 能力，实现对大模型专业能力的增强。

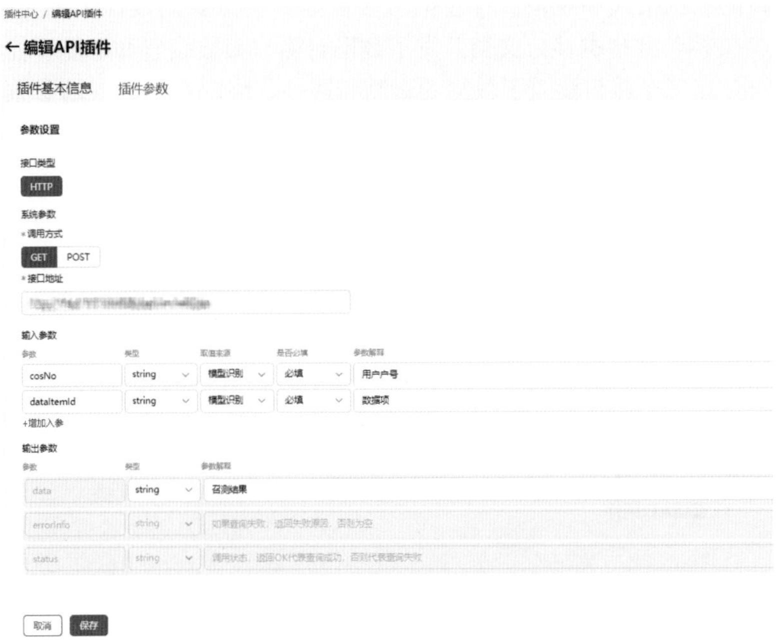

图 5-4　Agent 插件参数配置

图 5-5　应用创建示例图 1

（3）Agent 能力测试。智能物联 Agent 能力开发完成后需要对智能物联 Agent 能力的准确率和对电力采场景的兼容性进行测试。在大模型应用管理中启用 Agent 能力后，可使用应用测试功能对启用的 Agent 能力进行测试。在通过多轮次的测试发现准确率基本可达预期，以下测试场景是模拟电力采集中常见的数据召测，应答为临时测试数据。该测试场景展示了 Agent 能力使用过程中不同的提问方式对 Agent 能力调用的影响。

图 5-6 应用创建示例图 2

图 5-7 用户电能表实时电压召测（异常）

如图 5-7 所示，大模型并没有真正调用到配置的 Agent 能力，没有清晰的理解用户的需求并给出正确回答，所以用户可尝试告诉大模型自己的需求，如图 5-8 所示大模型根据我们的提出的需求进行分析并给予了建议。

根据大模型的建议我们重新进行用户的实时电压召测，可顺利调用 Agent 能力并给出正确的答案，如图 5-9 所示。

（4）Agent 能力与外部系统集成。在阿里云大模型平台中 Agent 能力依托于大模型应用不直接对外提供接口，外部应用系统采用 SDK 调用大模型应用，外部系统将 Prompt 传递给大模型应用，大模型根据 Prompt 语义自动适配对应

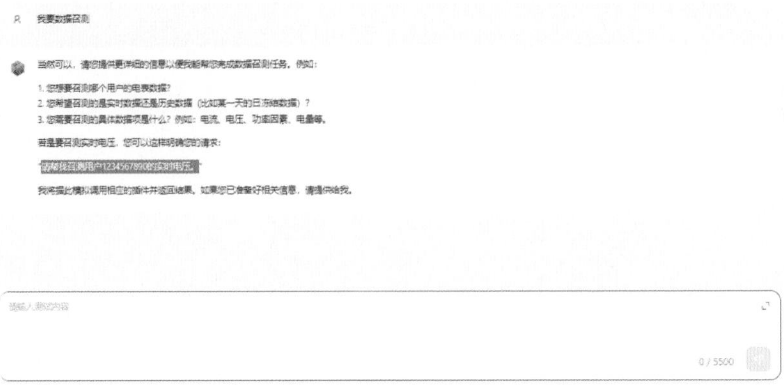

图 5-8　大模型建议

电力大师-MAX 更换
召测用户200000006的实时电压
用户200000006电表当前的实时电压为：242.0V，235.6V，234.7V

图 5-9　用户电能表实时电压召测（正常）

Agent 能力，同时也能灵活地进行功能扩展，考虑到实际应用，我们扩展了权限认证和日志记录的功能。

1）权限认证。智能物联 Agent 的安全防护是确保智能物联系统安全稳定运行的重要一环。针对可能面临的安全威胁，如恶意攻击、数据泄露等，需要采取一系列的安全防护措施，针对本次场景我们实现了调用 Agent 的权限认证，包括用户权限验证和设备访问权限验证。

2）日志记录。日志记录主要包括用户调用记录、设备调用记录、模型调用情况的记录，为监控和历史问题排查提供支持。以下是 Agent 能力与外部系统集成代码示例：

```
/**
* 模型调用
 *
 * @param query
 * @return
 */
```

```
@PostMapping("/callModel")
public R< CompletionsResponse. Data>  callModel(String query){

    //权限验证
    authorization();

    //记录调用日志
    logRequest();

    //调用模型
 CompletionsResponse. Data  result = callBaiLianModel(query);

    //记录调用日志
    logResult();

    //返回结果
    return R. success(result);

}
/ * *
  * 模型调用
  * @param query
  * @return
  * /
private CompletionsResponse. Data callBaiLianModel(String query){

    String accessKeyId = "* * * * * * * * * * * * * * * * * * * * * * * *
* * * * * * * * * * * * * * * * *";

    String accessKeySecret ="* * * * * * * * * * * * * * * * * * * * * *
* * * * * * * * * * * * * * * *";

    String agentKey = "* * * * * * * * * * * * * * * * * * * * * * * * *
* * * * * * * * * * * * *";


    AccessTokenClient accessTokenClient = new AccessTokenClient(accessKeyId,
accessKeySecret, agentKey);
```

```
        String token = accessTokenClient.getToken();

        BaiLianConfig config = new BaiLianConfig()
              .setApiKey(token);

        String appId = "b79831a656fd4914a251ecbdcd7b1903";

        CompletionsRequest request = new CompletionsRequest()
                .setAppId(appId)
                .setPrompt(query);

        ApplicationClient client = new ApplicationClient(config);
        CompletionsResponse response = client.completions(request);
        return response.getData();
    }
```

5.1.2.4　模型增强

基础大模型一般具有丰富的特征表示和泛化能力，但在面对电力行业领域的特殊场景时会存在准确性不高、专业知识缺失、理解能力不足的情况。例如大模型对电能表飞走的定义和判断逻辑有常识性了解，但回答内容并不符合电力采集业务的实际应用场景（见图 5-10）。

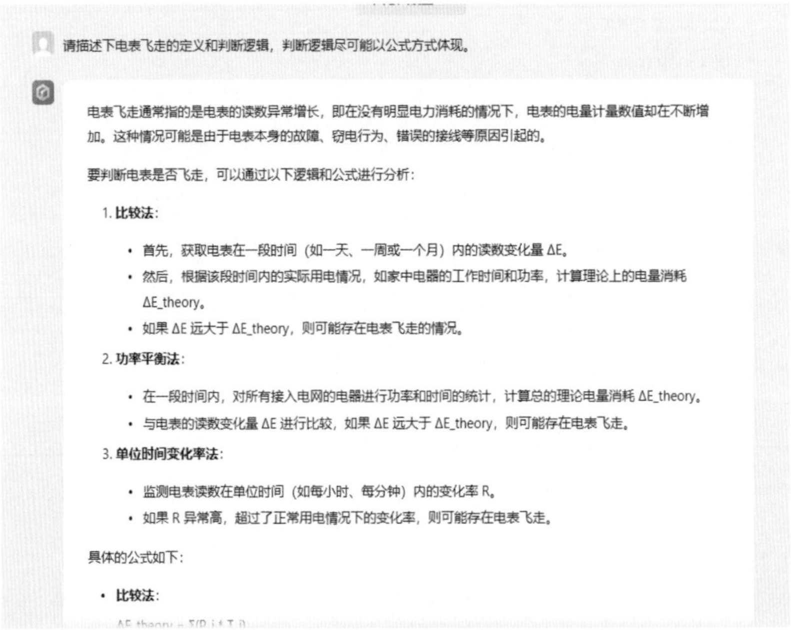

图 5-10　电能表飞走回答

通过不断给基础大模型投喂用电信息采集领域的专业知识，可逐步实现对大模型的增强，提升大模型处理用电信息采集领域问题的能力，满足常见电力采集业务需求。以阿里大模型平台为例，模型增强的方式主要包括模型训练、企业知识库和多轮对话三种方式，如图 5-11 所示。

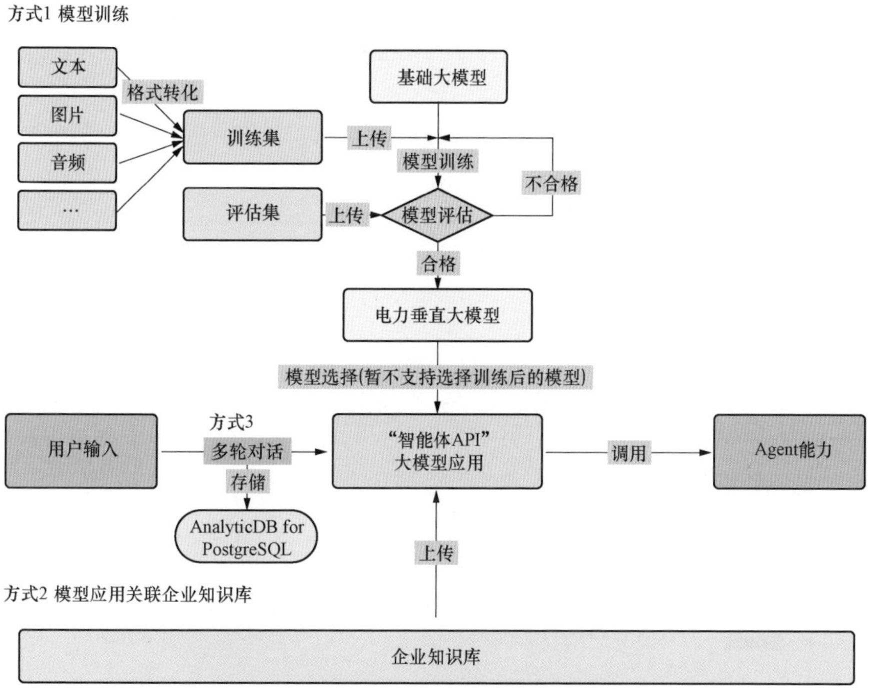

图 5-11　模型增强示意图

(1) 方式 1（模型训练）。打开模型管理菜单，选择基础模型，上传专业领域的训练数据集，通过多轮训练生成新模型，具体过程如图 5-12～图 5-14 所示。通过多轮模型训练发现，数据集的规模越大训练次数越多训练后的模型效果越好，然而准备大量高质量的训练数据集是一项很繁重的工作，而且成本相对较高。

(2) 方式 2（企业知识库）。在企业知识库菜单导入数据集文档，并在上传数据集时新增和绑定数据集的标签，大模型应用可通过关联这些标签确定是否调用数据集，如图 5-15、图 5-16 所示。当用户提出一个问题，大模型会根据用户提问的内容从企业知识库进行检索并做出应答。这种方式可极大提升大模型的专业知识检索能力，但无法根据检索到的内容进行逻辑推理，例如大模型并不能根据企业知识库检索到的简单公式进行计算。

训练新模型
训练方式
选择模型
训练数据
验证数据
混合训练
超参配置
开始训练
如何选择模型
微调训练模型可以支持企业自定义训练数据，完成模型的微调训练，微调训练将影响模型的效果，选择合适的数据将使得模型效果更加适配企业的业务需求。
企业可以选择基于企业专属大模型的基线版本进行微调，也可以选择基于已微调的模型版本上进行进一步微调。
预置模型
自定义模型
通义千问-Turbo

图 5-12 基础模型选择

训练新模型
训练方式
选择模型
训练数据
验证数据
混合训练
超参配置
开始训练
选择训练数据
选择合适的训练数据进行微调训练，训练数据需要按照既定的格式，包含Prompt / Completion对
训练数据支持本地上传或选择训练集管理中的数据，此处上传的训练集将同时保存在训练集管理中
选择数据集
测试.jsonl
点击或将文件拖拽到这里上传（0/10）
支持扩展名：jsonl、xls、xlsx，文件最大20MB
一次最多导入10个文件
excel训练集模版
jsonl训练集模板

图 5-13 上传训练集

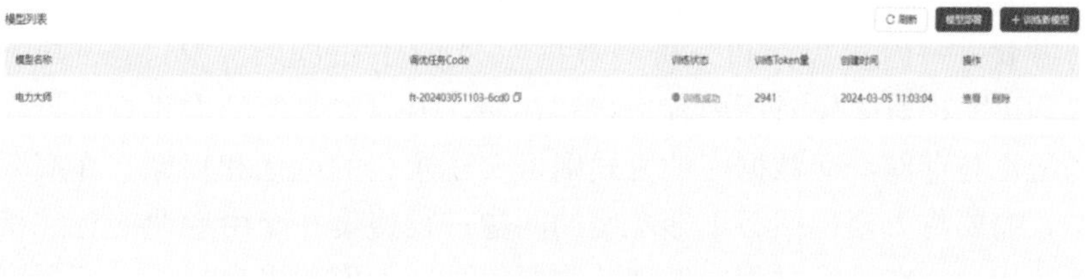

图 5 - 14　训练完成的新模型

图 5 - 15　企业知识库上传

图 5 - 16　应用关联知识库

(3) 方式 3 (多轮对话)。在应用管理的多轮对话页面中，有两种多轮对话的支持方式——内置缓存和分析型数据库 (AnalyticDB for PostgreSQL)，两种方式均可实现对多轮对话内容记忆和存储，但内置缓存的方式只支持在本次对话的记忆与存储，而数据库的方式则可实现永久的记忆和存储。在实际应用场景中，需要将大模型回答不够准确的问题进行搜集并交由专业的标注工程师进行标注作业。在验证过程中发现：重要信息向大模型多次提示，可提升大模型回复的准确率。具体过程如图 5-17、图 5-18 所示。

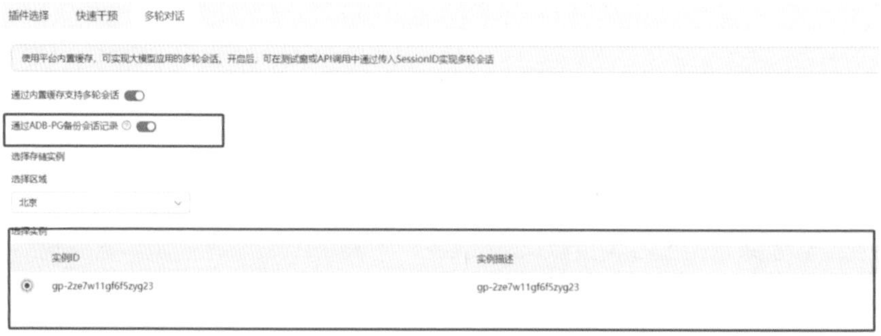

图 5-17　提示词示例

综上所述，模型训练的方式效果最好但成本较高；企业知识库的方式对专业知识搜索方面能力很强，但无法满足一些需要分析计算的场景；多轮对话的方式效果也比较好，但需要专业的标注工程师对实时应用过程中大模型不准确的回答进行标注且需要分析型数据库的支持。因此面对不同的场景，可根据需求选择合适的增强方式。

5.1.2.5　模型测试与验证

5.1.2.5.1　测试场景设计

基础大模型已具备大量通用知识和强大的逻辑推理能力，然而针对某些特殊场景，仍需对模型进行更为精细的测试与增强，以确保其适应性和准确性。本次测试的核心目标是验证基础大模型在电力采集业务部分场景中的能力，重点展示三种模型增强方式在实际应用中操作流程。

以下图表中的内容列举出了在电力信息采集中比较典型的几个业务场景。在时钟管理场景中，通过设计测试场景 1 和测试场景 2 以测试大模型是否能理解时钟下发指令，是否能计算出电能表时钟是否存在时钟偏差；在数据召测场景中，设计测试场景 3、4、5 以测试大模型是否具备一定的自然语言理解能力，设计场景 6 以测试大模型是否具备逻辑推理能力；在终端参数设置场景中，设计测试场景 7 和测试场景 8 以测试大模型对专业知识的掌握程度。测试场景见表 5-1。

图 5-18　提示词示例

表 5-1　　**测　试　场　景**

场景名称	语义	设计意图
时钟管理	1. 设置终端时钟	测试自然语言理解能力
	2. 召测时钟并判断是否存在偏差	测试逻辑运算能力
数据召测（示值、电压、电流）	3. 获取/召测××电能表 2024 年 3 月 2 日预抄（示值、电压、电流）数据	测试自然语言理解能力
	4. 召测××电能表今日/昨天的预抄（示值、电压、电流）数据	

续表

场景名称	语义	设计意图
数据召测（示值、电压、电流）	5. 召测××电能表三天前/上周/上月2号预抄（示值、电压、电流）数据	测试自然语言理解能力
	6. 召测××电能表分相（总、A、B、C）功率	测试逻辑推理能力
终端参数设置	7. 主站通信参数	测试专业知识理解能力
	8. 抄表参数	

5.1.2.5.2 场景测试与优化

通过对典型业务场景中的测试场景2和测试场景6的测试及验证，发现基础大模型无法满足业务需求。故通过模型训练和多轮对话的方式对基础模型进行增强，增强后的模型对测试场景2和测试场景6的实际问题做出了正确的应答。以下是详细列举的典型测试场景及调优结果：

（1）测试场景1时钟管理（采用模型训练方式增强）。召测电能表时钟并判定是否存在时钟超差。

1）通过对基础大模型的提问，发现其回答的内容往往偏向于通用理论知识，仅给出了判断步骤，并未直接做出正确判断（见图5-19），这与预期的效果存在较大的差异。我们期望通过自然语言让大模型调用Agent能力获取电能表时钟，并正确判断电能表时钟是否存在超差。

图5-19 时钟超差的问答

2）以上现象说明，基础大模型满足不了上述需求，因此为了提升模型在电力采集领域的实用性和准确性，我们有必要使用电力采集业务的专业术语和特定场景的行业知识对模型进行增强。我们引入时钟超差的判定规则，如下所示：

> 终端时钟偏差规则：终端时钟与当前时钟相比偏差在±1min以上。
> 电能表时钟偏差规则：电能表时钟与当前时钟相比偏差在±5min以上。

根据时钟超差的判断规则转化为大模型训练专用数据集，参考阿里云百炼平台提供的训练测试数据集，数据集的样例如下：

```
{
    "messages":[
      {
          "role": "system",
          "content": "你是一位电力行业资深专家"
      },
      {
          "role": "user",
          "content": "如何判定时钟存在偏差"
      },
      {
          "role": "assistant",
          "content": "终端时钟与当前时钟相比偏差在±1min以上,电能表时钟与当前时钟
相比偏差在±5min以上"。
      }
  ]
},
{
    "messages": [
    {
          "role": "system",
          "content": "你是一位电力行业资深专家"
      },
      {
          "role": "user",
          "content": "时钟偏差的判定规则"
      },
      {
```

```
            "role": "assistant",
            "content": "终端时钟与当前时钟偏差±1min以上,电能表时钟与当前时钟相比偏差在±5min以上。"
        }
    ]
}
.....
```

使用创建好的数据集通过平台提供的训练功能对大模型进行二次训练，训练结果如图 5-20 所示。

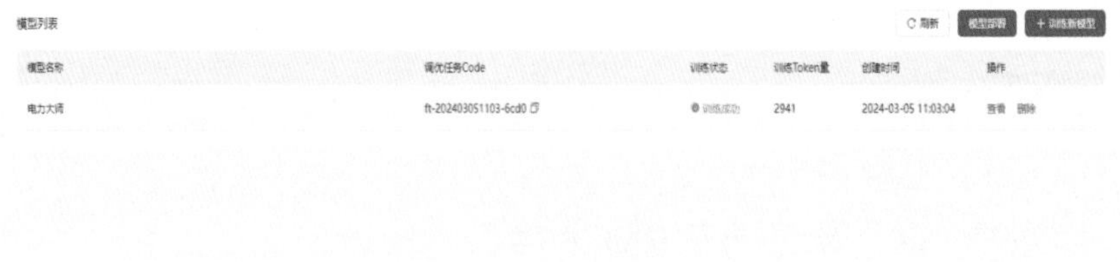

图 5-20　模型二次训练

3）经过多轮训练后，大模型理解了时钟超差的判断规则。更为出色的是：它能对复杂指令进行智能拆分并依次执行，成功完成了时钟召测并对时钟是否超差做出正确的判断，满足了该测试场景的预期目标，如图 5-21 所示。

（2）场景 2 数据召测（采用多轮对话方式增强）。召测日冻结功率识别并区分总相、A 相、B 相、C 相。

1）通过对基础大模型提问发现，其回答无法区分功率相位信息，所以不符合预期效果（见图 5-22）。我们期望大模型能通过 Agent 能力召测功率数据并准确区分相位信息。

2）针对以上回答，我们继续展开引导式的提问，通过多轮对话的方式为大模型投喂功率分相规则“功率数据依次代表总相、A 相、B 相、C 相”。使基础大模型可依据上述规则进行逻辑推理将日冻结数据进行正确的分相展示。多轮对话的部分效果图如图 5-23 所示。

3）经过多轮对话，大模型能通过分析用户的召测结果，对日冻结功率数据进行相位拆分并做出智能化的应答，准确理解了分相功率的含义并形成长期记忆，如图 5-24 所示。

请你召测用户200000009的时钟，并判断该电表是否时钟超差
Copy code
根据您重新提供的时钟超差判断规则，用户200000009电表的时钟为:2024-03-14T14:55:18.499，当前时间为:2024-03-14T14:53:18.499，两者相差不超过2分钟，因此该电表不是时钟超差。
问题反馈
请你召测用户800000001的时钟，并判断该电表是否时钟超差
Copy code
根据您重新提供的时钟超差判断规则，用户800000001电表的时钟为:2024-03-14T15:03:39.411，当前时间为:2024-03-14T14:53:39.411，两者相差超过10分钟，因此该电表是时钟超差。
问题反馈
重新生成

图 5-21　训练结果展示

电力大师-MAX
更换
召测用户300000000001的2024-03-18日的功率数据
用户300000000001在2024年03月18日的日冻结功率数据显示为：0.3786 kW、0.0845 kW、0.1081 kW 和 0.1859 kW。这些数值可能是不同时间段或不同相位的功率数据记录。
请对召测回来的数据进行分相处理
对于召测回来的数据，如果它代表的是三相电的功率，则通常会按照A相、B相和C相进行分相处理。不过，在之前提供的数据"用户300000000001电表2024-03-18日的日冻结功率为:[0.3786,0.0845,0.1081,0.1859]"中，并没有明确标识各数值对应哪一相。
若假设这四个数值分别代表四段时间段内或三相（以及零线或平衡负载）的功率数据，我们可以按顺序将其分配给三相：
A相功率：0.3786 kW
B相功率：0.0845 kW
C相功率：0.1081 kW
D相或N相（如果考虑零线功率或第四时段）：0.1859 kW
请输入测试内容
0 / 5500

图 5-22　数据召测的问答

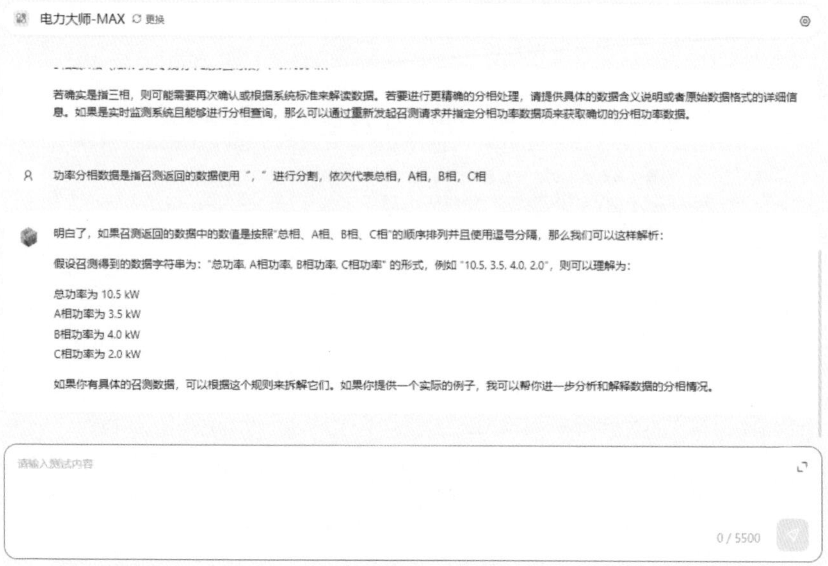

电力大师-MAX
更换
若确实是指三相，则可能需要再次确认或根据系统标准来解读数据。若要进行更精确的分相处理，请提供具体的数据含义说明或者原始数据格式的详细信息。如果是实时监测系统且能够进行分相查询，那么可以通过重新发起召测请求并指定分相功率数据项来获取确切的分相功率数据。
功率分相数据是指召测返回的数据使用“，”进行分割，依次代表总相，A相，B相，C相
明白了，如果召测返回的数据中的数值是按照"总相、A相、B相、C相"的顺序排列并且使用逗号分隔，那么我们可以这样解析：
假设召测得到的数据字符串为："总功率, A相功率, B相功率, C相功率" 的形式，例如 "10.5, 3.5, 4.0, 2.0"，则可以理解为：
总功率为 10.5 kW
A相功率为 3.5 kW
B相功率为 4.0 kW
C相功率为 2.0 kW
如果你有具体的召测数据，可以根据这个规则来拆解它们。如果你提供一个实际的例子，我可以帮你进一步分析和解释数据的分相情况。
C相功率：0.1859 kW
以上数据分别代表了该日在不同相位上的平均功率消耗。
请输入测试内容
0 / 5500

图 5 - 23　多轮对话

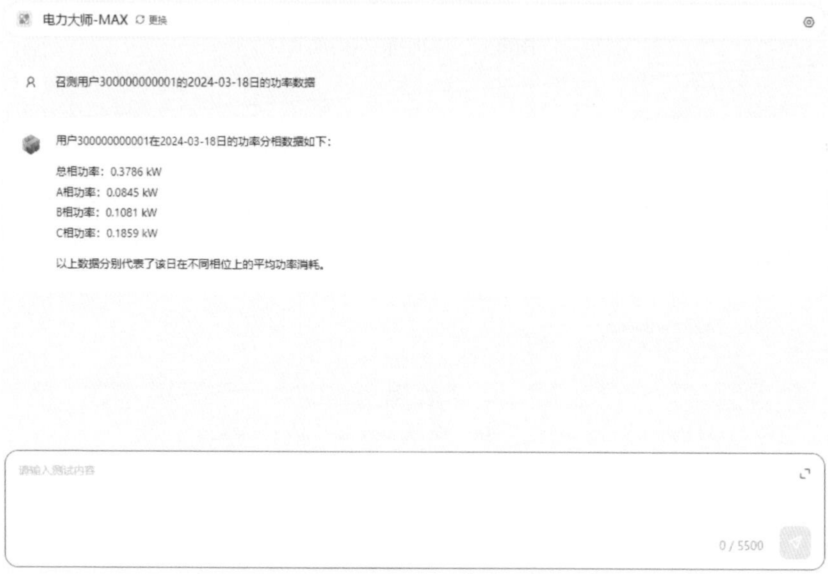

图 5 - 24　训练后的模型回复

5.1.2.6 模型压缩及部署

5.1.2.6.1 模型压缩

模型压缩旨在减小模型的大小，加快其推理速度，同时尽量保持或略微降低模型的性能。比较常见的模型压缩方法包括：模型减枝和稀疏化、量化压缩、知识蒸馏、结构化减枝、共享权重等。

由于阿里云大模型平台在模型部署时默认进行了压缩，所以未提供可供选择的模型压缩方式。为了给读者演示模型压缩的具体流程，以下是一个通用的模型压缩案例，在此案例中，压缩库的选择决定了模型压缩的方式，常见的模型压缩库有以下几种：

（1）TensorFlow Lite。TensorFlow Lite 是 TensorFlow 的轻量级解决方案，用于移动和嵌入式设备。它提供了一套工具，用于将 TensorFlow 模型转换为适用于移动和嵌入式设备的格式，并进行优化以减小模型大小和提高性能。

（2）PyTorch Mobile。PyTorch Mobile 是 PyTorch 针对移动设备的优化解决方案。它支持将 PyTorch 模型转换为可在移动设备上运行的格式，并提供了一系列优化技术，如量化、剪枝等，以减小模型大小并提高推理速度。

（3）ONNX Optimizer。ONNX（Open Neural Network Exchange）是一种用于表示深度学习模型的开放格式。ONNX Optimizer 提供了一系列优化技术，可减小 ONNX 模型的大小并提高推理性能。它支持多种深度学习框架，如 PyTorch、TensorFlow 等。

（4）MMRazor。MMRazor 是 OpenMMLab 开源项目中的模型压缩算法工具箱。它支持知识蒸馏、模型通道剪枝、模型结构搜索等多种压缩技术，并提供了灵活的接口，可方便地应用于不同的算法库和模型上。

（5）TVM。TVM 是一个开源的深度学习编译器堆栈，用于优化深度学习模型的性能。它支持多种硬件后端，并提供了模型压缩和优化工具，以减小模型大小并提高推理速度。

通用模型压缩的具体代码如下：

```
import torch
from your_compression_library import compress_model  #假设这是你的压缩库
from langchain import PromptTemplate, Chain
from langchain.chains import simple_eval_chain

#假设你有一个训练好的 PyTorch 模型
original_model = ...  #你的原始模型
```

```
#定义模型压缩函数
def compress_model_function(model):
    compressed_model = compress_model(model)  #使用你的压缩库进行压缩
    return compressed_model

# LangChain 中的 PromptTemplate 和 Chain 并不直接参与模型压缩,但可用于组织流程
#这里我们只是简单地演示了如何使用 LangChain 的概念来封装这个过程
compress_prompt = PromptTemplate.from_prompt("压缩模型")
compress_chain = Chain(inputs = [compress_prompt],outputs = [simple_eval_chain])

#使用 LangChain 的链来“执行”模型压缩(实际上是在调用我们定义的函数)
compressed_model = compress_chain.run(original_model)

#保存压缩后的模型
torch.save(compressed_model.state_dict(),'compressed_model.pth')
```

5.1.2.6.2 部署实施

依托于阿里云大模型平台，电力采集终端智能物联垂直大模型的部署实施主要包括大模型的部署和大模型应用的部署。

阿里云大模型平台支持用户部署训练完成的模型或系统预置的模型，模型需要部署成功后方可正式提供模型服务，模型部署成功后支持随时扩缩容或上下线，如图 5-25、图 5-26 所示。

图 5-25 模型部署 1

部署完成后，模型运行态将变更为运行中，可操作查看、扩缩容、下线。部署失败支持重新部署，各操作说明如下：

(1) 查看。查看模型部署的详情，包括资源、模型类型等。

(2) 重新部署。部署失败后，可点击重新部署重新执行部署任务，完成部署。

图 5 - 26　模型部署 2

（3）扩缩容。变更资源配置，可增加资源或减少资源。

（4）下线。可将部署中的任务下线，下线后该任务将会自动删除。

（5）删除。部署失败、下线后，可删除模型。

大模型应用的部署具体操作可参看 5.1.2.3 章节中 Agent 能力与外部系统的集成部分。部署效果如图 5 - 27 所示。

图 5 - 27　大模型能力调用页面

5.1.3　结果解读与分析

通过对电力采集业务典型场景的测试与验证（见表 5 - 2），我们得出如下结论：

对于通用基础知识的提问，大模型可做出准确的回答。如果模型被问到“今日是什么日期?”“召测××电能表上周二的日冻结电压?”等问题，它能理解和计算上述问题中的日期信息并提供准确的答案，如测试场景 4 和测试场景 5 所示。同样，对于测试场景 3 中“获取××电能表 2024 年 3 月 2 日电压数据”和“召测××电能表2024年3月2日电压数据”两种请求方式，大模型能理解“获取”和“召测”两个近义词并正确召测日冻结电压数据。

然而，虽然基础大模型具备大量的基础知识储备和强大的理解能力，但在面对电力专业领域的专业知识时，还需要进一步的模型增强。如测试场景7和测试场景8中“主站通信参数都包括哪些参数?”“抄表参数都包括哪些参数?”等专业性比较强的问题，基础大模型并不能准确的回答。通过模型训练、知识库上传等增强方式可极大地增强大模型对专业知识的理解能力，能准确回答此类专业性问题。

另外，基础大模型不能解决电力领域某些特殊场景的问题，如测试场景2和测试场景6中“召测××电能表的时钟并判断是否存在时钟超差”“召测××电能表的分相（总、A、B、C）功率”等电力采集特殊场景，大模型不仅需要理解专业领域的专业知识，还需要进行计算或逻辑推理。在“时钟超差判断场景”，由于大模型没有时钟超差的具体判断规则无法进行判断，通过模型训练的方式增强后，大模型理解了时钟超差的判断规则，并能根据判断规则将召测到的电能表时钟和当前时间进行差值计算，准确判断电能表时钟是否存在时钟超差；在“召测电能表日冻结功率场景”，由于大模型不知道分相功率的含义，所以无法进行功率的相位识别，通过多轮对话的方式对大模型进行增强后，大模型具备了分相功率的知识，能正确理解日冻结功率召测结果各相位的含义。

在电力采集中还存在众多复杂多样的业务场景，限于篇幅，我们无法在此一一展开论述。总的来说，基础大模型在通用知识问答和逻辑推理方面都有良好的表现，但在回答电力采集领域的专业知识时存在不足，需要进一步的增强。

表5-2　测试结果

场景名称	语义	结论
时钟管理	1. 设置时钟	时钟设置成功
	2. 召测时钟并判断是否存在时钟超差	通过模型训练大模型可分析并计算时钟是否存在偏差
数据召测（示值、电压、电流）	3. 召测/获取××电能表2024年3月2日预抄（示值、电压、电流）数据	近义词可识别
	4. 召测××电能表今日/昨天的预抄（示值、电压、电流）数据	大模型可识别今日/昨天
	5. 召测××电能表三天前/上周二/上月2日预抄（示值、电压、电流）数据	大模型可进行时间计算
	6. 召测××电能表的分相（总、A、B、C）功率	通过多轮对话可实现功率的相位拆分

续表

场景名称	语义	结论
终端参数	7. 主站通信参数	大模型通过增强正确回答专业知识
	8. 抄表参数	

5.1.4 智能物联 Agent 接口文档

针对常用的采集业务场景我们设计了数据召测、参数设置、电能表控制三个 Agent 接口，下面是这些 Agent 接口的详细介绍。

5.1.4.1 数据召测

（1）接口描述。数据召测 Agent 接口主要用于对终端或电能表各类数据的召测场景，通过这个 Agent，现场运维人员和主站业务人员可获取电能表或终端的实时、日冻结、曲线、参数等数据。其特点在于注重召测数据的实时性和准确性。

（2）参数列表见表 5-3。

表 5-3　参数列表

参数名称	参数说明	是否必须	数据类型
dataItemId	数据项编码	TRUE	String
devList	设备清单	TRUE	array<Dev>
overTime	超时时间	FALSE	integer（int32）
dataTime	采集存储时间选填：冻结数据和曲线数据需要输入	FALSE	string（date-time）
endDataTime	结束时间	FALSE	string（date-time）
isProxyTransGetRequest	操作类型-召测传 0，传 1 为透抄	TRUE	integer（int32）

设备信息 Dev 见表 5-4。

表 5-4　设备信息 Dev

参数名称	参数说明	是否必须	数据类型
commDevSn	通信设备号（终端标识）	TRUE	string
devSn	设备标识（操作电能表时是电能表标识，操作终端时是终端标识）	TRUE	string

（3）返回结果见表 5-5。

表 5-5　　返回结果

参数名称	参数说明	数据类型
devDataList	设备数据列表	array<DevData>
workId	任务 id	string

设备数据 DevData 见表 5-6。

表 5-6　　设备数据 DevData

参数名称	参数说明	数据类型
commDevId	通信设备号（终端标识）	string
devSn	设备标识（操作电能表时是电能表标识，操作终端时是终端标识）	string
dataItemList	数据项信息列表	array<dataItem>

数据项信息 dataItem 见表 5-7。

表 5-7　　数据项信息 dataItem

参数名称	参数说明	数据类型
dataItemId	数据项 id	string
dataItemName	数据项名称	string
dataReturnTime	接收到设备上报数据的时间	array<dataItem>
responseFlag	数据项返回结果	0 成功，其他失败
……	……	根据不同的 dataItemId 填入不同参数，具体参看《DataItem 数据格式定义》

（4）场景示例。日冻结正向有功电能示值召测：采集终端每天凌晨会冻结终端下每块电能表的正向有功电能示值并存储，该示值共存储 5 个数值，按顺序依次表示：总、尖、峰、平、谷。下发的指令参数中如要获取当天的冻结数据，将 dataTime 和 endDataTime 设置成当天的开始和结束时间（00：00：00 和 23：59：59）即可。

返回结果示例如下：

```
{
    "dataItemId": "0010-10200-401",
    "devList": [
{
```

```
            "commDevSn": "9000002411020",
            "devSn": "8888000044816663"
        }
],
    "dataItemList": [{
    "dataItemName": "正向有功电能示值",
            "dataTime": "2024-03-05 23:59:59",
            "dataReturnTime": "2024-03-05 10:00:20",
            "dataValue": [500.84, 120.21, 90.48, 180.02, 110.13]
    }],
            "isProxyTransGetRequest": 0
}
```


5.1.4.2 参数设置

（1）接口描述。参数设置 Agent 接口主要用于终端或电能表的参数设置场景。通过这个 Agent，现场运维人员和主站业务人员可对设备未下发的参数或是已下发但是存在问题的参数进行重新下发。其特点在于注重参数设置的实时性和准确性。

（2）参数列表见表 5-8。

表 5-8　　参数列表

参数名称	参数说明	是否必须	数据类型
dataItemId	数据项编码	TRUE	string
devList	设备清单	TRUE	array<Dev>
overTime	超时时间	FALSE	integer（int32）
paramDataList	参数清单	TRUE	array<ParamData>
isProxyTransGetRequest	操作类型 - 召测传 0、传 1 为透抄	TRUE	integer（int32）

设备信息 Dev 见表 5-9。

表 5-9　　设备信息 Dev

参数名称	参数说明	是否必须	数据类型
commDevSn	通信设备号（终端标识）	TRUE	string
devSn	设备标识（进行电能表相关操作时是电能表标识，进行终端操作时是终端标识）	TRUE	string

参数信息 ParamData 见表 5-10。

表 5-10　　参数信息 ParamData

参数名称	参数说明	是否必须	数据类型
paramItem	参数项	TRUE	string
paramValue	参数值	TRUE	Object

（3）场景示例。

1）终端采集档案设置。采集终端要实现与电能表的通信，需要在终端上存储与电能表通信的相关档案信息。抄表配置参数通过采集主站下发，参数内容包括：电能表序号、通信速率、电能表地址、电能费率个数、通信端口号等。电能表序号的数值范围为 1～2040；通信速率是指电能表与终端的通信波特率，1～7 依次表示 600、1200、2400、4800、7200、9600、19200；通信地址的数值范围为 0～999999999999；电能费率个数是指接入的测量点的电能费率个数，数值范围为 1～12；通信端口号是电能表与终端连接所对应的终端通信端口号，数值范围为 1～31。

参数示例如下：

```
{
    "dataItemId":"6000-10200-000",
    "devList":[{
        "commDevSn":"9000002411020",
        "devSn":"8888000044816663"
    }],
    "paramDataList":[{
        "paramItem":"caccList",
        "paramValue":[{
            "no":312,
            "basicInfo":{
                "baudRate":3,
                "address":{
                    "address":"018023701051"
                },
                "rateCount":4,
                "port":31
            }
        }]
    }],
    "isProxyTransGetRequest":0
```

}

2）主站通信参数设置。现场终端登录采集主站系统，需要设置主站的 IP、端口以及 APN 信息。该操作可通过现场操作终端设备面板实现，也可远程主站下发参数实现。主站 IP 是主站网关服务 IP，格式为 XXX. XXX. XXX. XXX；端口的范围为 0～65535；APN 是一种网络接入技术，通过配置该参数可决定采集终端通过特定的方式来访问网络，接入采集主站。

参数示例如下：


```
{
    "dataItemId"："4500 - 10300 - 000",
    "devList"：[{
        "commDevSn"："9000002411020",
          "devSn"："8888000044816663"
    }],
    "paramDataList"：[{
        "paramItem"："apn",
        "paramValue"："DLCJ. HA"
    }，{
        "paramItem"："heAddrs",
        "paramValue"：[{
            "ip"："10. 230. 26. 6",
            "port"：2029
        }]
    }],
    "isProxyTransGetRequest"：1
}
```


5.1.4.3　电能表控制

（1）接口描述。“电能表控制”Agent 接口主要用于电能表遥控场景，通过这个 Agent，现场运维人员和主站业务人员可对电能表进行跳合闸等遥控操作。其特点在于注重安全性与权限控制。

（2）参数列表见表 5 - 11。

表 5 - 11　参数列表

参数名称	参数说明	是否必须	数据类型
dataItemId	数据项编码	TRUE	string
devList	设备清单	TRUE	array<Dev>
overTime	超时时间	FALSE	integer（int32）

续表

参数名称	参数说明	是否必须	数据类型
paramDataList	参数清单	TRUE	array<ParamData>
isProxyTransGetRequest	操作类型 - 召测传 0，传 1 为透抄	TRUE	integer（int32）

设备信息 Dev 见表 5 - 12。

表 5 - 12　　设备信息 Dev

参数名称	参数说明	是否必须	数据类型
commDevSn	通信设备号（终端标识）	TRUE	string
devSn	设备标识（进行电能表相关操作时是电能表标识，进行终端操作时是终端标识）	TRUE	string

参数信息 ParamData 见表 5 - 13。

表 5 - 13　　参数信息 ParamData

参数名称	参数说明	是否必须	数据类型
paramItem	参数项	TRUE	string
paramValue	参数值	TRUE	Object

（3）场景示例。电能表跳闸：对于已经欠费的电力用户，需要对用户的电能表下发远程电能表跳闸的指令，下发的指令中包含四个参数：继电器序号、告警延时、限电时间、延迟合闸标识。继电器序号的范围为 1～2040；告警延时的单位为分钟，取值范围 01H～FFH，超过范围使用最大值即可；限电时间的单位为分钟，值为 0 表示永久限电；延迟合闸标识的值为 1 表示自动合闸，值为 0 表示非自动合闸，其他值无效。

参数示例如下：

```
{
    "dataItemId":"8000 - 28100 - 000",
    "devList": [{
        "commDevSn": "9000002411020",
        "devSn": "8888000044816663"
    }],
    "paramDataList": [{
        "paramItem": "switchList",
        "paramValue": [{
```

```
            "alarmDelay": 0,
            "autoSwitch": 0,
          "limitTime": 0,
          "switchNo": 1
        }]
      }],
      "isProxyTransGetRequest": 1
  }
```


上述三个 Agent 接口定义了 Agent 能力与外部系统或用户之间的交互方式和规范，确保了信息的有效传递和处理，基本满足了常见的电力采集业务场景。

5.2 案例二：基于大模型的员工智能助手

5.2.1 应用场景概述

随着电网规模的不断扩展和系统结构的日益复杂，电力行业对人力资源的需求与日俱增，同时对员工的专业技能、工作效率及应对复杂问题的能力提出了更高要求。在此背景下，引入员工智能助手显得尤为必要且迫切。这类智能工具能迅速准确地响应员工在工作中遇到的各类问题，通过实时提供标准答案、指导操作流程或解决技术难题，有效缩短员工解决问题的时间，从而显著提升其工作效率。同时，员工智能助手还能减轻员工的工作负担，优化人力资源配置，并促进企业内部知识管理与共享，为构建高效运作、持续发展的现代化电力企业提供有力支持。

信息技术的迅猛进步加快了大数据时代的来临。然而，面对海量的数据信息，如何迅速且准确地从中提炼出所需的知识已成为一个日益紧迫的难题。尽管现有的问答系统提供了一定程度的便利，但它们主要依赖于关键词匹配搜索，对于复杂查询或需要深入解析语义内容的问题，其效果往往不尽如人意。此外，现有的语义检索技术也主要停留在匹配层面，未能高效地实现语义理解和问答总结。这些局限性进一步削弱了知识获取的效率，也限制了知识的有效利用。因此，我们迫切需要探索新的方法和技术，提升知识获取和利用的效率，更精准地满足用户对知识的需求。

自然语言处理技术的飞速发展为智能问答领域带来了革命性的突破。大语言模型（Large Language Model，LLM）以其强大的能力，能更为高效、准确地理解人类提出的复杂语义问题，为智能问答和文本生成提供了坚实的技术支撑。然而，由于大语言模型自身的解码器技术架构，其生成结果有时会出现幻觉和误差，在一定程度上影响了其应用的广泛性和准确性。为了解决这一难题，减少回答中的幻觉现象，并为回答提供可靠的参考依据，研究人员正越来越关注通过融合外部知识来增强大模型回答的准确性与真实性。他们致力于将大模型深入语义的理解能力与外部知识库相结合，为生成式大模型提供检索增强的事实引导。这种融合外部知识的方法，不仅有助于提升智能客服的应答能力，使其能更准确地回答用户的问题，还能为用户提供更加可靠和有用的信息。通过结合大模型的语义理解能力和外部知识库的丰富信息，智能问答系统在未来必然能为用户提供更加精准、全面的服务，满足用户日益增长的信息需求。基于大模型员工智能助手的知识构建与问答处理整体流程如图 5-28 所示。

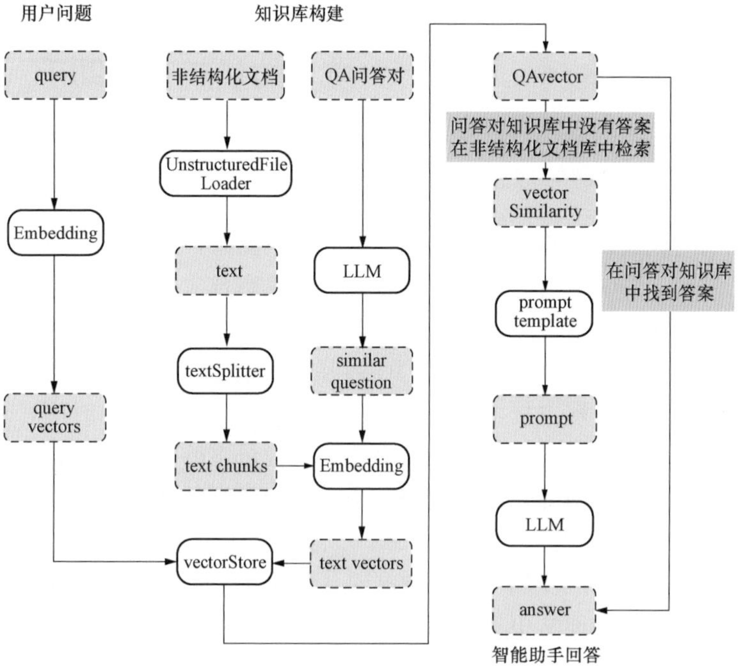

图 5-28　员工智能助手流程图

本节精心构建了一个依托于大模型技术的员工智能助手应用场景实例。为了确保该案例中知识库构建与问答处理流程得以高效、流畅地运行，我们对所需的主要软硬件环境提出了以下具体配置要求：

（1）软件环境。

Linux Ubuntu 22.04.5 kernel version 6.7

Python 版本：≥3.8，<3.11。

CUDA 版本：≥12.1。

ChatGLM3 参数量：6b。

LangChain 版本：0.0.266。

（2）硬件环境见表 5-14。

表 5-14 员工智能助手硬件要求表

量化等级	编码 2048 长度最小显存	编码 8192 长度最小显存
FP16/BF16	13.1GB	12.8GB
INT8	8.2GB	8.1GB
INT4	5.5GB	5.1GB

本案例所需环境的具体搭建方法和步骤参考 3.3 节工具与平台介绍中的环境搭建部分。

5.2.2 方法论与实践案例

5.2.2.1 知识库构建

大语言模型（LLM）凭借其强大的自然语言处理能力，正引领着人工智能技术的革命。但 LLM 在生成回复时，在“事实性”和“实时性”等方面存在天然的缺陷，很难直接被用于客服、答疑等一些需要精准回答的领域知识型问答场景。因此，如何帮助 LLM 借助外部知识库生成准确的回复，成为解决这类问题的关键。

当前业界主流的解决方案是基于 LangChain，进行 LLM 检索增强并生成回复。其思想是将 LLM 的能力作为一个模块与其他能力组合，借助向量数据库等模块的检索能力，并充分利用 LLM 强大的归纳生成特性，对用户 Query 进行增强，生成符合事实的回复。

LangChain 是一套开源框架，可让 AI 开发人员将 LLM 和外部数据结合起来，从而在尽可能少消耗计算资源的情况下，获得更好的性能和效果。通过 LangChain 将输入的用户知识库文件进行处理，存储在向量数据库中。每次推理时，用户 Query 会先在知识库中查找相近的答案，并将答案与 Query 一起，输入部署好的 LLM 服务中，从而生成基于知识库的定制答案，解决使用 LLM 生成回复时的“事实性”和“实时性”问题。

员工智能助手应答效果的好坏与知识库的质量息息相关，我们将知识库分为结构化知识库和非结构化知识库。

5.2.2.1.1 结构化知识库构建

结构化知识库，即 QA 问答对知识库，是知识库领域中一种独特的数据结构，其核心功能是存储问题与相应的答案。在这类问答对中，问题通常源自用户的真实提问，而答案则是经过筛选确认的精简回应。问答对知识库中的条目独具特色，它们不仅准确反映了用户的信息需求，还简洁明了提供了针对性的解答，应用 QA 问答对知识库能极大地提升知识获取的效率与准确性。知识库中的问答对具有以下特点：

（1）问题和答案的对应关系。在结构化知识库中，问题和答案之间存在着明确的对应关系。具体而言，针对每个预定义的问题，在知识库中都严格对应着一个精确无误且不重复的答案实体。这种一对一映射关系的核心价值在于确保了知识信息传递的准确性与一致性，使得用户在查询过程中能获取到确切、权威的回答内容，从而极大提高了知识检索的效率与精确度。这种问题与答案间的紧密联系是构建高效问答知识库体系的关键特性之一，对于维护知识信息的质量标准及提升用户使用满意度起到了至关重要的作用。

（2）答案的准确性。知识库中的答案必须确保准确无误、值得信赖，能为用户提供可靠的决策依据。为了保障答案的精确性，知识库的建设过程中必须经历严格的审核与校验环节，确保每一条答案都经过精心筛选和验证，从而为用户提供高质量、可信赖的知识服务，这样的严谨流程是确保知识库权威性和用户满意度的关键所在。

（3）答案的分类和主题。通过将答案按不同的主题和分类进行归档和管理，能构建一个条理分明、易于检索的知识体系。这样的组织方式不仅有助于用户快速定位到与自己需求相关的信息，还能提升知识库的易用性和用户的使用体验，进一步满足用户的个性化信息需求。

（4）动态更新和维护。知识库中的问答对需要保持动态更新和维护，用以应对不断变化的业务环境和用户需求。对于过时或错误的信息，必须迅速进行修正或删除，确保知识库的时效性和准确性。通过持续的更新和维护，能为用户提供一个更新及时、精准可靠的知识服务平台，满足用户日益增长的信息需求。

问答对知识库的优点主要体现在以下几个方面：

（1）提高知识的准确性。问答对知识库中的答案具有准确性和可靠性，能被用户信任并作为决策依据。

（2）提高信息检索效率。问答对知识库通过建立问题和答案的对应关系，用户能直接通过提问来获取信息，可避免繁琐的检索过程。

（3）促进知识共享与传承。问答对知识库的积累和应用，可为后来者提供更好的学习和应用资源，从而促进知识的共享与传承。

（4）提升用户体验。通过友好的界面设计和自然语言交互方式，能实现与用户的顺畅沟通，提升员工助手操作便利性，从而增强用户使用体验。

尽管问答对知识库在提供便捷、精准的知识服务方面优势显著，然而构建和持续更新知识体系的过程伴随着高昂的成本投入。为确保知识库信息的准确性与实时性，必须投入大量的人力进行内容整理、更新和审核。同时，也需要不断优化搜索算法、升级维护硬件设施。因此，尽管问答对知识库能方便用户获取知识，提升工作效率，但我们同样需要充分考虑其背后所承载的巨大建设和运营成本。

员工智能助手应答的准确率和命中率是衡量其性能的重要指标。想要提高这两项指标，就需要大量高质量的语料库作为支撑。然而，人工撰写语料不仅费时费力，而且难以保证质量和数量。这就需要充分利用大模型丰富的语料知识，针对特定任务场景进行微调，辅助人工快速完成相关语料的生成，通过技术手段可减少人工撰写语料的时间和成本，并且提高智能助手的准确率和命中率。在本案例中，我们巧妙地运用了大模型技术来实现对相似问题的自动生成和扩写，如图 5-29 所示。这不仅降低了知识库构建成本，而且提升了知识采编与更新效率。通过这一创新方法，有效减轻了人工创建和维护知识库时的工作压力，确保知识库内容的准确性和实时性；同时，利用大模型的自适应学习能力，智能助手可不断学习新的知识，持续提高应答能力，为用户提供更便捷、高效的知识服务体验，提升用户满意度。

图 5-29　相似问题生成

5.2.2.1.2　非结构化知识库构建

非结构化知识库的构建和管理对员工智能助手的智能化水平具有重要的影响，在信息爆炸的时代，如何有效地管理和利用这些信息成为一个重要的挑战，非结构化知识库以其独特的数据存储和处理方式，为我们提供了一种有效的解决途径。

首先，非结构化知识库中包含了大量的文本数据，我们能从海量的数据中提取出有价值的信息，从而提供丰富的知识来源。无论是在学术研究、商业决策还是日常生活中，我们都需要从大量的数据中寻找规律、洞察趋势，非结构化知识库正好可为我们提供这样一个高效、便捷的信息获取平台。

其次，非结构化知识库可根据文本数据的变化进行动态更新。这意味着无论信息如何变化，知识库都能保持其时效性和准确性。在信息时代，数据的更新速度之快令人咋舌。而一个优秀的非结构化知识库能实时跟踪数据的变化，确保用户能及时获取最新知识。

再者，非结构化知识库中包含了大量的语义信息。这些信息不局限于传统的结构化数据，更是深入到了文本的语境、含义和关系中。通过这些语义信息，我们能更深入地理解文本的内涵，挖掘出更多有价值的知识。

此外，非结构化知识库可更好地利用大模型的推理能力和语言生成能力。随着自然语言处理技术的不断发展，大模型在理解和生成自然语言方面展现出了强大的能力。非结构化知识库能将这些能力充分利用起来，为用户提供更加智能、高效的服务。

最后，非结构化知识库的构建相对简单。整个过程并不需要过于复杂的步骤和技术，只需要上传文档、文档拆分、Embedding 向量化、存入向量数据库即可完成，方便个人和企业轻松地构建知识库，从而更好地管理和利用自有数据资产，如图 5 - 30 所示。

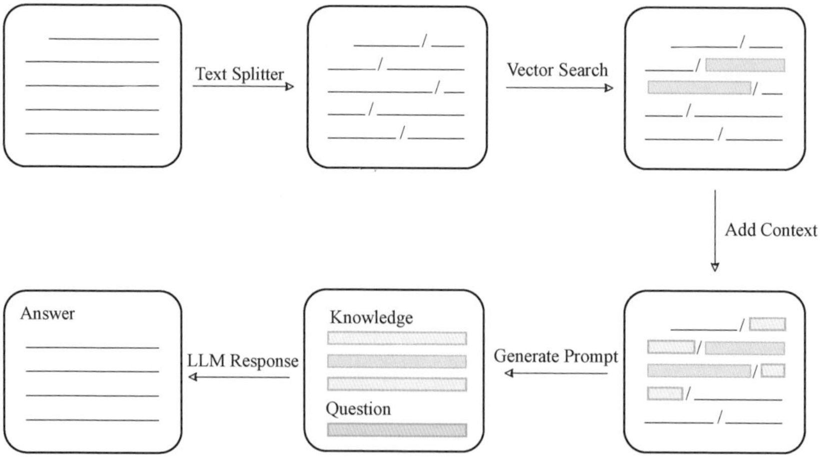

图 5 - 30　非结构化文档库构建

（1）文档切分。在非结构化知识库构建过程中，对文档进行切分是一个关键步骤。因 Embedding 模型和 LLM 模型的 Tokens 长度有限制，使用这些模型在处理长文档时可能会遇到性能和准确性的问题，因此需要将文档切分成更小的文本块以便于处理。我们可使用 TextSplitter 等工具，根据预先设定的规则对用户上传的 PDF、TXT、DOC 等格式文档进行切分，将这些文档拆分为较小的文本块，每个文本块均可被视为一个独立的知识单位，从而使得非结构化知识库的构建更加准确和高效。

通过合理的文档切分，我们能更好地利用大模型的推理能力和语言生成能力。这样不仅能为用户提供更准确、更有用的信息，切分后的文本块也更加便于后续的信息提取、文本表示和知识推理等任务的处理，后期可根据具体的业务需求和应用场景进行定制优化。

在切分过程中，我们需要确保每个文本块具有一定的独立性和完整性，以便于后续的处理和分析；同时，还需要注意切分规则的合理性和一致性，以确保知识库的准确性和可靠性。通过文档切分这一步骤，我们可更好地管理和利用大量的文档数据，为非结构化知识库的构建提供强有力的支持。目前，文本分块的主要方法包括以下几种：

1）按字符数分割是一种基础且直接的方法，它依据设定的字符长度来将文本划分为不同的块。尽管这种方式操作简单，但它对文本语义的理解较为有限，可能无法很好地保留文本的内在逻辑和连贯性。

2）按段落分割则更为精细，它结合了文档的层次结构来进行分割。这种方法对大模型的解析能力要求较高，但通常能取得比按字符数分割更好的效果，因为它能更好地保留文本的段落结构和主题信息。

3）按语义分割是一种更为高级的方法，它依赖于模型对文档内容的深度理解，并按语义进行分割和拼接。这种方法能取得最佳的分割效果，但技术实现难度较大，需要强大的自然语言处理能力和模型训练经验。

4）要限制 Embedding 的 Tokens 长度，超过 Tokens 长度的文本将被截断，导致语义不完整，而且 Tokens 数和字符数并不等价。依据之前的测试经验，一个 Tokens 约为 1.5 个汉字字符左右。而对于大语言模型，如 Chatglm，一个 Tokens 一般为两个字符左右。如果在切分时不方便计算 Tokens 数，也可简单按这个比例来简单换算，确保不出现文本截断的情况。

LangChain 提供了丰富的文本分割工具类，例如 RecursiveCharacterTextSplitter 能递归地尝试按不同分隔符分割文本，CharacterTextSplitter 则按字符进行分割，MarkdownHeaderTextSplitter 则专门用于根据标题分割 Markdown 文件，而 TokenTextSplitter 则是按 Tokens 进行分割。

从当前市场上的产品化分割模块来看，按字符数和段落进行分割的方法仍占主导地位。按字符数分割允许用户自定义分割的字符串长度以及分块后字符串的重叠长度，灵活性较高，而按段落分割通常需要结合 OCR 技术才能实现，对硬件和软件的要求都相对较高。

```
from langchain.text_splitter import RecursiveCharacterTextSplitter
#读取文档
loader = documentLoader(doc_path)
text = loader.load()
#定义文档拆分器
text_splitter = RecursiveCharacterTextSplitter(
separators = ["\n\n", "\n"],
chunk_size = 200,
chunk_overlap = 5,
length_function = len,
keep_separator = False
)
#拆分文档
texts = text_splitter.split_documents(text)
```

（2）文本块向量化。Embedding 模型在非结构化知识库构建中发挥着至关重要的作用。它能将不同类型的数据，包括文本、图像、音频等，统一的转化为向量表示，使得这些不同类型的数据可在同一知识库中进行比较和关联。这一特性不仅提高了数据处理的效率和精度，还极大地扩展了知识库的覆盖范围和应用场景。

在选择向量化模型时，需要综合考虑多个因素，包括模型的性能、领域适应性、对称性与非对称性以及向量维度等。以下是对这些因素的详细分析：

1）经过垂直领域 Fine - tuning 的模型往往比原始向量模型具有明显优势。这是因为 Fine - tuning 可使模型更好地适应特定领域的数据分布和语义特点，从而提高向量表示的准确率和召回率。因此，在选择模型时，如果条件允许，应优先考虑使用经过垂直领域 Fine - tuning 的模型。

2）对于不同的应用场景，对称召回和非对称召回模型各有优势。对称召回模型（如 Query 到 Question 的召回）适用于那些查询和候选项在语义上较为接近的场景，如 FAQ 系统。而非对称召回模型（如 Query 到 Answer 的召回）则更适于那些查询和候选项在语义上存在一定差异的场景，如文档片段知识的检索。因此，在选择模型时，应根据具体应用场景的需求来决定使用对称召回还是非对称召回模型。

3）在向量维度方面，如果没有明显的性能差异，应尽量选择向量维度较短的模型。高维向量虽然可能包含更多的信息，但也会给向量数据库带来检索性能和成本两方面的压力。短向量模型不仅可降低存储和计算成本，还可提高检索速度，在实际应用中更具优势。

综上所述，在选择向量化模型时，应综合考虑模型的性能、领域适应性、对称性与非对称性以及向量维度等因素。在实际应用中，可根据具体需求和数据特点来选择合适的模型，以达到最佳的检索效果和性能。

在本案例中，我们综合采用了对称召回模型与非对称召回模型，分别针对问答对知识库和非结构化知识库进行向量化处理。应用这两种模型能成功将文本、词汇等数据映射到高维向量空间，形成富含语义信息的向量表示。这些向量不仅在数值上具有直观的可比性，还在深层次上揭示了数据之间的语义联系。通过向量化，我们能更加精准地捕捉数据的内在含义，从而增强对数据的理解和分析能力。对称与非对称召回模型的结合使用，为我们提供了一种全面且高效的数据处理方式，有助于深入挖掘知识的语义价值。下面的代码演示了如何将切分好的文本块通过 Embedding 模型转化为高维向量，这些向量不仅保留了文本的语义信息，还使得相似的文本在向量空间中呈现出相近的位置关系。使用这种方式，我们能实现高效、准确的非结构化知识库构建。用户通过非结构化知识库不仅能方便获取到最相关的知识，还能利用 Embedding 模型所提供的语义关系，对知识进行深入的理解和挖掘。这有利于提升知识库的应用价值，让员工智能助手提供更加智能、高效的服务。

```
from langchain.embeddings.huggingface import HuggingFaceEmbeddings
#加载对称 Embedding 模型
qq_model_name = component_config["qq_model_name"]
qq_embeddings = HuggingFaceEmbeddings(model_name = qq_model_name)

#文本向量化
qq_text_embedding = qq_embeddings.embed_documents(texts)

#加载非对称 Embedding 模型
qd_model_name = component_config["qd_model_name"]
qd_embeddings = HuggingFaceEmbeddings(model_name = qd_model_name)

#文本向量化
qd_text_embedding = qd_embeddings.embed_documents(texts)
```

（3）向量数据库。向量数据库是一类用于存储和管理向量的数据库系统。它通常以向量作为基本数据类型，使用向量空间模型对数据进行组织和索引。在向量数据库中，每个向量都具有唯一的标识符，存储在一个连续的向量空间中。向量数据库的详细介绍详见第三章 3.3.5 向量数据库部分。本案例中的 Milvus 向量数据库安装要求如下：

软件要求见表 5-15。

表 5-15　　安装 Milvus 的软件要求表

操作系统	建议版本
CentOS	7.5 或以上
Ubuntu LTS18.04	LTS18.04 或以上
Docker 19.03	19.03 或以上
NVIDIA driver	418 或以上

硬件要求见表 5-16。

表 5-16　　安装 Milvus 的硬件要求表

组件	建议配置
CPU	Intel CPU Haswell 或以上
GPU	NVIDIA Pascal 或以上
内存	8GB 或以上（取决于具体向量数据规模）
硬盘	SATA 3.0 SSD 或以上

本案例通过 Attu 图形化工具来管理 milvus 向量数据库，如图 5-31 所示。

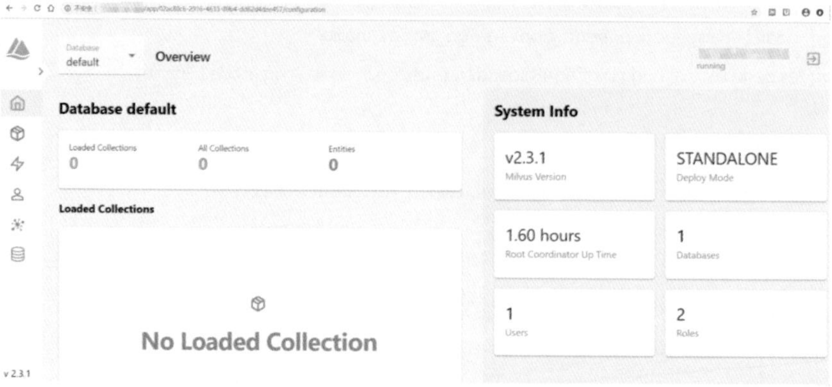

图 5-31　Attu 界面

在非结构化知识库构建过程中，创建索引是至关重要的一环，创建索引就是将转换后的向量存入向量数据库的过程。通过向量数据库的索引功能对文档片段进行组织，使相似的向量聚集在一起，这样可提高检索效率，常见的索引算法有：

FLAT：是指对向量进行原始文件存储。搜索时，所有向量都会与目标向量进行距离计算和比较。FLAT 索引类型提供 100%的检索召回率❶，而且不需要数据做训练，不需要配置任何参数，也不需要占用额外的磁盘空间。与其他索引算法相比，当查询数量较少时，它是最有效的索引方法。它能同时处理 nq❷ 条向量的查询请求，并且一次性返回每条查询向量的 topk❸ 个最近邻向量，包括这些向量的 ID 以及它们与查询向量的距离。FLAT 受到参数 search _ resources 的精确控制。当 search _ resources 中配置了 CPU 资源时，查询操作会在 CPU 上执行。而当 search _ resources 中仅包含 GPU 资源时，查询则会在 GPU 上运行。这种设计确保了 Milvus 可根据实际硬件环境来优化查询性能。在包含 2 000 000 条 128 维向量的数据集上对其进行的性能测试，如图 5 - 32 所示。图 5 - 32 中展示了在 CPU 和 GPU 中，FLAT 查询时间随着 nq 值的变化曲线。值得注意的是，查询时间与 topk 值无关，而是随着 nq 的增大而呈现出增长趋势。这一测试结果充分展示了 Milvus 在不同查询负载下的稳定性和高效性。

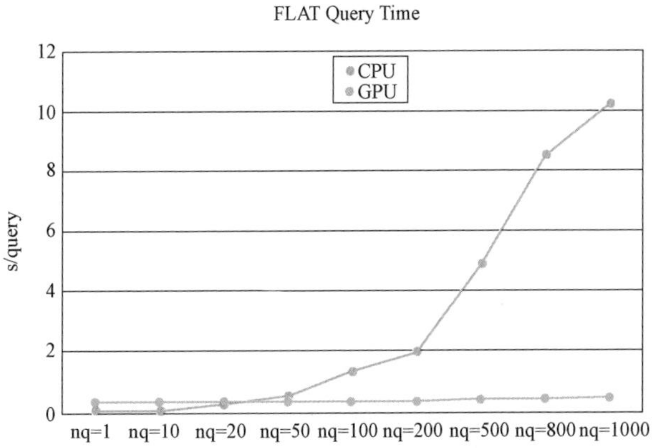

图 5 - 32　FLAT 查询查询性能图

IVF _ FLAT：IVF（Inverted File，倒排文件）是一种基于聚类的索引类

❶ TP=真正例，TN=真负例，FP=假正例，FN=假负例。准确率（Accuracy）是指模型预测正确数量所占总量的比例，Accuracy=（TP+TN）/（TP+TN+FP+FN）；精确率（Precision）是指在被识别为正类别的样本中，真正例的占比，Precision=TP/（TP+FP）；召回率（Recall）在所有正类别样本中，被正确识别为正类别的比例，召回率又叫查全率，Recall=TP/（TP+FN）。

❷ *nq* 是查询的目标向量条目数。

❸ *topk* 或 *k* 是与查询的目标向量最相似的 *topk* 个结果。

型。它通过聚类方法把空间里的点划分成 nlist❶ 个单元。查询时先把目标向量与所有单元的中心做距离比较，选出 nprobe❷ 个最近单元；然后比较这些被选中单元里的所有向量，得到最终的结果。IVF _ FLAT 是最基础的 IVF 索引，存储在各个单元中的数据不做任何压缩，与原始数据大小相同。查询速度与召回率之间的权衡由参数 nprobe 来控制，nprobe 越大，召回率越高，但查询时间越长。IVF _ FLAT 是除了 FLAT 外召回率最高的索引类型，适用于高速查询、要求高召回率的场景，如图 5 - 33 所示。

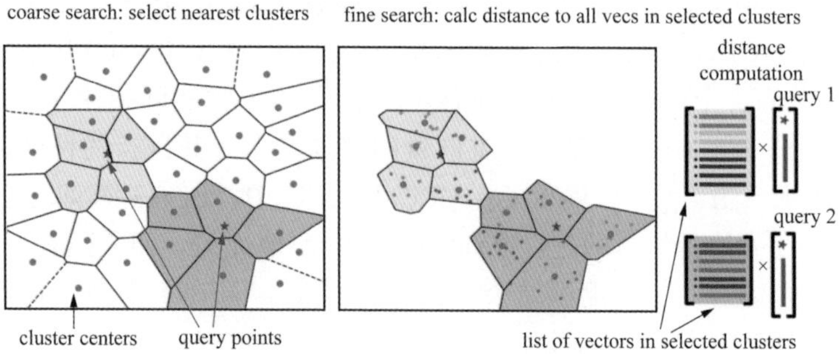

图 5 - 33　IVF _ FLAT 原理图

用公开数据集 sift - 1b（10 亿条 128 维向量）建立 IVF _ FLAT 索引，并分别只用 CPU 或 GPU 做查询，在不同 nprobe 参数下测得的查询时间随 nq 变化曲线如图 5 - 34 所示。IVF _ FLAT 索引结构在 CPU 环境下的查询时间与查询向量的数量（nq）以及设置的搜索子中心数量（nprobe）存在正相关性，这意味着随着这两个参数值的增长，查询所需的时间也会相应增加。在 GPU 环境下，由于 IVF _ FLAT 索引数据的规模较大，在整体查询过程中，将索引数据从 CPU 内存迁移到 GPU 显存所消耗的时间占据了相当大的比重，这导致了 GPU 上对 nq 和 nprobe 的变化相对不敏感。

IVF _ SQ8：是在 IVF 的基础上对放入单元里的每条向量做一次标量量化（Scalar Quantization）。标量量化会把原始向量的每个维度从 4 个字节的浮点数转为 1 个字节的无符号整数，从而可把磁盘及内存、显存资源的消耗量减少为原来的 1/4～1/3。IVF _ SQ8 索引文件占用的存储空间远小于 IVF _ FLAT。但是，标量量化会导致查询时的精度损失，适用于高速查询、磁盘和内存资源有限、接受召回率小幅妥协的场景。用公开数据集 sift - 1b（10 亿条 128 维向量）建立 IVF _ SQ8 索引，并分别只用 CPU 或 GPU 做查询，在不同 nprobe

❶ nlist 是聚类时总的分桶数。

❷ nprobe 是查询时需要搜索的分桶数目。

参数下测得的查询时间随 nq 变化曲线如图 5 - 35 所示。由图可看出 IVF _ SQ8 的查询性能曲线跟 IVF _ FLAT 非常相似，但索引量化带来了全面的性能提升。同样在 nq 和 nprobe 较小时，IVF _ SQ8 在 CPU 上的查询性能更高。

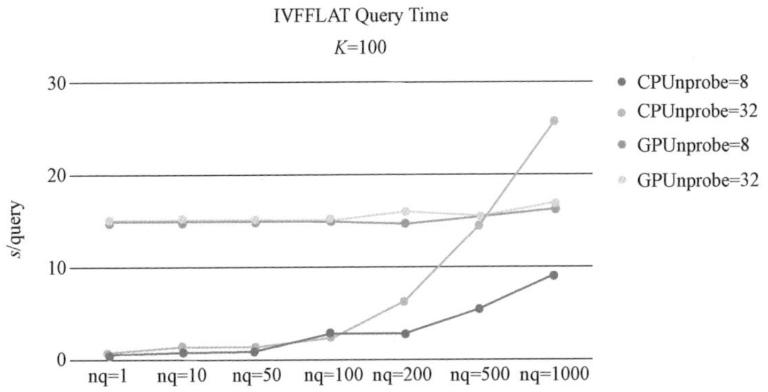

图 5 - 34　IVF _ FLAT 性能测试图

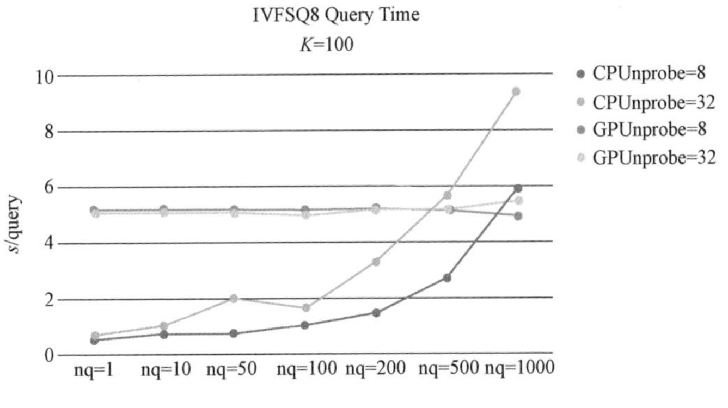

图 5 - 35　IVF _ SQ8 性能测试图

IVF _ PQ：PQ（Product Quantization，乘积量化）会将原来的高维向量空间均匀分解成 m 个低维向量空间的笛卡尔积，然后对分解得到的低维向量空间分别做矢量量化。乘积量化能将全样本的距离计算转化为到各低维空间聚类中心的距离计算，从而大大降低算法的时间复杂度和空间复杂度。IVF _ PQ 是先对向量做乘积量化，然后进行 IVF 索引聚类。其索引文件甚至可比 IVF _ SQ8 更小，不过同样地也会导致查询时的精度损失，适用于超高速查询、磁盘和内存资源有限，低准确率的场景。IVF _ PQ 的倒排构建过程，如图 5 - 36 所示。

HNSW：HNSW（Hierarchical Small World Graph）是一种基于图的索引算法。它会为一张图按规则建成多层导航图，并让越上层的图越稀疏，结点间的距离越远；越下层的图越稠密，结点间的距离越近。搜索时从最上层开始，

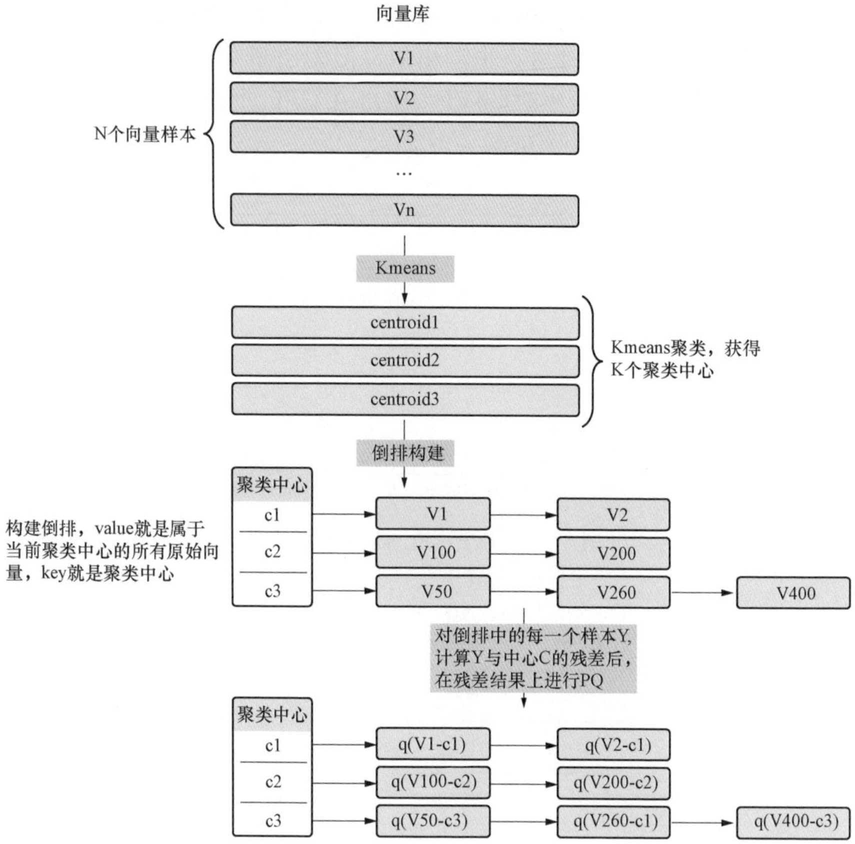

图 5-36　IVF _ PQ 原理图

找到本层距离目标最近的结点后进入下一层再查找。如此迭代，快速逼近目标位置。为了提高性能，HNSW 限定了每层图上结点的最大度数 M。此外，建索引时可用 efConstruction，查询时可用 ef 来指定搜索范围。适用于高速查询、要求尽可能高的召回率、内存资源大的情景，如图 5-37 所示。

ANNOY：ANNOY（Approximate Nearest Neighbors Oh Yeah）是一种用超平面把高维空间分割成多个子空间，并把这些子空间以树形结构存储的索引方式，通过牺牲查询准确率来换取查询速度。在查询时，ANNOY 会顺着树结构找到距离目标向量较近的一些子空间，然后比较这些子空间里的所有向量（要求比较的向量数不少于 search _ k 个）以获得最终结果。当目标向量靠近某个子空间的边缘时，有时需要大大增加搜索的子空间数以获得高召回率。因此，ANNOY 会使用 n _ trees 次不同的方法来划分全空间，并同时搜索所有划分方法以减少目标向量总是处于子空间边缘的概率，适用于追求高召回率的场景，如图 5-38 所示。

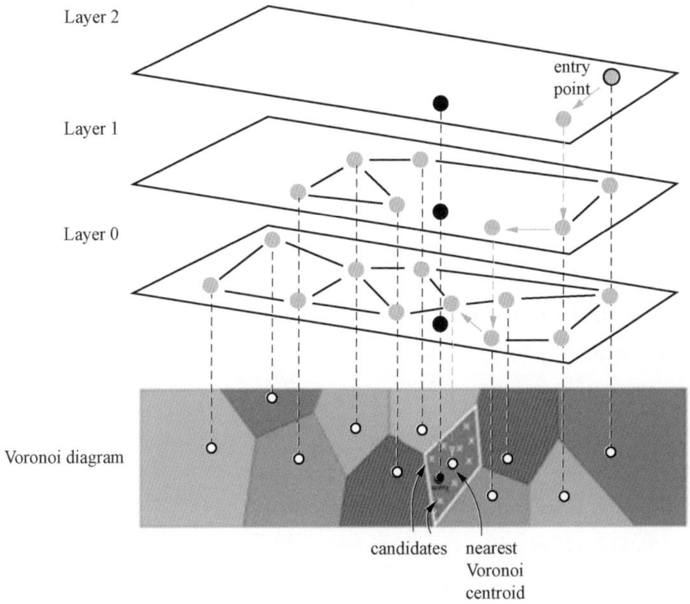

图 5-37 HNSW 原理图

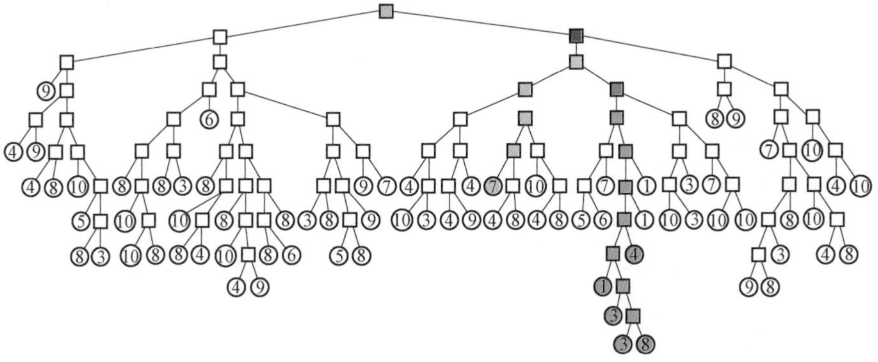

图 5-38 ANNOY 原理图

本案例综合评估了场景研究对查询速度、准确率、召回率等多项指标的要求，最终确定采用 IVF _ FLATS 索引算法。

Milvus 的浮点型向量距离计算方式常用的有两种：①欧氏距离（L2）：主要运用于计算机视觉领域；②内积（IP）：主要运用于自然语言处理（NLP）领域。根据插入数据的形式，选择合适的距离计算方式能极大地提高向量数据库的数据分类和聚类性能。

我们先将用户提出的问题转换为向量，然后在向量数据库中快速找到语义最相关的文档片段。找到这些相关的文档片段后，将它们与用户的问题一起传递给大语言模型。大语言模型能根据问题的语义、文档片段以及上下文生成准确的回答。这一过程利用自然语言处理和机器学习技术，为用户提供更智能化的知识检索服务。

总的来说，通过创建向量索引和利用大语言模型，我们能构建一个高效、准确的非结构化知识库。这个知识库覆盖了丰富的信息内容，能根据用户的需求进行个性化的智能应答，提高了知识库的应用价值。

```
from pymilvus import Collection, MilvusException
# 连接向量数据库
self.col = Collection(
    name = self.collection_name,
    schema = schema,
    consistency_level = self.consistency_level,
    using = self.alias,
)
# 整理元数据
insert_dict: dict[str, list] = {
     self._text_field: texts,
     self._vector_field: embeddings,
}
if metadatas is not None:
for d in metadatas:
  for key, value in d.items():
    if key in self.fields:
      insert_dict.setdefault(key, []).append(value)

# 统计总插入数
vectors: list = insert_dict[self._vector_field]
total_count = len(vectors)
assert isinstance(self.col, Collection)
for i in range(0,total_count, batch_size):
# 获取本批次结束索引值
end = min(i + batch_size, total_count)
# 将字典转换为列表的列表,以便批量插入
insert_list = [insert_dict[x][i:end] for x in self.fields]
# 插入到向量数据库中
try:
```

```
        res: Collection
        res = self.col.insert(insert_list, timeout=timeout, **kwargs)
        pks.extend(res.primary_keys)
    except MilvusException as e:
        logger.error(
            "Failed to insert batch starting at entity: %s/%s", i, total_count
    )
    raise e
    #创建索引
    index = {
      "index_type": "IVF_FLAT",
      "metric_type": "IP",
      "params": {"nlist": 128},
    }
    self.col.create_index("embeddings", index)
```

5.2.2.2 大语言模型的选用

外接知识库结合大语言模型强大的语言理解能力与文本生成能力，可实现知识检索与知识表达的有效融合。这为问答系统提供了外部知识的即插即用特性，能显著提升问答的可解释性和可信度，有助于问答系统获取更丰富的外部知识，从而生成更符合事实的回答，使答案更加人性化和个性化，给用户带来更好的使用体验。

本案例采用的 ChatGLM3 - 6B 是一个开源的、支持中英双语的对话语言模型，基于 General Language Model（GLM）架构，具有 60 亿参数。结合模型量化技术，用户可在消费级的显卡上进行本地部署（INT4 量化级别下最低只需 6GB 显存）。ChatGLM3 - 6B 使用了和 ChatGPT 相似的技术，针对中文问答和对话进行了优化。经过约 1T 标识符的中英双语训练，辅以监督微调、反馈自助、人类反馈强化学习等技术的加持，60 亿参数的 ChatGLM3 - 6B 已经能生成相当符合人类偏好的回答，这是一个具有中文问答和对话能力的模型。

根据第三章模型与工具第二小节模型性能比较可看出 ChatGLM3 在国内同尺寸模型中排名首位，所以本案例采用 ChatGLM3 - 6B 模型。

5.2.2.3 智能问答

基于大模型的员工智能助手问答逻辑处理过程如图 5 - 39 所示。

当用户使用智能助手进行问答时，我们首先使用 Embedding 模型将用户的问题转化为向量表示。这样表示能捕捉到问题的语义信息，使得我们能更好地理解用户的查询意图。使用这些向量在问答对知识库中进行匹配，通过与知识库中的问题进行比较，可快速找到与用户问题匹配的答案。如果匹配成功，直接返回相

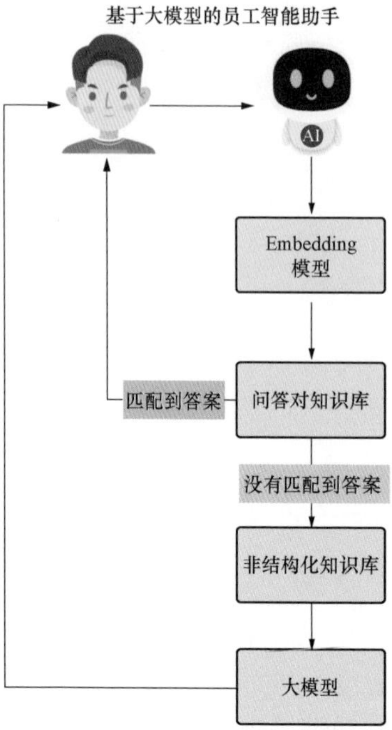

图 5-39　智能助手问答逻辑图

应的答案给用户，无需进一步处理。

然而，有时用户的问题可能并未在问答对知识库中找到匹配的答案。在这种情况下，我们转向非结构化知识库进行搜索匹配。非结构化知识库包含了大量的文本数据，通过在非结构化知识库中进行搜索匹配，我们可找到与用户问题相关的 k 条知识。为了生成最终的答案，我们从非结构化知识库中抽取 k 条与问题最相关的知识，并将它们与用户的问题一起送入大模型中进行答案生成。这些大模型事先已经经过微调，能根据问题的语义和上下文生成相对准确的回答。

最后，我们将生成的答案返回给用户，问答效果如图 5-40、图 5-41 所示。

这一过程充分利用了大模型的自然语言处理能力，可为用户提供智能化的问答服务。通过这种机制，能根据用户的需求和查询意图，快速、准确地生成答案，满足用户的诉求，主要代码如下：

图 5-40　智能助手问答结果图

图 5 - 41　智能助手问答结果图

```
 #查询问答对知识库
QA_result = KBServiceFactory.get_QA_chat(QA_knowledge_name)
if QA_result is notNone:
return StreamingResponse(QA_result)
#查询非结构化知识库
kb = KBServiceFactory.get_service_by_name(knowledge_base_name)
if kb is None:
return BaseResponse(code=404, msg=f"未找到知识库 {knowledge_base_name}")
#获取历史聊天记录
history = [History(**h) if isinstance(h, dict) else h for h in history]
async def knowledge_base_chat_iterator (query: str,
                                        kb: KBService,
                                        top_k: int,
                                        history: Optional[List[History]],
                                        ) -> AsyncIterable[str]:
callback = AsyncIteratorCallbackHandler()
    #配置大模型参数
model = ChatOpenAI(
    streaming=True,
    verbose=True,
    callbacks=[callback],
    openai_api_key=llm_model_dict[LLM_MODEL]["api_key"],
```

```
        openai_api_base = llm_model_dict[LLM_MODEL]["api_base_url"],
        model_name = LLM_MODEL
    )
    docs = search_docs(query, knowledge_base_name, top_k, score_threshold)
    context = "\n".join([doc.page_content for doc in docs])
    #编写提示词
    chat_prompt = ChatPromptTemplate.from_messages(
    [i.to_msg_tuple() for i in history] + [("human", PROMPT_TEMPLATE)])

    chain = LLMChain(prompt = chat_prompt, llm = model)
    .    #启动大模型
    task = asyncio.create_task(wrap_done(
        chain.acall({"context": context, "question": query}),
        callback.done),
    )
        #获取原始文档
    source_documents = []
    for inum, doc in enumerate(docs):
    filename = os.path.split(doc.metadata["source"])[-1]
    if local_doc_url:
    url = "file://" + doc.metadata["source"]
    else:
    parameters = urlencode({"knowledge_base_name": knowledge_base_name, "file_name":
filename})
    url = f"{request.base_url}knowledge_base/download_doc?" + parameters
    text = f"""出处 [{inum + 1}] [{filename}]({url})
    \n\n{doc.page_content}\n\n"""
    source_documents.append(text)
    #组装答案
    if stream:
        async for token in callback.aiter():
        # Use server-sent-events to stream the response
        yield json.dumps ({"answer": token,
                           "docs": source_documents},
                           ensure_ascii = False)
else:
    answer = ""
    async for token in callback.aiter():
```

```
        answer += token
            yield json.dumps({"answer": answer,
                "docs": source_documents},
            ensure_ascii=False)

    await task

    return StreamingResponse(knowledge_base_chat_iterator(query, kb, top_k, history),
media_type="text/event-stream")
```

尽管智能助手在大多数情况下能基于其庞大的知识库提供准确回答，但目前仍存在一定的局限性。例如：对于知识库尚未涵盖的问题，智能助手可能会基于现有信息和学习策略生成回复，这种回复有时可能表现为某种程度上的推测或创新生成，而不是确切的事实，从严格意义上讲，这类似于一种“幻觉现象”。此外，即使对于知识库中存在的问题，智能助手的回答也并非总是最理想的状态，可能存在表述不够准确、内容不够全面或未能完全符合用户期望等问题。因此，我们需要对智能助手的模型进行微调和润色，借助更多元化的真实世界数据和用户反馈，来提升其理解和生成高质量答案的能力，确保输出的信息更为准确、恰当且易于理解。

5.2.2.4 样本标注

要对智能助手的模型进行微调首先要有高质量的样本数据。高质量的训练数据能提供更准确的信息，使模型学习到更好的特征表示。而充足的数据量则有助于模型泛化能力的提升。因此，在微调过程中，确保训练数据的质量和数量是至关重要的。将客户服务数据与电力系统知识等关键信息整理并标注为统一、规范的格式分为以下几个步骤：

（1）数据收集。收集相关的客服数据和电力系统知识。这些数据包括用户咨询记录、系统故障报告、操作手册，业务人员使用反馈问题记录，客服通话录音然后通过语音识别技术（ASR）转化的文本等数据。

（2）数据清洗。数据清洗是确保数据的合规性和专业性的一个至关重要的步骤。数据清洗的目标是消除重复、错误或不相关的信息，从而使数据集更加整洁、一致和可靠。这一步骤涉及多个方面，包括删除重复记录、纠正拼写错误、填充缺失值、过滤脏话、敏感词、表情符号、无效字符串以及特殊字符等。通过这些步骤，大大提升数据集的质量，为后续的模型训练和微调提供可靠的基础。

（3）数据标注。为确保模型能准确理解并处理数据，需要对清洗后的数据按规定的格式进行标记、注释和分类，赋予样本数据明确的语义信息，确保计算机能理解并学习数据的真实含义。

（4）数据集划分。将标注后的数据划分为训练集和测试集。训练集用于训练模型，测试集用于评估模型的性能。数据格式为 json 格式，部分数据如下：

```
[{
    {"role": "system","content": "基于以下已知信息，
    < context>
    第二章 供 电 方 式
    第五条 供电企业供电的额定频率为交流 50 赫兹。
    第六条 供电企业供电的额定电压：
    1. 低压供电：单相为 220 伏，三相为 380 伏；
    2. 高压供电：为 10、35(63)、110、220 千伏。
    除发电厂直配电压可采用 3 千伏或 6 千伏外，其他等级的电
    压逐步过渡到上列额定电压。
    《《供电营业规则》中华人民共和国电力工业部令第 8 号 . pdf》
    < /context>
    简洁和专业的来回答用户的问题。如果无法从中得到答案，请说"根据已知信息无法回答
该问题"或"没有提供足够的相关信息"，不允许在答案中添加编造成分，答案请使用中文。"}，
    {"role":"user","content"：供电企业供电的额定电压是多少伏}，
    {"role":"assistant","content"：根据《供电营业规则》第二章第六条得出，供电企业供电的
额定电压为：
    1. 低压供电：单相为 220 伏，三相为 380 伏；
    2. 高压供电：为 10、35(63)、110、220 千伏。}
}，
    {{"role": "system","content":"基于以下已知信息，
    < context>
    < /context>
    简洁和专业的来回答用户的问题。如果无法从中得到答案，请说"根据已知信息无法回答
该问题"或"没有提供足够的相关信息"，不允许在答案中添加编造成分，答案请使用中文。"}，
    {"role": "user",
"content"：临时用电期限不能超过多长时间}，{"role": "assistant",
"content"：对不起没有找到相关信息}
}
]
```

5.2.2.5 模型微调

本案例使用可视化工具 LLaMA - Factory 对模型进行微调，详细步骤参考第三章大模型与工具第 3.3 小节工具与平台介绍中的 3.3.2 模型微调部分。微调结束之后将模型注册到分布式推理框架 xinference 中，方便对模型进行可视化管理，具体方法参考第三章大模型与工具第 3.3 小节工具与平台介绍中的

3.3.4 模型推理部分，通过 xinference 选择微调过后的模型进行问答。

经过微调后的模型，在问答效果上已取得显著进步，生成的答案不仅话术更加贴合实际使用场景，如图 5-42 所示，还有效地降低了非事实性内容的产生，从而大幅减少了可能出现的“幻觉”现象，如图 5-43 所示。模型微调后的智能助手能更精准地检索知识库中的信息，并结合上下文逻辑给出严谨而适宜的回答，显著提升了互动质量和信息准确性。

图 5-42　智能助手微调效果图

图 5-43　智能助手微调效果图

5.2.3 结果解读与分析

本案例采用了大模型结合外部知识库以及模型微调等手段，有效解决了大模型在员工智能助手这一实际应用场景中的准确性和实时性方面存在的问题，显著提升了员工智能助手的实用性。这一系列优化措施使得员工智能助手能提供较为精准的信息反馈，基本满足员工日常工作中多元化的需求。

随着技术的发展，新的算法和模型不断涌现，业务和环境不断变化，语言和知识也会不断积累和演变，必须要对员工智能助手进行运营维护，以持续提升应答准确率和用户满意度。智能助手的运营维护主要工作如下：

（1）知识库维护。知识库维护是确保智能助手持续提供最新、最准确知识的关键。知识库维护工作包括定期审查和更新知识内容，及时纠正和弥补不准确或过时的知识。

（2）未知问题处理。未知问题是用户的重要反馈之一，因此定期处理未知问题，增加知识库的覆盖面和准确性，有助于提高知识库的可用性，从而更好地满足用户需求。未知问题处理方法通常包括：采编新知识、标为相似问法、永久忽略问题等。

（3）点踩问题处理。智能助手可提供对回答的点赞和点踩功能，针对用户点踩的问答，运维人员可及时根据上下文分析原因并完善知识库。

（4）服务模型优化。可将用户问答日志作为珍贵的样本数据，对智能助手进行增量的训练和优化，使其能不断深入理解电力领域的专业知识和操作流程。

员工智能助手作为企业的一种创新服务工具，能提升企业内部协作效率，降低服务成本，推进企业信息化和智能化的发展。然而，使用过程中同时也需关注数据隐私保护、信息安全及人工智能伦理等问题，确保智能助手在提供便利的同时，安全合规地服务于每一位员工。

5.3 案例三：视觉大模型在输电通道上的本地化应用

5.3.1 应用场景概述

随着电力数据的迅猛增长以及人工智能算力与算法的不断革新，我国超大规模视觉预训练模型（即“视觉大模型”）呈现出了引人注目的发展态势。这些视觉大模型以其庞大的参数规模、卓越的泛化能力及相对较低的应用门槛而著称，极大地降低了人工智能技术在各个领域中应用生产的边际成本，为算法的广泛推广和应用奠定了坚实的基础。当前，“预训练＋微调”已成为人工智能开发领域的一种全新范式，为企业带来了空前的便捷和效率。视觉大模型通过整合和提炼众多高度定制化的小模型，成功实现了从小规模场景、有限数据和简单模型向多样化场景、海量数据和复杂模型的转变，进而成为人工智能领域的研究热点和实践新标杆。

在这一背景下，深入探讨视觉大模型在输电通道监控和管理中的应用价值和效果显得尤为重要。这不仅有助于强化电力行业在视觉算法方面的应用能力，还能提升针对特定场景的模型效果，从而加速输电通道智能化应用的落地进程。通过实施视觉大模型的本地化应用策略，我们不仅可显著提高输电通道的运维效率和质量，还能在输电过程中的故障预测、预警和处理等关键环节发挥重要作用。此外，视觉大模型的广泛应用还将进一步推动电力行业内部的技术革命和创新，引领整个行业向着智能化、高效化的未来迈进。

5.3.1.1 视觉大模型基本原理

视觉大模型基于 Transformer 网络结构，是近年来计算机视觉领域的一个重大突破。这种模型的设计结合了深度学习和自然语言处理领域的最新成果，特别是 Transformer 结构，如图 5-44 所示，为视觉任务的处理提供了全新的视角和解决方案。

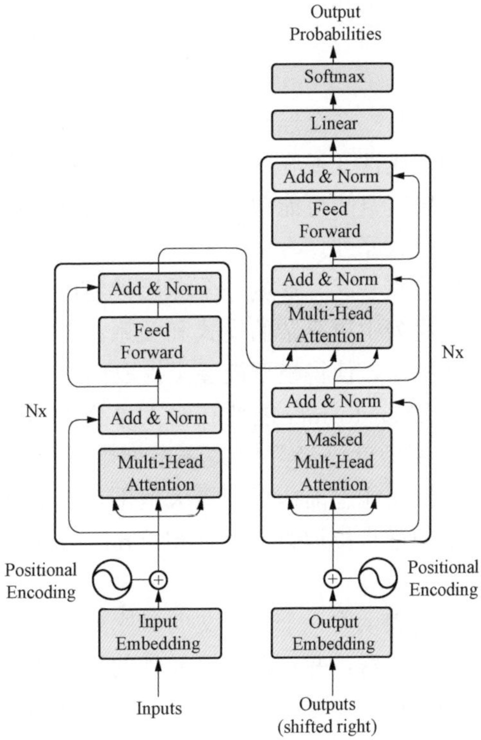

图 5-44 Transformer 结构图

5.3.1.2 Transformer 网络结构

Transformer 网络结构最初在自然语言处理领域取得了巨大成功，特别是在机器翻译、文本生成等任务中。其核心组件包括编码器（Encoder）和解码器（Decoder）。

（1）编码器（Encoder）。Transformer 中的编码器由一系列编码器层组成，每个层包括两个子层——自注意力层和前馈层。

Transformer 模型的核心在于其编码器部分，这是一个精心设计的结构，能深度理解和处理输入的自然语言序列。编码器是由多个编码器层堆叠而成的，每个编码器层都具备特定的功能和作用，共同完成了对输入序列的编码任务。

在编码器层的内部，存在两个关键子层——自注意力层和前馈层。这两个子层各自承担不同的角色，但又相互协作，共同完成了对输入序列的深度编码。

首先来看自注意力层。这一层的设计允许输入序列中的每个元素（通常是单词或字符）都能与其他元素进行交互。这种交互是通过计算注意力权重来实现的，每个元素都会根据与其他元素的相关性得到一个权重值。通过这种方式，自注意力层能捕获序列中元素之间的长期依赖关系，即使这些元素在序列中相隔甚远。这种机制使得 Transformer 能突破传统 RNN 模型的限制，更好地处理长序列数据。

紧接着是前馈层。这是一个全连接神经网络，它接收自注意力层的输出作为输入，并通过一系列的线性变换和非线性激活函数将每个元素投影到一个新的维度空间。这个新的维度空间可能包含更丰富、更抽象的特征信息，有助于模型更好地理解和表示输入序列。

编码器层通常会堆叠在一起，形成一个深层神经网络。通过堆叠多个编码器层，模型能学习输入序列中更复杂的模式和关系。每一层都会对前一层的输出进行进一步的处理和抽象，使得模型能逐步提取出输入序列中的深层特征。

这种堆叠结构使得 Transformer 能捕获输入序列中不同粒度的信息。从最初的自注意力层开始，模型就已经开始关注序列中元素之间的交互和依赖关系。随着层数的增加，模型能逐渐捕捉到更大范围、更复杂的模式。这种从局部模式到全局依赖关系的逐步提取过程，使得 Transformer 在处理自然语言任务时具有出色的性能。

最终，编码器的输出表示为一个上下文向量序列。这个序列中的每个向量都对应输入序列中的一个元素，并包含了该元素的语义表示。这些上下文向量不仅包含了元素自身的信息，还融入了序列中其他元素的信息和依赖关系，因此能更全面地表示输入序列的语义内容。

这些上下文向量随后被输入到解码器中，用于生成输出序列。解码器会根据这些上下文向量以及其他的输入信息（如目标序列的前缀或条件等），逐步生成目标序列的每一个元素。通过这种方式，Transformer 模型能完成从输入序列到输出序列的转换任务，如机器翻译、文本摘要等。

（2）解码器（Decoder）。在 Transformer 模型中，解码器是一个关键的神经网络组件，它负责将输入序列（通常是编码器输出的上下文向量序列）转换为输出序列。解码器通过一系列复杂的运算和机制，实现了从输入到输出的转换，并在过程中捕获了序列中的长期依赖关系和复杂模式。

解码器的主要结构包括自注意力层、前馈层以及一个与编码器交互的机制。这些组件共同协作，使得解码器能逐步生成输出序列。

首先，自注意力层在解码器中起到了至关重要的作用。与编码器中的自注意力层类似，解码器中的自注意力层允许每个输出序列中的元素（在时间步长上）相互交互，从而捕获序列中的长期依赖关系。通过计算注意力权重，解码器能确定在生成当前元素时应该关注输入序列中的哪些部分。这种机制使得解码器能灵活地处理不同长度的序列，并捕获序列中的复杂结构。

接下来是前馈层，它接收自注意力层的输出，并通过一系列线性变换和非线性激活函数将输出投影到一个更高维度的空间。前馈层的作用是对自注意力层的输出进行进一步的加工和抽象，提取出更深层次的特征信息。通过这一步骤，解码器能生成更加准确和有意义的输出。

除了自注意力层和前馈层，解码器还使用了一个遮蔽机制。这是因为在训练过程中，我们通常采用自回归的方式进行训练，即每个时间步长的输出只依赖于之前的输出和输入序列。为了防止解码器在生成某个时间步长的输出时“窥视”到未来时间步长的信息，我们需要在自注意力机制中引入遮蔽。这样，解码器在生成当前元素时只能看到之前的元素，从而确保输出的生成是顺序的、合理的。

此外，解码器通常还包含一个输出层，用于将解码器的输出投影到目标词汇表中。输出层通常是一个线性变换层，它接收解码器最后一个前馈层的输出，并生成一个与词汇表大小相同的向量。通过应用 softmax 函数，我们可得到每个词汇的概率分布，从而选择最可能的输出。

通过这一系列的操作和机制，解码器能生成与输入序列相关的输出序列，并捕获序列中的复杂关系。无论是机器翻译中的源语言到目标语言的转换，还是文本摘要中的关键信息提取，解码器都发挥着至关重要的作用。它使得 Transformer 模型能处理各种复杂的 NLP 任务，并展现出卓越的性能。

5.3.1.3　主干网络 Vision Transformer（ViT）

在视觉大模型中，主干网络（Backbone）发挥着至关重要的角色。它是整个模型的核心组成部分，负责从原始图像中提取出丰富且有用的特征，以供后续的任务处理使用。这些特征对于后续的图像分类、目标检测、语义分割等任务至关重要，因为它们为模型提供了对图像内容的深入理解。

近年来，随着深度学习技术的不断发展，ViT（Vision Transformer）结构在视觉任务中取得了显著的效果，并逐渐成为视觉大模型主干网络的热门选择。ViT 的设计思路与传统的卷积神经网络（CNN）有很大的不同，它将图像划分为一系列的小块（patch），并将这些小块视为序列中的 token。然后，通过 Transformer 结构对这些 token 进行特征提取和编码。

这种设计使得 ViT 能捕获图像中的全局依赖关系，从而提取出更深层次的图像全局特征。与传统的 CNN 相比，ViT 在处理复杂视觉任务时具有更强的表示能力和泛化能力。这是因为 Transformer 结构中的自注意力机制能自动学习并关注图像中的重要部分，而无需通过逐层卷积来逐渐扩大感受野。

具体来说，ViT 首先将输入图像划分为固定大小的小块，并将每个小块展平为一维向量。然后，这些向量通过线性变换转换为嵌入向量，并添加位置嵌入以保留空间信息。接下来，这些嵌入向量被送入 Transformer 的编码器中进行处理。编码器由多个自注意力层和前馈神经网络层组成，它们通过堆叠和连接来逐步提取和整合图像中的特征，如图 5-45 所示。

在训练过程中，ViT 通常在大规模数据集上进行预训练，以学习图像的通用特征。然后，在特定的下游任务数据集上进行微调，以适应不同的任务需求。这种预训练加微调的策略使得 ViT 能充分利用大量的数据资源，并在多种视觉任务中展现出优越的性能。

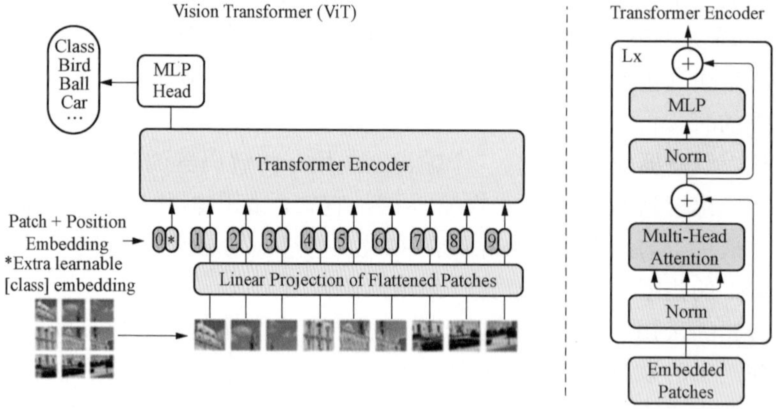

图 5-45　ViT 网络结构

5.3.2 方法论与实践案例

视觉大模型通常指的是那些在视觉任务中拥有巨量参数的深度学习模型，其参数数量一般介于 3 亿～15 亿，甚至更多。这些参数并非凭空而来，而是通过对海量的训练数据进行学习优化得到的。每一个参数都代表着模型从数据中学习到的某种知识或规律，共同构成了模型对视觉世界的理解。

大规模参数的存在，赋予了视觉大模型强大的表示能力。这种表示能力指的是模型能准确地表达并区分不同视觉内容的能力。在处理复杂的视觉任务时，如图像分类、目标检测、语义分割等，模型需要识别并理解图像中的细微差异，这就需要强大的表示能力作为支撑。通过大量的参数，模型能学习到更加丰富的特征，从而更准确地完成这些任务。

然而，大规模的参数也带来了计算需求和存储成本的挑战。首先，在训练阶段，模型需要消耗大量的计算资源来进行参数更新。这通常需要高性能的计算机集群或云服务来支持；其次，在推理阶段，虽然可通过模型压缩和剪枝等技术来降低计算需求，但相比小型模型，大模型仍然需要更多的计算资源；此外，存储成本也是一个不可忽视的问题，由于参数数量巨大，模型文件的大小也会相应增加，需要更多的存储空间来保存。

尽管如此，视觉大模型的优势仍使其在计算机视觉领域占据重要地位。通过不断地优化算法和硬件，人们正在努力提高大模型的计算效率和存储效率，以更好地发挥其潜力；同时，随着技术的发展，未来可能会出现更加高效的模型结构或训练方法，进一步降低大模型的计算需求和存储成本。

5.3.2.1 通用视觉大模型的训练

主干网络 ViT 自监督训练。在自监督训练阶段，视觉大模型借助海量的通用场景图像和行业图像进行深度学习，这一过程无需依赖人工标注的数据。这种训练方式的核心在于自监督学习，它使模型能从图像本身挖掘并学习有用的信息，从而大幅提升模型的性能。

首先，我们来看这些用于训练的图像数据。通用场景图像涵盖了日常生活中的各种场景，从自然风光到城市街景，从室内环境到室外空间，种类繁多，内容丰富。这些图像为模型提供了广泛的学习素材，有助于模型建立起对多样化视觉世界的认知。而行业图像则更具针对性，它们往往与特定的行业或任务紧密相关，如医学图像、工业产品图像等。通过学习这些行业图像，模型可更加深入地理解特定领域的视觉特征，为后续的特定任务处理打下坚实基础。

在自监督学习的过程中，模型无需依赖人工标注的标签，而是利用图像本身的内在结构或上下文信息作为监督信号。这种学习方式的核心思想在于，图像本身蕴含着丰富的语义信息和结构信息，通过挖掘这些信息，模型可学会如何理解并表达图像内容。具体来说，模型会尝试从图像中提取出有意义的特征，并通过这些特征来重建或预测图像的某些部分。在这个过程中，模型会逐渐学习到图像中的语义信息和全局特征。

例如，模型可能会学习到如何识别图像中的物体、边缘、纹理等低层次特征，并进一步学习到如何将这些特征组合成更高层次的语义概念。同时，模型还会学习如何利用上下文信息来推断图像中未知部分的内容。这种学习方式使得模型能逐步建立起对图像的深度理解，并提取出更深层次的图像全局特征。

通过自监督训练，模型不仅能在无标注数据的情况下进行有效的学习，还能提升其在后续任务中的性能。这是因为自监督学习所提取的特征具有更强的泛化能力，可更好地适应不同的任务需求。此外，自监督学习还可帮助模型克服数据标注的局限性，使得模型能利用更广泛的数据资源进行训练。

1. 主干网络自监督学习 VIMER-CAE

Mask Image Modeling（MIM）方法是视觉领域中一种创新的自监督表征学习算法，它借鉴了自然语言处理中掩码语言建模（MLM，Masked Language Modeling）的思想，并将其应用于图像领域。MIM 的主要思路是通过对输入图像进行分块和随机掩码操作，让模型预测这些掩码区域的内容，从而学习到图像的内在规律和结构信息。

在 MIM 的训练过程中，模型首先将输入图像划分为一系列的小块，并随机选择一部分小块进行掩码处理。然后，模型需要基于未被掩码的小块来预测被掩码小块的内容。这种预测任务迫使模型从剩余的图像信息中提取有用的特征，并尝试恢复被掩码的部分。通过这种方式，编码器能学习到一个好的表征，该表征能捕捉到图像的全局和局部信息，为后续的任务提供强大的特征支持。

百度提出的 VIMER-CAE 方法是一种新颖且高效的 MIM（Masked Image Modeling）实现方式，该方法的核心思想在于将“表征学习”和“图像恢复预测”这两个功能进行明确的分离。具体而言，在 VIMER-CAE 的架构中，编码器被赋予学习图像表征的主要职责，通过训练优化以捕捉和提取图像中的关键信息和高阶特征；而解码器则专注于处理图像恢复预测的任务，即利用编码器提取的特征来准确地恢复被掩码覆盖的图像部分。

这种分离设计的优势在于，它使编码器能摆脱解码器性能的限制，更专注于提升表征学习的质量。在传统的方法中，编码器和解码器通常需要共同优化以完成图像恢复任务，这可能导致编码器在提取特征时受到解码器能力的制约。然而，在 VIMER-CAE 中，通过明确的任务划分，编码器可独立地优化其表征学习能力，从而提取出更加丰富、准确的图像特征。

同时，解码器在 VIMER-CAE 中也得到了充分的挖掘和利用。由于解码器只专注于图像恢复预测任务，它可更加深入地研究如何利用编码器提供的特征来恢复被掩码覆盖的图像细节。这种专注于单一任务的设计有助于解码器提升其恢复预测的准确性，进而提升整个模型的性能。

在预训练阶段，VIMER-CAE充分利用了这种分离设计的优势。编码器通过无监督学习的方式从大量未标记图像中学习通用的图像表征，而解码器则利用这些表征进行图像恢复预测的训练。这种训练方式不仅提升了编码器的表征学习能力，还使解码器在恢复预测任务上达到了较高的性能水平，如图5-46所示。

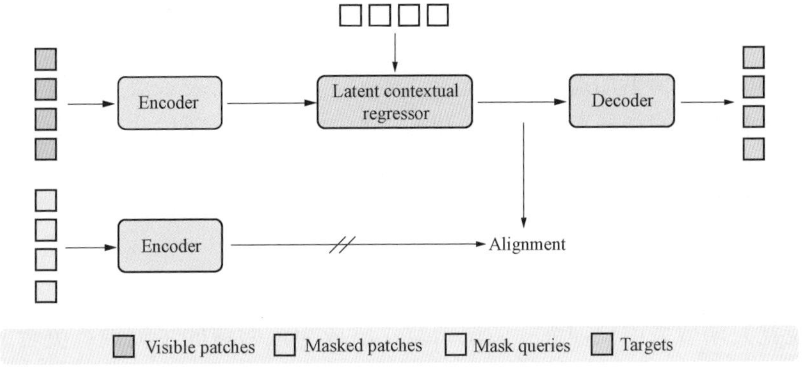

图5-46　自监督CAE算法架构

当应用于下游任务，如目标检测、分割等时，预训练的VIMER-CAE编码器能提供一个具有强大表征能力的初始化模型。这些下游任务可利用预训练的表征作为起点，通过微调来快速适应特定的任务需求。由于编码器在预训练阶段已经学习到了丰富的图像特征，下游任务在微调过程中能更快地收敛到较优的解，并实现更好的泛化性能。因此，VIMER-CAE方法为图像理解和计算机视觉领域的研究和应用提供了新的思路和方法论支持。

2. 视觉大模型检测预训练

目标检测视觉大模型采用Transformer范式结构，这一创新性的设计彻底颠覆了传统目标检测器的处理流程，从而为目标检测任务带来了显著的效率和精度提升。

在传统目标检测框架中，区域提议网络（RPN）扮演着至关重要的角色。RPN的核心思想是利用人工预设的锚框（Anchor box）在图像中生成一系列可能包含目标的候选区域。然而，这个过程不仅依赖于人工设定的锚框参数，如大小、形状和位置等，而且还需要通过复杂的后处理步骤，如非极大值抑制（NMS），来消除候选区域之间的重叠和冗余。NMS算法的效果往往受到候选区域质量和数量的双重影响，同时还需要人工设定阈值等敏感参数，这无疑增加了目标检测任务的复杂性和不确定性。

相比之下，目标检测视觉大模型通过引入 Transformer 结构，实现了从传统处理流程向端到端学习的转变。Transformer 结构以其独特的自注意力机制，能直接从原始图像特征中学习到可能包含目标的区域及其类别信息，完全摒弃了人工设计 RPN 和 NMS 的需要。这种自注意力机制使得模型能捕获图像中的全局上下文信息，并自动学习出目标的特征表示和位置信息。这种端到端的学习方式不仅极大地简化了目标检测的流程，还使得模型能更加灵活地适应各种复杂场景和多变目标，从而提高了检测的精度和速度。

此外，目标检测视觉大模型在规模庞大的通用及行业有标注数据集上进行大规模预训练，这为模型提供了丰富的训练样本和多样的场景信息。通过预训练，模型能学习到更加通用的视觉特征表示，这些特征表示对于后续的目标检测任务具有重要的指导意义。在预训练过程中，模型不断优化其权重参数，以更好地捕捉和表示图像中的目标特征。这种预训练策略使得模型在后续针对不同领域和任务进行微调时，能更快地适应新的数据分布和任务需求，实现高效的目标检测。

5.3.2.2 视觉大模型训练流程

视觉大模型采用预训练＋微调新范式已成为该领域的主流训练流程。具体来说，首先会在内部采用自监督学习的方法进行主干网络的训练，获取视觉特征提取能力，这被称为主干网络自监督训练。同时，也会利用大量公开数据集进行目标检测预训练，得到一个基础的视觉大模型。

这套预训练模型就成为后续微调训练的基础。例如在输电通道场景下，我们可利用预训练得到的基础大模型，在收集到的输电通道图像数据上进行微调训练。整个训练流程主要包括三个部分：①样本的数据准备，如标注图像数据、处理数据集等；②计算资源的准备，如 GPU 算力、存储空间等；③模型训练本身，采用微调的方法在预训练模型基础上进一步优化模型参数，使其能更好地适应输电通道这个具体应用场景。只有充分准备这三个部分，才能实现视觉大模型高质量和高效的训练，从而在输电通道应用中发挥其优异的检测能力。

（1）样本准备。视觉样本是指用于验证视觉大模型检测能力的样本数据。这些视觉样本采用有监督学习的方法，包含各种输电通道内常见的场景目标，以便模型在训练后能准确识别实际工程场景中的各类目标物体。

其中，输电通道烟火数据模拟了现场可能出现的各种烟火情况，例如绝缘子故障导致的小范围烟火或线路短路造成的大范围烟火等。通过这些数据训练后的模型将能识别烟火的位置、范围大小等特征信息，并给出对应的警报，以提醒现场工作人员进行处理。工程机械数据主要包含在场作业的各类起重机、推土机等在不同场景下的图片，通过学习这些数据，模型可识别机械是否在工作范围内操作，以防止意外事故的发生。

这些详细的视觉样本数据模拟了输电通道内各种常见场景，通过对模型的有监督训练，可使训练后的模型在实际工程检测任务中能更好地识别各类目标，提高检测准确率和召回率，以助力现场工作的高效开展。它正是视觉大模型验证和应用的重要依据。

（2）算力及硬件资源准备。视觉大模型训练需要 64 核 CPU、256 内存、4 块 A100 显卡，具体配置见表 5-17。

表 5-17　硬件资源

CPU	64 核
内存	256G
显卡型号	A100
显卡数量	4
显存大小	40G/80G
服务器网口	万兆以太网
数据存储介质	SATA
数据存储方式	本地化存储
CUDA 版本	11. */12. *

（3）大模型训练。输电通道视觉大模型训练是一个系统性和深入的过程。首先，我们选择了一款基础视觉大模型作为预训练模型，该模型在通用视觉任务上已有很好的效果，内部学习到丰富的视觉特征表示能力。然后，我们利用在步骤（1）中准备的大量真实输电通道视觉样本，对预训练模型进行了微调训练。在训练过程中，我们调整模型参数，使其学习到输电通道这一特定场景下的视觉特征。同时，我们采用了一些技术手段来防止过拟合，如数据增强、正则化等。经过长时间训练，模型在识别输电通道各类视觉目标如电线、支架等方面已有很好的进步。此外，通过在不同条件下收集的样本，模型的泛化能力也得到了提升。总体来说，该训练任务采用了预训练技术以利用大量通用数据，并在特定领域进行精细调整，有效提升了模型在输电通道场景中的识别准确率和泛化性，为后续的实际应用奠定了坚实基础。

5.3.3　结果解读与分析

视觉大模型在输电通道环境及状态的实时分析方面展现出了无可比拟的优势，其对于吊车、挖掘机、泵车、烟火等关键目标的识别准确率高达 95%以上，这一令人瞩目的成就不仅充分彰显了视觉大模型在应对复杂多变场景时的强大泛化能力，也进一步凸显了其在提升目标识别准确率方面的卓越表现。

首先，输电通道环境因其多样性和复杂性而著称，其中涉及的目标种类繁多，形态各异且往往受到光照、遮挡、角度等多种因素的影响。这就要求分析模型必须具备出色的泛化能力，能准确识别并适应各种目标及其在不同条件下的变化。视觉大模型通过在大规模、多样化的数据集上进行深入的预训练，积累了丰富的视觉特征和模式识别经验。这种预训练使得模型在面对输电通道这样的复杂场景时，能迅速捕捉到关键信息，准确识别各种目标，从而实现了高效的实时分析。

其次，针对真实场景中普遍存在的长尾类别问题，视觉大模型同样展现出了出色的处理能力。长尾类别指的是那些样本数量较少的类别，这些类别在训练过程中往往因为缺乏足够的样本而难以被模型充分学习，导致小模型的泛化能力受限，召回率较低。然而，视觉大模型通过采用先进的训练策略和技术手段，如数据增强、类别平衡等，有效提升了对这些长尾类别的识别能力。这使得模型在输电通道场景中，即便面对少数或罕见的目标，也能保持较高的召回率，确保了对输电通道环境及状态的全面、准确监控。

此外，输电通道中的部分目标可能因异常情况而呈现出独特的形态，缺乏统一的语义信息，这给目标检测带来了极大的挑战。传统的小模型往往难以准确捕捉这些异常形态目标的特征，导致检测精度受限。然而，视觉大模型通过引入 Transformer 结构，能更好地提取全局特征，对异常形态目标进行准确的建模和识别。Transformer 结构的自注意力机制使得模型能自动关注到目标的关键特征，并有效忽略无关的背景信息，从而显著提高了对异常形态目标的识别准确率。

（1）视觉大模型在人体检测任务上的表现确实很优异。这类模型通过深度学习从大量图像数据中学习到人体的外形特征，从而能较好地识别出图片中是否存在人体对象，并给出其位置等信息。与传统计算机视觉方法相比，视觉大模型利用了更加庞大的训练数据，其学习能力更强，在识别已知类型人体时表现出很高的召回率。同时，由于这类模型学习过程中消除了人工设定的特征，替代以端到端的特征学习，所以在识别不同姿态、服饰等未见过的人体类型时，也展现出很强的泛化能力。总体来说，视觉大模型在人体检测任务上已经可很好满足工业自动化、安防等领域的实际需求，同时也在不断优化提升其在这一任务上的表现，这将为相关应用提供更稳定可靠的技术支持，如图 5－47 所示。

（2）视觉大模型在烟火检测任务中提取全局特征，能有效提高检测准确率。大模型通过深层卷积神经网络可学习到图像中不同区域的特征表示，并将

基线模型漏检　　大模型正确检出

图 5-47　大模型检测效果

这些特征进行整合，得到图像的全局特征表示。与传统方法相比，大模型可捕捉到图像更广泛的上下文信息。

在烟火图像检测任务中，烟火通常占据图像的一小部分区域，而背景和其他物体占主导地位。传统方法难以区分烟火和背景之间的细微差异，而大模型通过对图像全局特征的学习，可更好地识别出烟火特有的颜色和形状特征；同时，它也可利用图像其他区域提供的上下文信息，如天空、建筑等，有效排除干扰区域，进一步提高检测准确率。所以，在这类需要识别图像局部细节的任务中，视觉大模型通过学习全局特征信息，能比传统方法工作得更好，如图 5-48 所示。

基线模型误检云朵为烟雾　　大模型过滤误检

图 5-48　大模型检测效果

在 2024 年的前两个月，即 1 月 1 日～2 月 29 日这一至关重要的时间段内，我们的电力系统原先面临着误告警的严峻挑战。据统计，这一期间内误告警次数高达惊人的 268 万余次，这一数字不仅使电力监控人员的工作负担显著增加，更对输电通道安全监测的准确性和效率产生了严重的负面影响。为了根治这一顽疾，我们团队积极投身于研究和创新之中，采用多种研判逻辑，并深入剖析误告警的根源及特点，力求找到最有效的解决方案。

经过不懈的努力和反复的试验，我们成功地将误告警次数锐减至 12 万余次，这一成绩不仅是对我们团队辛勤付出的最好回报，更是对输电通道安全监测准确性和可靠性的极大提升。具体而言，我们针对山火、烟雾和异物这三类常见的误告警类型，分别开展了深入细致的研究和优化工作。

在山火误告警方面，原先的日均误告警次数高达 1 万余次，这无疑对电力系统的安全稳定构成了严重威胁。然而，通过我们对山火特征的精确识别和优化算法的应用，我们成功地将这一数字锐减至 300 余次。这一成果的取得，主要归功于我们对山火图像特征和光谱信息的深入挖掘和分析，以及对算法识别精度的不断提升。

同样地，在烟雾误告警方面，我们也取得了显著的成效。原先的烟雾日均误告警次数为 9000 余次，经过优化处理后，这一数字成功降至 1200 余次。这主要得益于我们对烟雾扩散速度和颜色变化等特征的精准把握和算法的持续优化。通过精细化的识别和过滤机制，我们有效地降低了烟雾误告警的发生概率。

此外，在异物误告警方面，我们的优化成果同样显著。原先的异物日均误告警次数高达 2.5 万余次，而经过我们的努力，这一数字被成功控制在 600 余次以内。这主要归功于我们对异物类型和形状的精确识别以及对背景噪声的有效过滤技术的运用。通过这些技术手段的实施，我们成功地提高了异物检测的准确性并降低了误告警率。

值得一提的是，在这一系列的优化过程中，视觉大模型发挥了举足轻重的作用。通过不断提升算法的识别精度和性能表现，视觉大模型能更加准确地识别和分析输电通道中的各种目标对象，从而有效地减少了误告警的发生频率。这一技术的广泛应用不仅显著提升了输电通道安全监测的准确性和效率水平，同时也为公司在人工智能领域的应用发展提供了强有力的技术支撑和保障。

针对烟火视觉大模型的性能验证，我们设计并实施了一套严谨且系统的实验方案。为了确保模型能在各种烟火场景下表现出色，我们精心筛选了 1.3 万张已标注的高质量图片，这些图片不仅数量庞大，而且涵盖了丰富多样的烟火场景，从而为模型的训练提供了坚实的数据基础。

在大规模数据集上进行深入训练的过程中，烟火视觉大模型得以充分学习并掌握烟火的独特视觉特征和复杂变化规律。这种全面的学习使得模型在识别烟火时能展现出更高的准确性和稳定性，无论是面对清晰的烟火图像还是复杂的背景干扰，都能保持出色的识别性能。

为了全面评估模型的实际效果，我们进一步构建了包含 1000 张图片的测试集。这些测试图片同样经过精心挑选，包含了各种具有挑战性的烟火场景，旨在全面检验模型的泛化能力和对不同场景的适应性。通过这一严谨的测试流程，我们能更加客观地评估模型的性能表现。

在验证过程中，我们采用了框级和图级两种预测结果进行综合评估。框级预测主要考察模型对烟火目标位置的精确定位能力。通过对比模型预测的目标框与真实标注框之间的重合度，我们能量化评估模型在目标定位方面的准确性和稳定性。这种细致的评估方式有助于我们发现模型在定位方面的潜在不足，并为后续的改进提供有力支持，见表5-18。

与此同时，图级预测则更加注重模型对整个图像中烟火存在性的整体判断能力。通过统计模型正确识别烟火图像的比例，我们能得出模型在图级预测上的准确性指标。这一指标直观地反映了模型在识别烟火图像方面的性能表现，有助于我们全面了解模型的识别能力和泛化性能，见表5-19。

表5-18　　验证结果（框级）

视觉大模型 V1				
序号	算法模型	准确率	发现率	误检比
1	山火	54%	75.68%	1.12
2	烟雾	21%	29.82%	0.47
视觉大模型 V2				
序号	算法模型	准确率	发现率	误检比
1	山火	55%	72.79%	0.86
2	烟雾	38%	48.69%	0.5

表5-19　　验证结果（图级）

视觉大模型 V1				
序号	算法模型	准确率	发现率	误检比
1	山火	65.9%	85.5%	0.442
2	烟雾	78.8%	89.5%	0.24
视觉大模型 V2				
序号	算法模型	准确率	发现率	误检比
1	山火	67.2%	86.2%	0.42
2	烟雾	75.8%	90.2%	0.287

经过对烟火视觉大模型在输电通道场景中的深入验证，我们对其在电力行业的应用潜力和实际价值有了更为深刻的认识。烟火视觉大模型凭借其强大的特征提取和模式识别能力，在输电通道的安全监测中展现出了卓越的性能，为电力行业的智能化升级提供了新的契机。

为了进一步挖掘视觉大模型在电力行业的应用潜力，提升电力行业在视觉算法应用方面的专业能力和技术水平，我们积极开展了视觉大模型的本地化应用工作。本地化应用的核心在于实现视觉大模型与输电通道实际需求的深度融合，确保模型性能与应用场景的高度匹配。我们深知，输电通道作为电力系统的重要组成部分，其安全稳定运行对于整个电力系统的可靠性至关重要。因此，在本地化应用过程中，我们始终将保障输电通道的安全作为首要目标。

针对输电通道中的烟火识别、异物检测等关键任务，我们对烟火视觉大模型进行了精细化的优化和调整。通过改进模型的网络结构、优化算法参数等手段，我们进一步提升了模型的识别准确率和响应速度。同时，我们还充分考虑了输电通道复杂多变的环境因素，通过引入注意力机制、增强模型的泛化能力等技术手段，提升了模型在特定场景下的适应性和鲁棒性。

在本地化应用过程中，我们始终坚持以数据为驱动的原则。我们积极收集实际应用中的数据反馈，对模型进行持续改进和迭代。通过不断地优化和调整，我们确保烟火视觉大模型能始终保持最佳性能状态，更好地服务于电力行业的安全生产和运营管理。

5.3.4 案例小结

本章节主要探讨了视觉大模型的方法论与实践案例，特别关注了其在输电通道场景下的应用。首先，介绍了视觉大模型的基本概念，包括其定义、特点以及所面临的挑战。然后，详细阐述了视觉大模型的训练流程，特别是预训练与微调这一新范式的重要性及其具体应用。

在预训练阶段，视觉大模型通过自监督学习的方式从海量数据中提取有用的视觉特征，形成强大的表征能力。这一过程中，主干网络的自监督训练扮演着关键角色，它通过无标签数据的学习使模型具备初步的视觉理解能力；同时，利用公开数据集进行目标检测预训练，进一步提升了模型的检测能力，为后续任务提供了坚实的基础。

在微调阶段，针对特定的输电通道场景，本章节提出了详细的训练方案。首先强调了样本准备的重要性，包括各种输电通道内常见目标的视觉样本的收集与标注。这些样本数据对于模型的训练至关重要，它们能帮助模型更好地理解并识别实际工程场景中的各类目标物体。接着，介绍了算力及硬件资源的准备工作，详细列出了训练视觉大模型所需的硬件配置及 CUDA 版本等信息。这些硬件资源为模型的训练提供了必要的支持，确保了训练过程的顺利进行。

在训练过程中，本章节还介绍了如何利用微调技术在预训练模型的基础上进一步优化模型参数，以适应输电通道这一具体应用场景。通过长时间的训练和数据增强等技术手段的应用，模型在识别输电通道各类视觉目标方面取得了显著的进步；同时，模型的泛化能力也得到了提升，能更好地应对不同条件下的复杂场景。这为后续的实际应用奠定了坚实的基础，并为相关领域的研究和实践提供了有益的参考。

5.4 案例四：间歇性电源出力预测

5.4.1 应用场景概述

随着全球能源结构的转型，间歇性电源（如太阳能、风能等）在电力系统中的比重逐渐增加。然而，间歇性电源的出力受天气、季节等因素影响较大，给电力系统的稳定运行带来挑战。为了实现电网的稳定和高效运行，准确预测间歇性能源的出力至关重要。该部分将介绍间歇性能源的特点与挑战，分析大模型在间歇性能源预测中的优势，描述本案例的案例目标。

5.4.1.1 间歇性能源的特点与挑战

间歇性能源的主要特点包括波动性、不可控性和分散性。

波动性是指间歇性能源的出力受自然条件的影响，如风速和光照强度的变化，导致能源出力具有较大的波动性。这种波动性使得间歇性能源的出力难以准确预测，给电网运行带来了不确定性。

（1）间歇性能源的不可控性。与传统的化石燃料能源不同，间歇性能源的出力受自然条件的限制，无法通过人工手段直接控制。这意味着无法根据需求调整能源的供应，给能源的调度和分配带来了挑战。

（2）间歇性能源的分散性。太阳能和风能等间歇性能源分布广泛，地理位置不同，能源出力的变化也因地理位置而异。这种分散性要求对能源出力进行准确的时空预测，以便有效地整合和管理不同地区的能源。

正是间歇性能源的这些特点带来了一系列挑战。

间歇性能源的波动性和不可预测性使得能源出力的不确定性增加，给电网运行和能源调度带来了困难。为了确保电网的稳定运行，需要准确预测间歇性能源的出力，并采取相应的措施进行调整。

间歇性能源的不可控性要求电网具备更强的灵活性和适应性。传统的电网运行主要依赖于可控的化石燃料能源，而间歇性能源的出现要求电网能快速响应能源出力的变化，并实现能源的实时调度和优化。

间歇性能源的分散性要求建立完善的能源预测和管理系统。不同地区的能源出力变化不同，需要通过准确的预测和优化算法，实现能源的高效利用和分配。

5.4.1.2 大模型在间歇性能源预测中的优势

大模型在间歇性能源预测中的优势主要体现在以下几个方面：

（1）大模型具有强大的特征学习能力。传统的预测方法往往依赖于人工特征工程，而大模型能自动从原始数据中学习和捕捉到有用的特征，这使得大模型能更好地找出间歇性能源出力与各种影响因素之间的关系，从而提高预测的准确性。

(2) 大模型具有很好的非线性建模能力。间歇性能源的出力与各种影响因素之间往往存在复杂的非线性关系。大模型，特别是深度学习模型，能通过多层非线性变换来建模这种复杂的非线性关系，从而提高预测的准确性。

(3) 大模型具有很好的泛化能力。由于间歇性能源的出力受到多种因素的影响，如风速、光照强度、温度等，这些因素在不同的时间和地点可能会有很大的变化。大模型能从大量的历史数据中学习到这些因素与出力之间的关系，并在新的环境和条件下进行预测，从而具有很好的泛化能力。

(4) 大模型能处理大规模、高维度的数据。间歇性能源的预测需要考虑大量的历史数据以及各种影响因素。大模型能处理这些大规模、高维度的数据，并从中学习和捕捉到有用的信息，从而提高预测的准确性。

(5) 大模型具有良好的鲁棒性。由于间歇性能源的出力受到多种因素的影响，数据中可能存在噪声和异常值。大模型能从数据中学习和捕捉到有用的信息，并对噪声和异常值进行抑制，从而具有良好的鲁棒性。

同时，大模型的应用可提高模型融合性能。大语言模型可用于融合多个机器学习模型，从而提高模型的精度和稳定性。

综上所述，大模型在间歇性能源预测中具有显著的优势。其强大的特征学习能力、非线性建模能力、泛化能力、处理大规模高维度数据的能力以及鲁棒性，使得大模型在间歇性能源预测中具有巨大的潜力。

5.4.1.3 案例目标

大语言模型（LLM，Large Language Model）作为一种先进的人工智能技术，已经在自然语言处理、知识推理等领域取得了显著成果。本案例将探讨基于大语言模型＋专业模型实现光伏电站出力预测的可行性，旨在提高预测模型的训练效率和系统交互便捷性。

5.4.2 方法论与实践案例

5.4.2.1 应用核心功能设计

本案例应用核心功能模块，包括大语言模型、出力预测模型、外部工具等，如图 5-49 所示。

(1) 大语言模型。作为系统的核心组件，大语言模型通过对大量历史数据的训练，学习到间歇性电源出力与各种因素之间的关系，从而实现出力预测。

(2) 出力预测模型。针对间歇性电源的特点，结合气象、地理等信息，构建专业模型，进一步提高预测准确性。

(3) 外部工具。外部工具指相对于大模型而言的其他工具，用来拓展大模型的能力，让大模型能提供更多样化、个性化、专业化的能力。

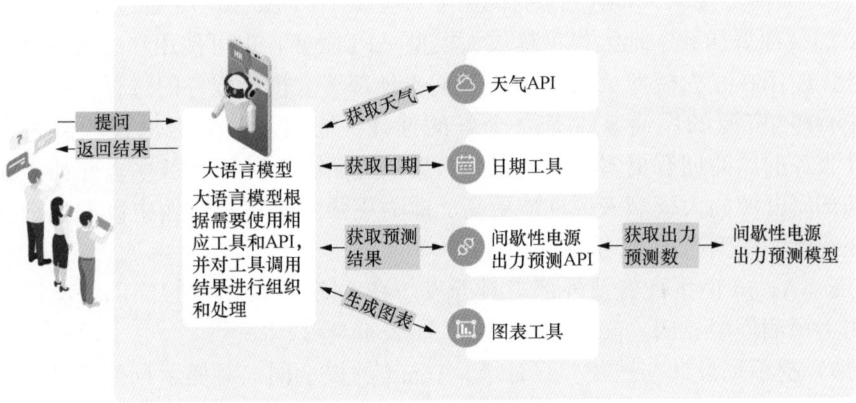

图 5-49 核心功能模块

5.4.2.2 技术路线及相关架构

(1) 开发环境与工具。操作系统为 Windows 10/11，编程语言为 Python 3.11，开发工具为 PyCharm、Visual Studio Code。

(2) 技术框架与相关依赖库。深度学习框架为 PyTorch；大语言模型：ChatGLM、GLM 等；Web 框架库为 FastAPI；应用开发平台为 Dify。

(3) 功能模块划分。

1) 数据预处理模块。对输入数据进行清洗、格式化等操作，以便后续模型训练与预测。

2) 出力预测模块。根据预处理后的历史数据训练得到出力预测模型，负责对间歇性电源的出力进行预测。

3) 外部工具模块。封装模型预测功能、天气预报功能、时间获取功能、图表生成功能，提供统一的 API 接口，方便大模型调用。

4) 前端界面。本案例使用 Dify 框架作为用户界面，展示 AI Agent 的交互效果。

5) 模型推理模块。提供大模型推理服务功能。

(4) 开发流程。

1) 数据准备。收集、整理并预处理所需数据集，为出力预测模型训练做准备。

2) 特征值提取。使用大模型提取数据的特征值，为出力预测模型训练做准备。

3) 出力预测模型训练。使用整理的数据集训练出力预测模型（本案例更侧重于大模型的应用探索，因此出力预测模型的训练步骤不在此做详细说明）。

4）Dify平台部署与启动。部署Dify平台，为AI Agent开发做准备。

5）大模型接入。Dify平台中接入大模型API服务，可通过使用Xinference加载部署加载本地大模型提供大模型API服务，也可使用在线大模型API服务。使用在线大模型API可省去我们本地部署大模型服务的过程，对于缺少相应GPU资源的厂商来说是一个好的选择。同时，一般提供在线的大模型API服务的厂商拥有更多的计算资源，提供的在线大模型API服务相比于我们本地部署开源的大模型来说性能更高、能力更强大。在本案例中我们也选择使用在线的大模型API服务。

6）Agent助手配置及外部工具开发。在Dify平台创建智能助手应用及开发出力预测模型API，配置时间工具、图表工具等。

7）提示词设计与迭代。设计AI Agent的提示词，对提示词效果进行验证和迭代。

5.4.2.3　数据准备

传统的预测方法往往依赖于人工特征工程，而大模型能自动从原始数据中学习和捕捉到有用的特征。为了进行特征值分析和提取，我们需要对光伏电站运行的历史数据进行整理。我们将某个光伏电站的一些原始数据汇总到名为gf.csv的表格中，历史数据示例见表5-20。

表5-20　历史数据示例

total_irradiance 总辐照度	data_time 数据时间	Temperature 温度	Humidity 湿度	Pressure 气压	Power 功率	wind_speed 风速	wind_direction 风速
0	2023/12/1 0：00	−1.486	41.341	1025.056	0	2.295	210.74
0	2023/12/1 0：15	−1.628	42.232	1024.986	0	2.244	213.956
0	2023/12/1 0：30	−1.776	43.177	1024.91	0	2.19	217.382
0	2023/12/1 0：45	−1.922	44.121	1024.835	0	2.136	220.838
0	2023/12/1 1：00	−2.06	44.994	1024.763	0	2.088	224.548
0	2023/12/1 1：15	−2.19	45.793	1024.692	0	2.046	228.506
0	2023/12/1 1：30	−2.312	46.517	1024.624	0	2.009	232.708
0	2023/12/1 1：45	−2.425	47.167	1024.558	0	1.978	237.147
0	2023/12/1 2：00	−2.53	47.743	1024.496	0	1.953	241.818
0	2023/12/1 2：15	−2.627	48.244	1024.438	0	1.934	246.717

5.4.2.4　特征值分析和提取

特征值分析和提取是机器学习和数据处理中的重要步骤，其主要意义包括：

（1）数据降维。高维数据往往包含大量的信息，但并非所有特征对于模型训练都是有益的。通过特征值分析，可识别出对模型贡献大的特征，从而实现数据的降维，减少噪声和冗余信息，提高模型的效率和准确性。

（2）提高学习效率。减少特征数量可缩短训练时间，特别是在使用复杂的算法时。通过提取最重要的特征，可加快模型的收敛速度，减少计算资源的消耗。

（3）改善模型性能。去除不相关或冗余的特征可减少过拟合的风险，使模型在未知数据上表现得更好。良好的特征选择可提高模型的泛化能力。

（4）数据理解。特征提取可帮助数据科学家更好地理解数据，识别出哪些属性对于预测目标最为关键，从而加深对问题域的认识。

（5）减少存储和计算成本。在处理大规模数据集时，减少特征数量可显著降低存储和计算的成本。

（6）增强模型的可解释性。特征提取可帮助识别出对预测结果影响最大的因素，从而提高模型的可解释性，这在需要模型解释的场景中尤为重要。

下面，我们开始进行特征值分析和提取的工作。我们将数据准备阶段的文件上传至 GLM-4，并让 GLM-4 帮我们分析数据之间的关系。

（1）首先，大模型读取文件，获取并分析了文件中的内容，如图 5-50～图 5-52所示。

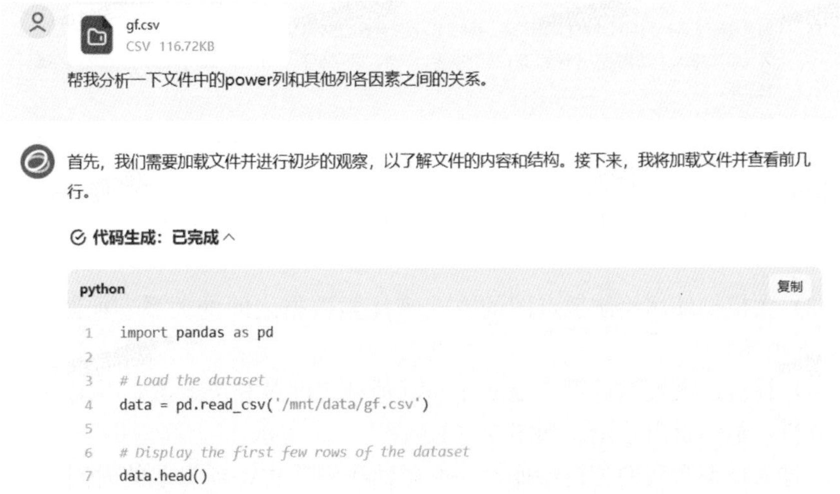

图 5-50　文件上传

结果

```
total_irradiance data_time temperature humidity pressure power
0 0.0 2023/12/1 0:00 -1.486 41.341 1025.056 0.0
1 0.0 2023/12/1 0:15 -1.628 42.232 1024.986 0.0
2 0.0 2023/12/1 0:30 -1.776 43.177 1024.910 0.0
3 0.0 2023/12/1 0:45 -1.922 44.121 1024.835 0.0
4 0.0 2023/12/1 1:00 -2.060 44.994 1024.763 0.0

wind_speed wind_direction
0 2.295 210.740
1 2.244 213.956
2 2.190 217.382
3 2.136 220.838
4 2.088 224.548
```

图 5-51　文件内容读取

文件包含以下列：

1. `total_irradiance`：总辐照度
2. `data_time`：数据时间
3. `temperature`：温度
4. `humidity`：湿度
5. `pressure`：气压
6. `power`：功率
7. `wind_speed`：风速
8. `wind_direction`：风向

为了分析 `power` 列与其他列之间的关系，我们可以首先查看这些列的基本统计信息，然后使用适当的统计图表（如散点图、热力图等）来探索它们之间的关系。此外，我们还可以使用相关系数来衡量这些列之间的线性关系。

图 5-52　文件内容分析

（2）大模型对文件中的信息进行了基本的统计分析，如图 5-53、图 5-54 所示。

（3）大模型使用绘制散点图的方式来探索数据之间的关系，如图 5-55～图 5-60所示。

（4）最后，大模型计算了 power 与其他列之间的相关系数，并对计算结果进行分析，最终得出结论。如图 5-61、图 6-62 所示。

通过大模型帮我们分析特征值，可帮助我们节省特征提取的时间，提升出力预测模型训练的效率。

需要注意的是，我们在进行特征值提取时，必须保证原始数据的真实、准首先，让我们查看这些列的基本统计信息。

代码生成：已完成

结果

```
    total_irradiance  temperature     humidity     pressure          power  \
```

count 1960.000000 1960.000000 1960.000000 1960.000000 1960.000000
mean 99.582536 1.285627 56.673046 1018.129499 14965.964898
std 163.782935 7.253061 21.424618 9.019669 30431.248966
min 0.000000 -11.328000 16.391000 999.702000 0.000000
25% 0.000000 -4.135250 39.887250 1011.025250 0.000000
50% 0.000000 -0.513000 51.509500 1018.865500 0.000000
75% 152.195000 6.985750 78.270500 1024.718250 10728.550000
max 521.700000 20.361000 94.884000 1035.940000 143722.700000

```
     wind_speed  wind_direction
```

count 1960.000000 1960.000000
mean 3.488771 167.186182
std 1.822673 95.135649
min 0.678000 13.161000
25% 2.174000 70.977500

图 5-53　数据统计

50% 2.898500 193.193000
75% 4.448250 229.043250
max 8.075000 332.800000

这是数据的基本统计信息：

1. `total_irradiance`（总辐照度）的平均值为99.58，最大值为521.70。
2. `temperature`（温度）的平均值为1.29，最大值为20.36。
3. `humidity`（湿度）的平均值为56.67，最大值为94.88。
4. `pressure`（气压）的平均值为1018.13，最大值为1035.94。
5. `power`（功率）的平均值为14966，最大值为143722.70。注意，功率的最小值为0，这意味着可能有大量的零值。
6. `wind_speed`（风速）的平均值为3.49，最大值为8.08。
7. `wind_direction`（风向）的平均值为167.19，最大值为332.80。

图 5-54　统计结果分析

确、全面；否则，可能造成特征值提取错误、缺少，最终影响预测模型的预测效果。

接下来，我们可以绘制散点图来探索 `power` 与其他列之间的关系。为了简化分析，我们首先关注与 `power` 可能存在较强关系的几个列，如 `total_irradiance`、`temperature` 和 `wind_speed`。

让我们首先绘制 `power` 与 `total_irradiance` 的散点图。

代码生成：已完成

python 复制

```python
import matplotlib.pyplot as plt

# Scatter plot of power vs total_irradiance
plt.figure(figsize=(10, 6))
plt.scatter(data['total_irradiance'], data['power'], alpha=0.5)
plt.title('Power vs Total Irradiance')
plt.xlabel('Total Irradiance')
plt.ylabel('Power')
plt.grid(True)
plt.show()
```

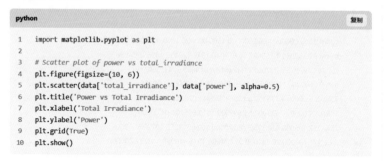

图 5 - 55　绘制功率与总辐照度散点图

结果

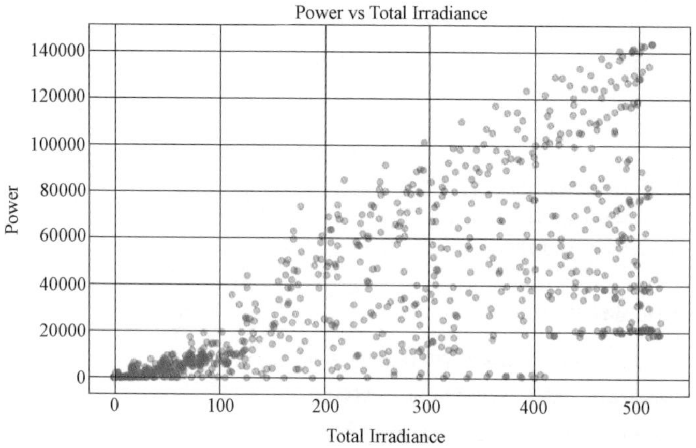

从上图可以看出，power（功率）和 total_irradiance（总辐照度）之间存在一定的正相关性，尤其是在总辐照度较高的区域。

图 5 - 56　功率与总辐照度散点图

5.4.2.5　大模型接入

首先，我们需要准备好 Dify 环境，我们可参考第三章“大模型与工具”部分进行 Dify 的部署和启动。

我们在 Dify 中设置好账号后，登录进入页面，如图 5 - 63 所示。

在设置页面我们可添加模型供应商。在这里可配置本地模型的 API 地址，也可使用 OpenAI、智谱 AI 等大模型厂商提供的大模型在线 API 服务，如图接下来，让我们绘制 `power` 与 `temperature` 的散点图。

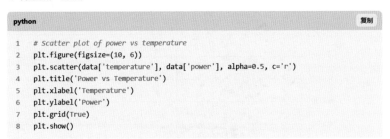

⊘ **代码生成：已完成** ^

python 复制

```python
# Scatter plot of power vs temperature
plt.figure(figsize=(10, 6))
plt.scatter(data['temperature'], data['power'], alpha=0.5, c='r')
plt.title('Power vs Temperature')
plt.xlabel('Temperature')
plt.ylabel('Power')
plt.grid(True)
plt.show()
```

图 5-57　绘制功率与温度散点图

结果

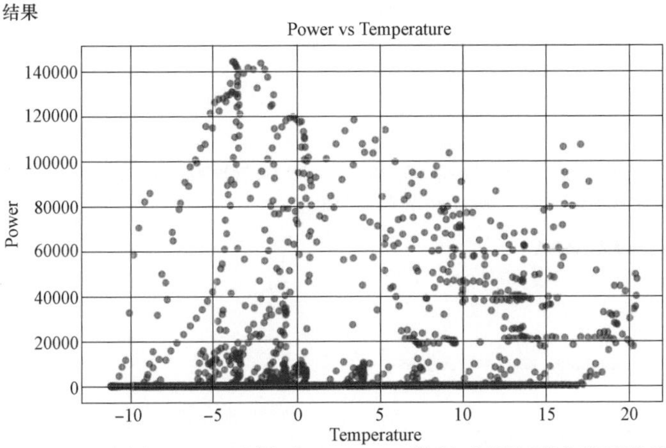

从上图可以看出，power（功率）和temperature（温度）之间似乎没有明显的线性关系。数据点在图中较为分散。

图 5-58　功率与温度散点图

接下来，让我们绘制 `power` 与 `wind_speed` 的散点图。

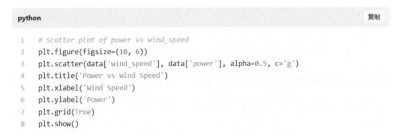

⊘ **代码生成：已完成** ^

python 复制

```python
# Scatter plot of power vs wind_speed
plt.figure(figsize=(10, 6))
plt.scatter(data['wind_speed'], data['power'], alpha=0.5, c='g')
plt.title('Power vs Wind Speed')
plt.xlabel('Wind Speed')
plt.ylabel('Power')
plt.grid(True)
plt.show()
```

图 5-59　绘制功率与风速散点图

结果

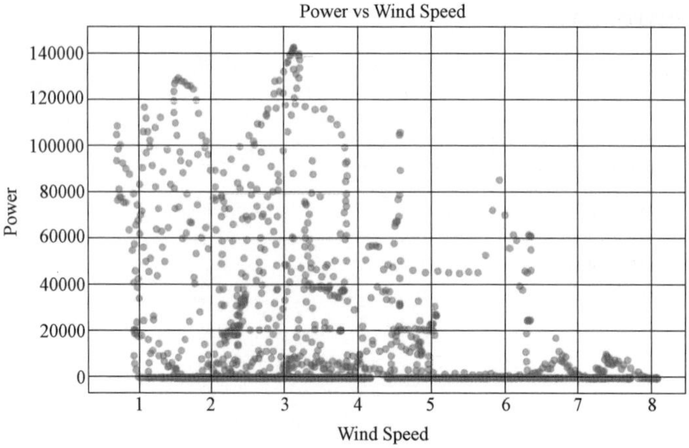

图 5-60　功率与风速散点图

为了更全面地了解 power 与其他列之间的关系，我们可以计算它们之间的相关系数。这将为我们提供它们之间线性关系的量化度量。让我们计算这些列之间的相关系数。

代码生成：已完成

python　复制

```python
# Compute correlation matrix
correlation_matrix = data.corr()

# Display the correlation matrix for power and other columns
correlation_matrix[['power']]
```

结果

/mnt/data/ipykernel_6/203373486.py:2: FutureWarning: The default value of numeric_only in DataFrame.corr is deprecated. In a future version, it will default to False. Select only valid columns or specify the value of numeric_only to silence this warning. correlation_matrix = data.corr() power total_irradiance 0.807311 temperature 0.129885 humidity -0.362773 pressure 0.105513 power 1.000000 wind_speed -0.181007 wind_direction 0.015151

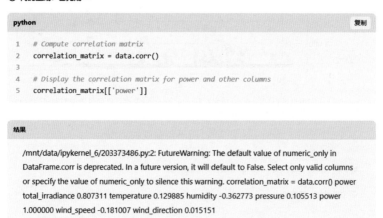

图 5-61　计算功率与其他列数据的相关系数

5-64所示。目前国内的大模型厂商如智谱 AI、讯飞星火大模型等都提供了一定数量的免费 token 供开发者使用体验。本案例我们选择使用智谱 AI 的在线 API 服务。

访问智谱 AI 开发平台（https：//open. bigmodel. cn/），进入控制台页面，如图 5-65 所示。

这是 `power` 与其他列之间的相关系数:

1. `total_irradiance` (总辐照度) 与 `power` 之间的相关系数为 0.807，表明它们之间存在强烈的正相关性。
2. `temperature` (温度) 与 `power` 之间的相关系数为 0.130，表明它们之间存在较弱的正相关性。
3. `humidity` (湿度) 与 `power` 之间的相关系数为 -0.363，表明它们之间存在中等程度的负相关性。
4. `pressure` (气压) 与 `power` 之间的相关系数为 0.106，表明它们之间存在较弱的正相关性。
5. `wind_speed` (风速) 与 `power` 之间的相关系数为 -0.181，表明它们之间存在较弱的负相关性。
6. `wind_direction` (风向) 与 `power` 之间的相关系数为 0.015，表明它们之间几乎没有线性关系。

综上所述，`total_irradiance` (总辐照度) 和 `humidity` (湿度) 似乎对 `power` (功率) 有较大的影响。您可以根据这些信息进一步分析或进行更深入的研究。如果您有其他问题或需要进一步的分析，请告诉我!

图 5－62　分析相关性

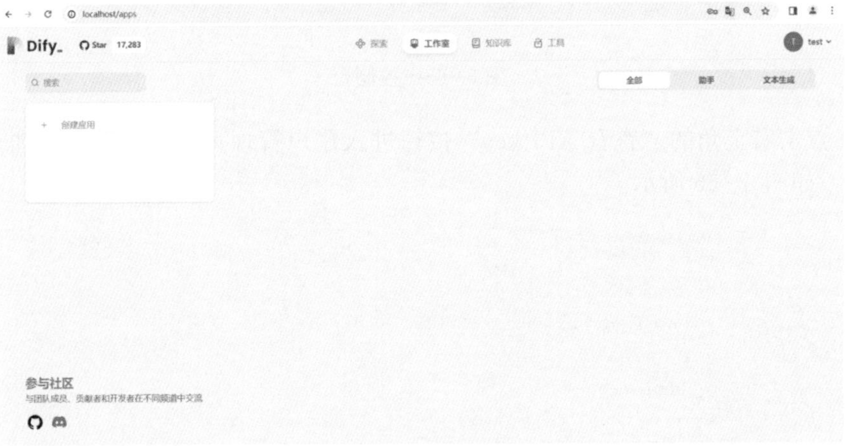

图 5－63　Dify 首页

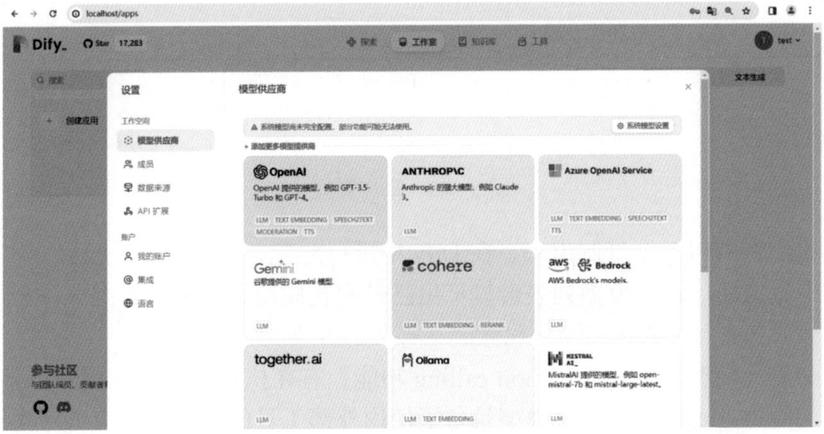

图 5－64　模型供应商配置

图 5-65　控制台

点击右上角的“查看 API key”按钮进入账户管理页面，查看和添加 API key，如图 5-66 所示。

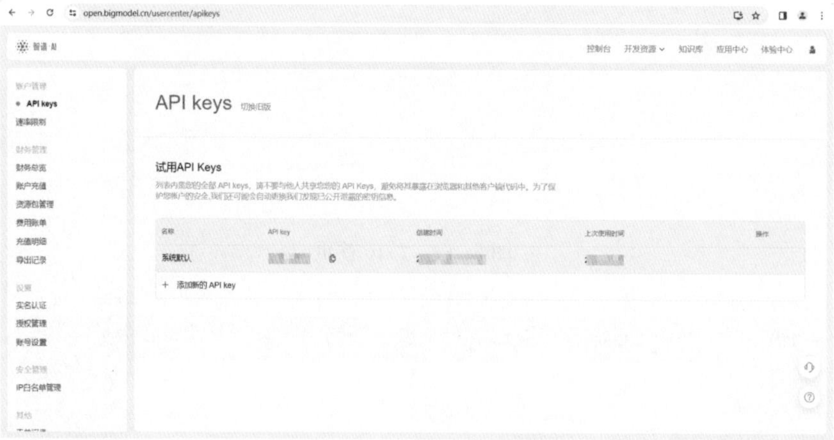

图 5-66　账户管理

我们将 API key 复制出来，在 Dify 中进行配置，如图 5-67 所示。

配置成功后，在模型列表会显示出已经配置成功的模型，如图 5-68 所示。

5.4.2.6　AI Agent 助手配置及外部工具开发

随着大模型具备了 Function calling 功能，有在执行任务时调用外部函数或服务的能力，也就意味着大模型具备了使用外部工具的能力，相应的产生了 AI Agent 的概念，

AI Agent 也称为智能体，大模型具有使用工具的能力，意味着它们可在适

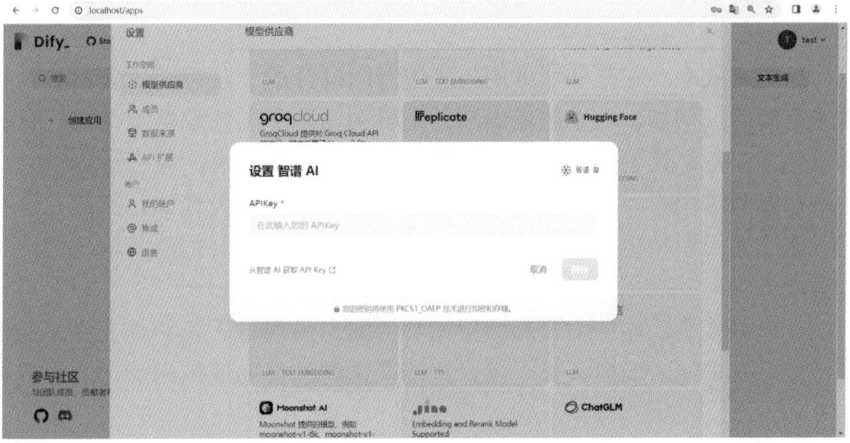

图 5 - 67　API Key 配置

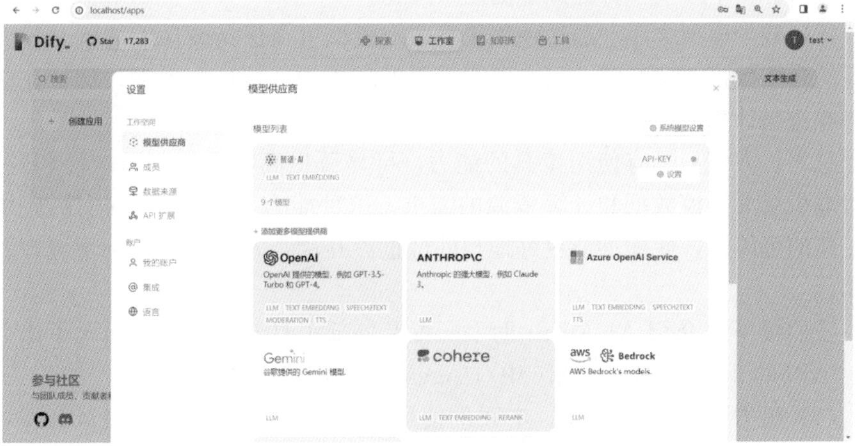

图 5 - 68　模型配置

当的时候调用外部工具或服务来完成任务，这具有以下几个重要意义：

（1）增强模型能力。大模型通过使用工具扩展其能力范围。例如，一个语言模型可调用一个数据库查询工具来获取特定信息，或使用一个计算器工具来处理复杂的数学问题。

（2）提高任务适应性。工具的使用使大模型能更好地适应各种任务和领域。通过调用特定领域的工具，模型可在不需要额外训练的情况下，处理该领域的特定问题。

（3）减少训练需求。大模型通过使用工具可减少对大规模数据的需求。对于一些特定的任务，模型可通过调用工具来获取必要的信息，而不需要从头开始学习。

（4）提高效率。在某些任务中，使用专门设计的工具可能比模型自己计算或推理更高效。例如，一个图像识别模型可调用一个图像编辑工具来执行特定的图像处理任务，这可能比模型自己执行相同的任务更快。

（5）降低错误率。工具往往是为了解决特定问题而设计的，因此在这些问题上可能比通用模型更准确。大模型通过使用这些工具可提高其输出的准确性和可靠性。

（6）促进人机协作。大模型使用工具的能力可促进人机协作。在某些情况下，模型可确定何时需要人类干预，并请求人类的帮助或使用特定的工具来完成任务。

（7）实现复杂推理。大模型可通过组合多个工具来执行复杂的推理任务。例如，一个自然语言处理模型可能需要调用一个知识图谱工具和一个文本分析工具来回答一个涉及多方面知识的复杂问题。

（8）减少模型大小。通过使用工具，大模型可在保持高性能的同时减少其自身的参数数量。这意味着可在资源受限的环境中部署这些模型，例如在移动设备或边缘计算环境中。

总之，大模型具有使用工具的能力，可显著提高其性能、适应性和效率，同时减少对大规模数据和计算资源的需求。这种能力为 AI 模型的实际应用开辟了新的可能性，使模型能更好地与外部世界互动，并在各种复杂环境中发挥作用。

我们接下来介绍 AI Agent 助手配置及外部工具开发，主要包含了出力预测等 API 的开发及如何在 Dify 中对 Agent 助手进行工具的配置。

（1）出力预测 API 开发。本案例使用 FastAPI 库进行 API 接口开发，核心方法包括光伏电站位置获取、光伏电站出力预测。代码如下：

```
import uvicorn
from fastapi import FastAPI

app = FastAPI()



@app.get("/location")
async def location(station_name):
    """
    获取场站位置信息
```

```
        :return：变电站位置信息
            """
            city = get_station_location(station_name)
            return city


    @app.get("/pv_station")
    async def pv_station(name, weather, date):
        """
        光伏电站出力预测
        :param name:场站名称
        :param weather:天气数据
        :param date:日期
        :return:
        """

        #验证参数
        check_name(name)
        check_weather(weather)
    check_date(date)

        #调用预测模型 API
        result = get_pv_station_pre_power(name, weather, date)

        return result


    if __name__ == '__main__':
        uvicorn.run(app, host = "127.0.0.1", port = 28088)
```

（2）AI Agent 助手创建及配置及外部工具开发。首先，进入到“工具”页面（见图 5 - 69），Dify 已经内置了一部分工具。我们点击“创建自定义工具”按钮添加我们的 API 接口工具。

进入“创建自定义工具”页面（见图 5 - 70），填写相应的名称和 Schema 信息。

Schema 使用 OpenAPI - Swagger 规范，我们的工具 Schema 使用 json 格式进行定义，内容如下：

图 5-69　工具

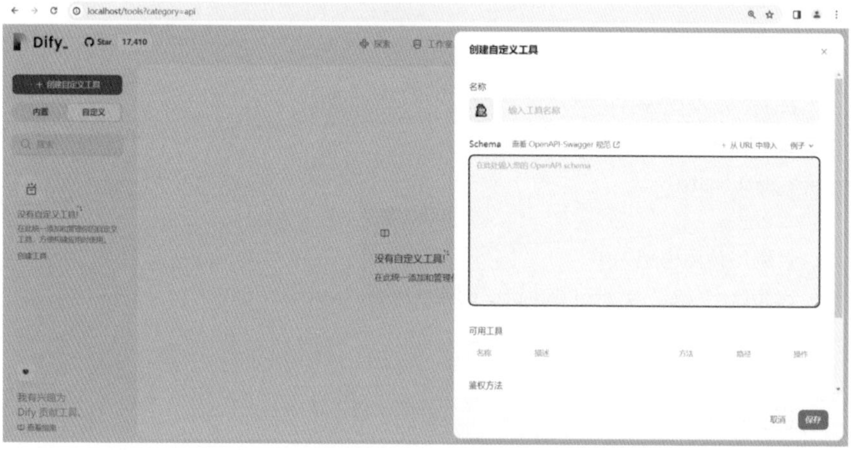

图 5-70　创建自定义工具

```
{
    "openapi": "3.1.0",
    "info": {
        "title": "光伏电站出力预测",
        "description": "提供光伏电站出力预测相关 API",
        "version": "v1.0.0"
    },
    "servers": [
        {
            "url": "http://127.0.0.1:28088"
```

```
            }
        ],
        "paths": {
            "/pv_station": {
                "get": {
                    "description": "根据天气信息获取指定日期某个光伏电站出力预测数
据",
                    "operationId": "光伏电站出力预测",
                    "parameters": [
                        {
                            "name": "name",
                            "in": "query",
                            "description": "电站名称",
                            "required": true,
                            "schema": {
                                "type": "string"
                            }
                        },
                        {
                            "name": "weather",
                            "in": "query",
                            "description": "天气信息",
                            "required": true,
                            "schema": {
                                "type": "string"
                            }
                        },
                        {
                            "name": "date",
                            "in": "query",
                             "description": "日期。格式为 yyyy - MM - dd,如 2024 - 02 -
01",
                            "required": true,
                            "schema": {
                            "type": "string"
                        }
                    }
                ],
```

```
          "deprecated": false
        }
    },
      "/location"    : {
          "get": {
            "description": "根据电站名称获取电站位置信息",
            "operationId": "光伏电站位置信息",
            "parameters": [
              {
                "name": "station_name",
                "in": "query",
                "description": "电站名称",
                "required": true,
                "schema": {
                "type": "string"
              }
            }
        ],
        "deprecated": false
          }
        }
      },
      "components": {
        "schemas": {}
      }
    }
```

我们的工具创建完成之后，下面进入到“工作室”页面（见图 5 - 71），创建我们的应用。

点击“创建应用”，选择应用类型为“助手”，填写应用名称，如图 5 - 72 所示。

点击“创建”按钮后，进入助手配置页面（见图 5 - 73）。在该页面，我们选择助手类型为“智能助手”，只有该类型的助手才有使用工具的能力。

接下来，添加我们将会用到的相关工具，包含：光伏电站出力预测、光伏电站位置信息、当前时间、高德天气、线性图表等工具，如图 5 - 74 所示。

至此，智能助手的工具配置完成。

5.4.2.7　提示词设计与结果验证

提示词的设计在 AI Agent 开发过程中扮演着至关重要的角色。提示词，

图 5 - 71　工作室

图 5 - 72　创建应用

即提供给 AI Agent 的初始输入或指令，对指导其行为和决策具有直接的影响。以下是提示词设计在 AI Agent 开发过程中的几个关键作用：

（1）任务指导。提示词为 AI Agent 提供了关于它需要执行的任务的详细信息。通过精心设计的提示词，开发者可确保 AI Agent 理解其目标，并采取适当的行动来实现这些目标。

（2）行为建模。在设计 AI Agent 时，开发者需要定义其可能的行动空间。提示词帮助开发者根据不同的情境和目标，为 AI Agent 提供适当的行为选项。

（3）学习优化。在 AI Agent 的学习过程中，提示词可作为训练数据的一部分，帮助 AI Agent 从示例中学习并优化其决策策略。通过提供多样化的提

图 5-73　助手配置

图 5-74　工具添加

示词，可提高 AI Agent 的泛化能力和适应性。

（4）用户交互。对于面向用户的 AI Agent，如聊天机器人或虚拟助手，提示词的设计直接影响用户体验。良好的提示词设计可引导用户进行更有效的交流，并帮助 AI Agent 更好地理解用户的意图。

（5）错误处理。当 AI Agent 遇到未知情况或错误时，提示词可指导其如何应对和解决问题。通过设计能处理异常情况的提示词，可增强 AI Agent 的鲁棒性和可靠性。

（6）性能评估。在 AI Agent 的开发和测试阶段，提示词用于评估 AI Agent的性能。通过设计覆盖各种场景和难度的提示词，开发者可全面评估 AI

Agent 的能力和局限性。

总之，提示词的设计对于确保 AI Agent 能有效地执行任务、与用户进行交互以及适应不断变化的环境至关重要。因此，在 AI Agent 的开发过程中，开发者需要仔细考虑和优化提示词的设计，以提高 AI Agent 的整体性能和用户体验。

在本案例中，我们通过设置系统提示词（System Prompt）提供给模型上下文信息，用以指导模型生成响应的方式和内容。提示词内容设计如下：

> ＃职位描述：光伏电站出力预测分析
>
> ＃＃角色
>
> 你是一个专业的光伏电站出力预测分析助手，你可是使用下面提供的工具完成用户要求的任务。
>
> ＃＃工作流程
>
> 进行光伏电站出力预测时，按顺序自动执行以下步骤：
>
> 步骤 1：从用户的输入信息中提取“电站名称”“日期”等信息。如果相关信息缺少或不完整，请提醒用户提供相应的信息。
>
> 步骤 2：使用‘current _ time’工具获取当前时间，根据当前时间判断用户提供的“日期”是否为今天之后的日期。如果用户提供的日期在今天之后，请根据当前时间计算出准确的日期，并把日期格式转换为‘yyyy-MM-dd’格式返回；如果用户提供的日期不是在今天之后，提醒用户只能提供今天之后的光伏电站出力预测数据。
>
> 步骤 3：根据［步骤 1］中获得的“电站名称”，使用‘光伏电站位置信息’工具去获取相应电站位置信息。
>
> 步骤 4：根据［步骤 3］返回的电站位置信息，使用‘gaode _ weather’工具去获取相应的天气数据。
>
> 步骤 5：根据用户提供的场站名称、［步骤 2］中获取的‘yyyy-MM-dd’格式的日期和［步骤 4］获取的天气数据去获取光伏电站出力预测数据。
>
> 步骤 6：根据［步骤 5］获取的出力预测数据生成折线图，x 轴为“时间”。
>
> 步骤 7：根据［步骤 1］、［步骤 2］、［步骤 3］、［步骤 4］，［步骤 5］、［步骤 6］获取的内容描述光伏电站出力预测数据的情况。整合以上内容，使用 Markdown 遇到进行结构化输出。

```
##注意事项:
-你的回答应严格针对分析任务。使用结构化语言，逐步思考。
-使用的语言应与用户的语言相同。
-务必按上边的［工作流程］规定的步骤一步一步地执行。
```

应用发布后，我们可进行对话，效果如图5-75、图5-76所示。

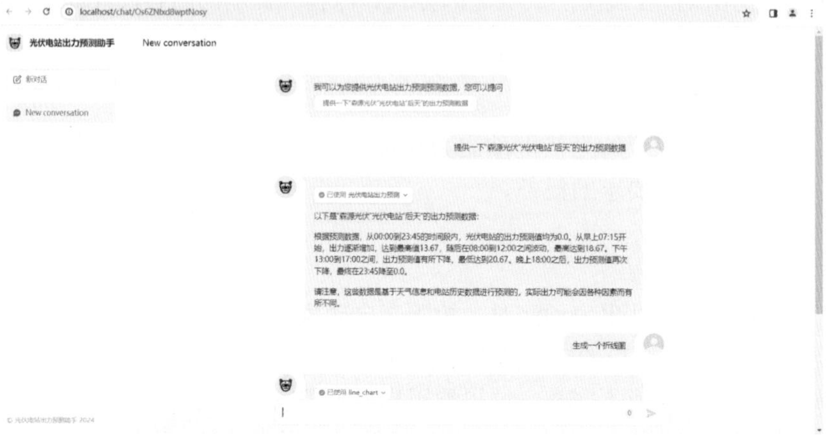

图5-75　光伏电站出力预测助手使用工具进行功率预测

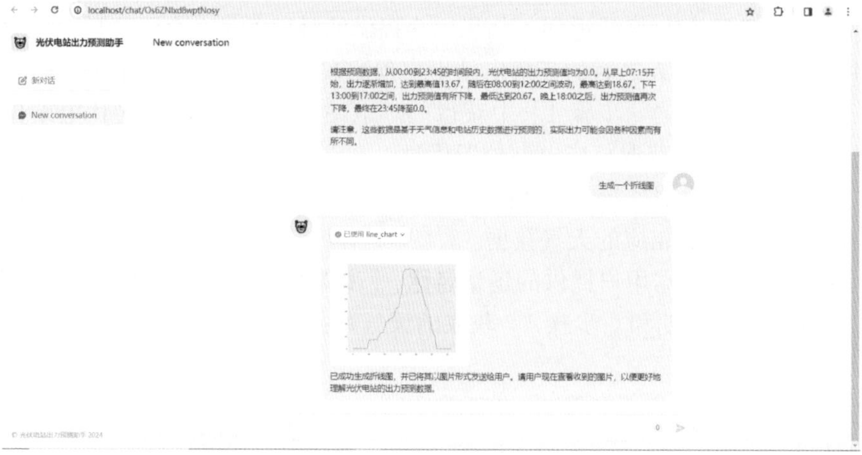

图5-76　光伏电站出力预测助手绘制折线图

根据预测助手的回答情况，我们可看出，预测助手并没有按我们的系统提示词设定的步骤去完成任务。

经过多次验证，我们可通过分步骤的提问，让助手实现我们想要的效果。

首先，我们可先询问相关光伏发电站的天气信息，如图 5 - 77 所示，可看到，预测助手先去调用“光伏电站位置信息”工具获取了光伏发电站的位置信息，然后又调用了“gaode _ weather”工具获取了天气信息。

图 5 - 77　光伏电站出力预测助手获取光伏电站位置和天气

接下来，我们再让预测助手去获取出力预测数据。预测助手实现了我们预期的效果，它先调用了“光伏电站出力预测”工具获取到出力预测数据，接下来又根据预测数据生成了对应的折线图，如图 5 - 78 所示。

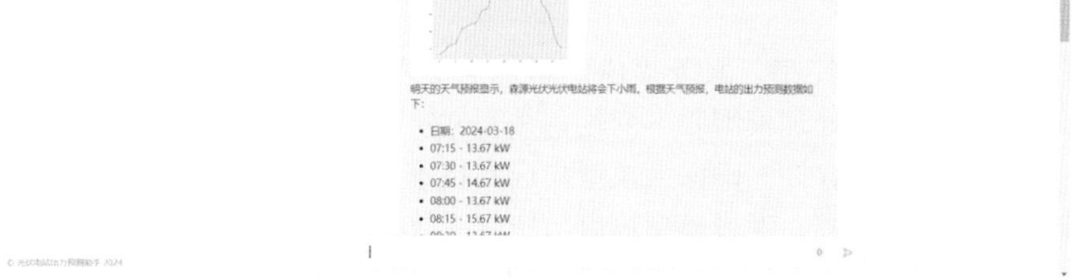

图 5 - 78　光伏电站出力预测助手进行出力预测并生成折线图

5.4.3 结果解读与分析

本案例基于大语言模型＋专业模型实现光伏电站出力预测，在一定程度上能提高预测模型的训练效率和系统交互便捷性，但其中还存在一些问题需要我们进一步地去解决。比如，大模型输出结果还存在一定程度的不可控性，不能完全按我们预设的步骤去执行相应的任务。一方面，是由于大模型识别和判断如何使用工具的能力还有待改进；另一方面，我们在进行提示词设计时，还需要不断地进行迭代验证，才能让大模型输出更符合我们的预期。

本案例对大模型如何结合具体的应用场景进行应用开发进行了一些验证工作，可看出我们在使用大模型做应用程序的开发过程中，需要考虑的技术细节还有很多，比如：

（1）API 接口。如果选择使用云服务提供商的大模型（如智谱 AI 的 GLM），需要熟悉其 API 接口，包括请求格式、参数设置、认证机制和速率限制，确保您的应用能正确地发送 API 请求并处理响应数据。

（2）性能和延迟。大模型通常需要较长的响应时间，这可能影响用户体验。考虑如何优化您的应用以减少等待时间，例如使用异步处理或缓存结果。

如果性能是一个关键因素，可能需要考虑在本地部署模型，但这通常需要强大的计算资源。

（3）数据安全和隐私。确保通过 API 发送的数据得到适当的保护，使用 HTTPS 等加密协议。了解服务提供商如何处理数据，并确保符合相关的数据保护法规。

（4）成本管理。大模型的 API 调用通常不是免费的，可能会根据使用量收费。监控和管理 API 的使用以控制成本。考虑实施预算限制或使用配额系统来避免意外的费用。

（5）错误处理和重试逻辑。设计健壮的错误处理机制，确保应用在 API 调用失败时能优雅地处理。实现重试逻辑以应对临时性问题，同时避免无限重试导致的资源浪费。

（6）模型版本控制。服务提供商可能会更新其模型，这可能影响您的应用。确保了解如何处理模型版本变化，并测试新版本对您应用的影响。

（7）集成和兼容性。确保大模型集成到技术栈中，与现有的数据库、后端服务和前端应用兼容。考虑模型输出与您应用数据格式的匹配和转换。

（8）监控和日志记录。实施监控以跟踪 API 的响应时间和错误率。记录 API 调用以便于调试和性能分析。

（9）定制化和微调。如果需要，了解如何对大模型进行微调以更好地适应应用场景。考虑如何收集用户反馈和交互数据以进一步优化模型性能。同时，在设计用户界面时考虑大模型的限制和特点，确保用户能理解模型的输出并与之有效交互。

集成大型模型是一个复杂的过程，需要跨学科的技能，包括软件开发、机器学习知识和用户体验设计。确保在开发过程中进行充分的测试，并准备好根据用户反馈和业务需求进行调整。

5.5 本 章 小 结

通过这些案例研究，深入剖析了大模型在各个领域的应用和实践。我们可看到大模型在各个领域的广泛应用和巨大潜力。例如，在电力采集终端智能物联垂直大模型案例中，我们了解到大模型在智能物联网领域的应用，可提高电力采集的效率和准确性；在基于大模型的员工智能助手案例中，我们看到了大模型在人力资源管理领域的应用，可提高员工的工作效率和资源管理水平。

这些案例不仅展示了大模型在实际应用中的优势，还提供了实际操作的参考和借鉴。通过这些案例的学习，读者可更好地理解大模型的应用场景和方法论，为自己的实际工作提供指导。

6　未来趋势与建议

国务院国资委明确指出，国资央企要大力发展战略性新兴产业和未来产业，加快培育具有重大引领带动作用的人工智能企业和产业，抢占科技革命和产业变革的制高点。国家能源局要求推动能源产业与数字技术融合发展，构建以数字化、智能化为主要特征的新型能源体系，提升智能感知、智能调控和智能运维水平，以新模式、新业态构建数字化、智能化电网生态。

电力领域大模型作为人工智能与电力行业深度融合的产物，日益展现出其巨大的潜力和价值，是智能电网的重要发展方向。随着电力行业智能化需求的持续增长，电力领域大模型正以前所未有的速度拓展其影响力，极大促进了电力行业的智能化发展。在电力领域大模型产业化落地过程中，我们应密切关注大模型的技术发展趋势，积极开展大模型在电力行业各类应用场景中的研究工作。同时随着电力大模型产业化进程的不断深入，我们应不断优化和完善相关政策体系，为大模型在电力行业的广泛应用提供有力的制度保障。

6.1　技术发展趋势

随着电力行业市场化改革的深化、碳减排目标的坚定推进、分布式电源的广泛应用、能效消费电动化的日益普及、清洁能源转型的加速进行，以及虚拟电厂、能源互联网、有序用电、需求响应等新兴业态的蓬勃发展，电力行业的技术进步日益凸显出“智能化、绿色化、自动化、数字化”的鲜明特征。电力行业的数智化发展需要与大模型技术的深度融合势在必行，在融合过程中我们必须紧密关注大模型的最新动态与发展趋势（见图 6 - 1），以确保电力行业能充分吸收和利用大模型技术的创新成果，推动数智化转型的深入发展。

6.1.1　更大规模与更强推理

大模型的发展正沿着更大规模和更强推理两个核心方向迅速推进。首先，在模型规模方面，随着硬件算力的不断提升和分布式训练技术的成熟，大模型的参数规模已经达到了前所未有的程度。例如 GPT 系列、Meta 的 OPT - 175B、鹏城 - 百度 · 文心（模型版本号：ERNIE 3.0 Titan）、华为盘古系列、阿里通义千问 2.0 等前沿模型，其参数量已经超过了千亿级别，从而能存储更为丰富的知识表示，并展现出更为强大的表征学习能力。通过不断提高参数规模，大模型能更精准地捕捉数据中的细微规律与复杂关系，为预测和生成结果提供更高的准确性；同时，大模型还能容纳更为详尽的数据特征，实现多任务学习和零样本/少样本学习，即便在没有或仅有少量特定任务训练数据的情况下，也能展现出卓越的泛化能力和适应性，从而使其能广泛应用于更加复杂和多元化的场景之中。

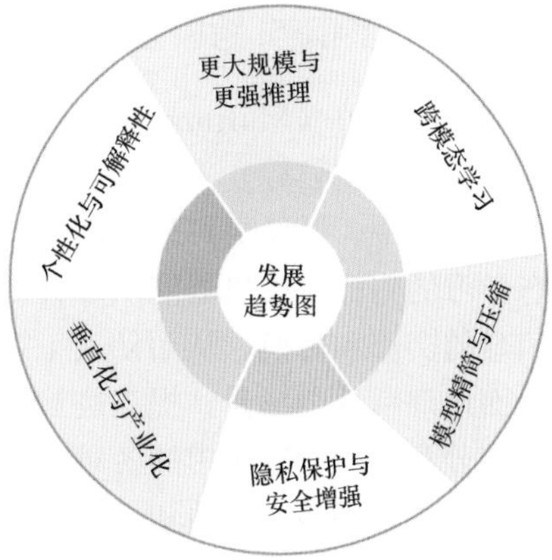

图 6 - 1　发展趋势图

其次，在推理能力方面，大模型正在向更高的认知层级发展。除了传统的数值推理、时序推理、逻辑推理、上下文推理和基于统计和模式匹配的预测能力外，大模型更致力于强化一系列高级推理能力。研究人员正在积极提升因果推理、空间推理、类比推理、元推理等复杂推理机制，同时也不断增强社会文化推理、情感推理等更具人文关怀的推理能力。此外，研究人员还致力于发展自适应推理能力，以应对不同场景下的变化需求。特别值得一提的是，基于连续型和离散型知识的混合推理能力，可使大模型更为全面理解和应对复杂多变的现实世界。比如大模型能深入理解事件之间的因果关联，通过构建复杂的因果图谱，推断出特定条件下的因与果，而不仅限于表面的相关性分析；大模型进一步探索了情感理解与表达的深层次机制，能识别人类情绪、解读情绪背后的意义，并做出恰当的情绪反应；大模型提升混合推理能力是模拟人类智能的关键一环，在现实世界中，很多问题都涉及连续性和离散性知识的混合运用。

此外，大模型也在探索如何实现跨模态的统一表征学习，以便在视觉、听觉、语言等多种感知输入之间进行深度融合和推理。这类大模型不仅能在单一领域内进行深度推理，还能跨越不同领域的知识边界，进行综合性的推理与决策。

综上所述，更大参数规模和更强推理能力的大模型，正在重新定义 AI 系统的智慧边界，在解决实际问题时更加接近人类的认知行为，从而广泛应用于科学研究、商业决策、人机交互等多个前沿领域。

6.1.2 多模态/跨模态学习

多模态学习（Multimodal Learning）即利用多种不同的数据模态（文本、图像、音频、视频等）来训练模型，旨在将不同模态的数据映射到一个统一底层语义空间中，以便更好地理解和处理不同模态数据间的关联性和一致性。多模态学习的目标是让机器能从多种模态中学习各个模态的信息，并实现各个模态信息的交流和转换，从而使人工智能更好地理解和推理多模态信息，进而可更全面地理解复杂场景，提高决策的准确性和效率。在实际应用中，多模态技术能充分利用行业应用中的各种信息源，例如智能音响不仅能听懂人的命令，还能根据人的手势、表情和声音来调整回答。

跨模态学习（Cross - modal Learning）旨在实现不同模态（如视觉、听觉、触觉等）之间的信息传递和理解。它涉及从一个模态（例如文本）提取信息，并使用这些信息来理解或增强另一个模态（例如图像或声音）的内容。跨模态学习的目标在于探索和利用不同模态之间的相关性和互补性，从而提供更全面、准确的数据处理和分析结果。例如，通过分析文本和图像中的情感信息，模型可理解并识别文本和图像中表达的情感状态，从而用于情感分类、舆情监测等场景。

跨模态学习与多模态学习虽然都涉及处理来自不同数据模态的信息，但两者略有不同。跨模态学习主要关注如何在一个模态中表示、查询或恢复来自另一个模态的信息，侧重于不同模态间的信息传递和理解；多模态学习则主要侧重于结合多个模态的信息来执行某个任务，即从每种模态中提取有意义的特征，并将这些特征结合起来完成某项任务。

在传统的单模态学习中，模型通常只专注于处理某一类型的数据，而在现实世界中，信息往往是多模态并存且相互关联的。多模态/跨模态大模型成功地打破了传统单模态模型的信息孤岛效应，实现了多源异构数据的有效整合与利用。多模态/跨模态学习正是模拟人类认知系统中多元感知和理解的过程，通过构建能跨越视觉、听觉等多种感官输入的学习框架，使得模型能更好地理解和表达丰富的现实情境。

具体实践中，多模态/跨模态大模型通过共享表示空间、协同训练等方式，实现不同模态数据之间的语义交互和信息融合。例如，视觉与文本的跨模态任务中，模型能精确地定位图像中的关键区域并与相应的文本描述进行语义匹配，进而生成准确而丰富的跨模态表达；语音与文本模型则能实现语音转文字或文字转语音的功能，甚至理解并生成带有情感色彩的对话内容。在训练过程中，模型采用联合优化策略，让各个模态的数据同时参与训练，并相互引导、约束彼此的学习过程，实现模态间的协同训练。

此外，多模态/跨模态学习还涉及多模态感知、多模态认知、多模态表达等一系列前沿技术，不仅提高了模型在单一模态上的表现，还在跨模态任务上展现了巨大的潜力，对于构建全方位、立体化的智能体具有重要意义。未来，跨模态大模型将在人机交互、虚拟现实、智能家居、自动驾驶等多个领域发挥关键作用，引领人工智能技术向更高层次的智能化方向发展。多模态学习的技术特点如图 6-2 所示。

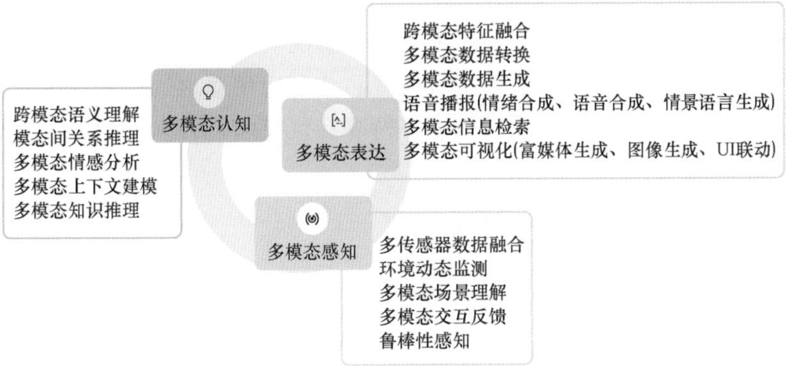

图 6-2　多模态学习

6.1.3　模型精简与压缩

大模型在移动端、边缘设备等资源有限场景的应用落地过程中，因其庞大的参数规模面临着存储成本高、计算资源消耗大、部署困难等诸多挑战，具体情况如下：①移动端和边缘设备的计算能力和存储空间相对有限。大模型由于参数众多、结构复杂，直接部署在这些设备上会导致运行缓慢、存储空间不足等问题。通过模型精简与压缩，可减小模型的体积，降低其对硬件资源的需求，使得模型能更顺畅地运行在这些设备上；②移动端和边缘设备通常对实时性和能耗要求较高。大模型在推理过程中往往需要消耗大量的计算资源和电能，这不符合这些设备的使用需求。通过精简和压缩模型，可减少推理时的计算量和能耗，提高模型的运行效率，从而满足实时性和能耗的要求；③模型精简与压缩还有助于提高模型的鲁棒性和泛化能力。通过去除模型中的冗余信息和噪声，可使模型更加精简、高效，同时提高其对不同数据和场景的适应能力。

模型精简主要指通过剪枝、量化和低秩分解等手段，对模型内部的冗余部分进行剔除或简化，以减少模型的参数量。比如，剪枝技术可通过识别并移除对模型输出影响较小的权重，达到减小模型体积的目的；量化技术则是将模型中的浮点数权重转化为整数或其他低精度格式，以此降低模型存储和计算的复杂度。

模型压缩主要包括知识蒸馏、模型结构搜索（NAS）等方法。知识蒸馏是一种模型压缩策略，它利用已训练好的大模型作为教师模型，将教师模型学到的知识“传授”给结构更紧凑的学生模型，使学生模型在保持较高性能的同时实现轻量化。模型结构搜索则通过自动化的算法寻找最优网络结构，以满足在硬件约束的情况下，构造出参数量更少、计算效率更高的模型。

总结来说，大模型的精简与压缩不仅是解决实际应用中硬件限制、提高运行效率的关键途径，也是推进人工智能普惠化和应用落地的重要技术支撑。在未来的发展中，模型精简与压缩技术将持续迭代更新，为大模型的实际应用创造更多的可能性。

6.1.4 隐私保护与安全增强

在大数据驱动的人工智能环境下，大模型训练所需的数据量极其庞大，而这些数据往往包含了用户的个人信息、商业秘密等敏感内容。因此，在构建和使用大模型的过程中，如何确保数据的安全性、保障用户隐私不被泄露显得至关重要。

首先，大模型的研究正朝着隐私保护方向深入发展。例如，联邦学习（Federated Learning）作为一种分布式机器学习范式，允许模型在保持原始数据本地化的同时进行联合训练，有效避免了直接交换数据带来的隐私风险。差分隐私（Differential Privacy）技术也被引入到大模型训练中，通过对模型训练过程添加噪声来模糊个体贡献，从而在保证模型准确率的同时提供严格的隐私保护。同态加密技术（Homomorphic Encryption）是一种特殊的加密方法，它允许对加密后的数据进行计算，得到的结果仍然是加密的，但解密后的结果与对原始数据直接进行计算的结果相同。换句话说，同态加密允许在不解密的情况下对数据进行计算，从而保护了数据的隐私性。同态加密技术的这种特性在处理敏感数据时显得尤为重要，能不暴露原始数据内容的前提下进行计算，从而确保了数据的安全性和隐私性，为敏感数据的处理提供了有力的保障。安全多方计算（Secure Multi - Party Computation，MPC）是一种协议或方法，它允许多个参与方在各自拥有私密输入的情况下，协同计算一个函数的结果或协同完成某个计算任务，每个参与方只知道自己的输入和输出，而无法得知其他参与方的输入或中间计算结果，整个计算过程中每个参与方无需透露各自的输入。这种技术确保了数据的隐私性和安全性，使得多方可在不互相信任的情况下进行合作计算。可信执行环境（Trusted Execution Environment，TEE）是一种在硬件或软件级别上提供的安全计算和存储隔离环境，它确保其中的代码和数据在执行过程中免受操作系统和其他软件组件的干扰、攻击或篡改。

其次，在安全增强方面，大模型的研究者们致力于提升模型对抗攻击的能力，并开发相应的防御策略。对抗攻击是指攻击者通过精心设计的输入样本（通常是添加了细微扰动的原始数据），诱导模型产生错误的预测结果。针对这一问题，研究人员不断优化模型架构，增加大模型的鲁棒性，以减少对抗攻击的影响。此外，模型解释性技术也有助于检测潜在的安全漏洞，通过可视化和可解释的方式揭示模型决策过程，以便及时发现并修复安全问题。

总之，隐私保护与安全增强在大模型发展中占据着越来越重要的地位，相关技术的发展和融合不仅提升了大模型本身的安全性和可信度，也为人工智能技术在严格遵守法律法规要求下服务于社会各个领域奠定了坚实基础。

6.1.5 垂直化与产业化

大模型因其强大的学习能力和泛化能力，在各个领域展现出广阔的应用前景，呈现出明显的垂直化与产业化发展趋势。

从垂直化角度看，大模型不再仅限于通用型的自然语言处理任务，而是逐渐深入到各个垂直领域，如金融、医疗、法律、教育等，形成具有行业特色的专用大模型。垂直化大模型不仅要在本领域内发挥优势，还需要与其他领域的模型进行协同，共同解决复杂问题。这种跨领域的协同将推动大模型在更多场景中发挥作用。例如，在金融领域的大模型可精准分析金融文本，预测市场走势；在医疗领域则能通过学习海量医学文献和病历数据，辅助医生进行疾病诊断和治疗方案制定；在客服领域大模型能更准确地理解用户的问题，并给出精准的解答，大大提高了服务效率和质量；在创作领域大模型可自动产生新闻稿、小说、诗歌等文学作品，还可用于图像、音频等多媒体内容的生成，为内容创作者提供了新的创作方式和灵感来源。这种垂直化模型不仅更准确地理解行业内的特定问题和需求，也提供更精准、更高效的解决方案极大地推动了相关行业的智能化进程。

从产业化发展的视角看，大模型正在催生出一系列新的业态和商业模式。一方面，围绕大模型技术研发、优化、部署等环节，形成了完整的产业链条，包括模型研发企业、算力服务提供商、AI 解决方案商等各类角色共同参与其中。大模型在产业化过程中有如下几个明显的方向：

（1）大模型产业化催生了数据服务商业模式。在大模型训练和应用过程中，数据是不可或缺的资源。因此，数据服务成为大模型产业化过程中的重要环节。企业可通过提供高质量的数据集、数据标注、数据处理等服务，为大模型的训练和应用提供有力支持。同时，数据的共享和交易也促进了数据资源的有效利用，推动了整个行业的发展。

在大模型产业化过程中，出现了基于大模型技术的定制化服务新业态。由于不同行业和场景对大模型的需求各异，因此定制化服务成为满足这些需求的重要手段。企业可根据客户的具体需求，利用大模型技术进行定制化开发和优化，提供个性化的解决方案。

（2）大模型产业化还推动了云计算和边缘计算的发展，形成了基于大模型的云服务和边缘计算服务新业态。随着大模型规模的不断增大，对计算资源的需求也日益增长，云计算和边缘计算为大模型提供了强大的计算能力和存储空间，使得大模型能在云端或边缘端进行高效部署和应用。云服务和边缘计算服务的兴起，不仅降低了大模型应用的门槛，也为相关行业提供了更加便捷和高效的服务方式。

总之，大模型技术的普及和应用不仅在驱动各传统行业的数字化和智能化升级，同时培养了以大模型为核心的新兴产业集群。随着技术的进一步成熟和完善，大模型的产业化发展前景将更为广阔。

6.1.6 个性化与可解释性

大模型个性化与可解释性是当前人工智能领域的重要发展趋势之一。个性化意味着大模型能根据不同用户的需求、习惯和偏好，提供高度定制化的服务。随着深度学习、强化学习、用户画像等技术发展，大模型正在逐步摆脱“一刀切”的服务模式，转而追求更贴近个体差异的精准化体验。例如，在教育、医疗等领域，个性化的大模型可依据个体的学习风格、健康状况等因素，生成最适合的服务方案。

可解释性是大模型技术面临的另一重大挑战和发展趋势。传统的黑箱模型虽然在许多任务上表现优异，但由于其内部运作机制的不透明，导致难以理解和信任模型的决策过程。随着深度学习模型在医疗保健、自动驾驶、信用评分和贷款评估等高风险领域的应用越来越广泛，对模型的可解释性需求也日益增强。在这些领域中，模型的决策直接关系到人们的生命财产安全，因此，除了关注模型的准确性外，还需要确保模型的可解释性，以便人们能理解和信任模型的决策过程。

另外，提高模型的可解释性有助于提高模型的透明度和可信度。透明度是指模型所具有的表达能力和能被人类理解的能力。一个透明的模型能让人们清楚地了解模型是如何从输入数据中提取特征、进行推理并作出决策的。这有助于增强人们对模型的信任感，从而更愿意接受和使用大模型。可信度作为大模型性能的核心指标，直接关系到模型预测结果的可靠性以及用户对于模型决策的接受程度。一个可解释的模型能让人们更好地理解其决策依据和逻辑，从而降低误判和误用的风险。

随着社会各界对 AI 公平性、责任性和透明度要求的提升，大模型正积极发展可解释性技术，如通过可视化、注意力机制、规则注入等方法，揭示模型的决策逻辑，帮助用户和监管机构理解模型如何做出预测或决策。这样既能提升用户对模型的信任感，也能在一定程度上预防和纠正模型潜在的偏见和错误，确保 AI 技术在遵循伦理规范和社会价值的前提下健康发展。

6.2 行业应用前景

在电力行业，开展大模型应用场景研究的必要性和紧迫性日渐凸显。随着电力行业向数字化、智能化转型的步伐不断加快，传统的数据处理和分析方法已难以应对现代电力系统日益增长的复杂性和动态性需求。大模型技术以其卓越的数据处理能力和深度学习能力，为电力行业带来了前所未有的解决方案。

通过大模型技术的应用，我们不仅能助力电力资源的优化配置，更能强化电网的智能调度，确保电网运行的高效与安全；同时，使用大模型技术能发现电网中的潜在故障隐患，为故障预警和快速处置提供有力支持，大幅降低故障对电力供应的影响。

大模型技术还可全面监测和优化能源使用情况，提高能源利用效率，助力电力行业实现绿色可持续发展。在输配电网络规划应用方面，大模型技术能优化网络布局和容量规划，提升电网的可靠性和经济性，为电力行业的发展提供坚实支撑。

大模型技术还能深入分析客户用电行为，精准预测用电需求，为电力企业的市场策略制订提供科学依据。在电力负荷预测应用方面，大模型技术能准确预测负荷变化趋势，为电力调度和交易决策提供有力支持，促进电力市场的健康发展。

电力场景大模型建设不仅是电力行业数字化转型的必然要求，更是推动电力行业实现高质量发展的关键举措。电力行业应加大投入力度，积极研究和应用大模型技术，为电力行业的未来发展注入新的动力。

6.2.1 电网智能调度

电网智能调度是现代电网管理的核心内容，其特点主要体现在以下几个方面：

(1) 实时性要求高。伴随电力负荷的波动、新能源发电的接入、电网设备状态的动态变化等因素，电网的电压、电流、频率等关键参数都在实时调整之中。智能调度系统需要实时监测这些参数的变化，并根据变化情况及时调整电网的运行状态，确保电网的稳定运行和供需平衡。此外，实时性还体现在智能调度系统对电网运行数据的实时分析上，它能在第一时间洞察电网的运行状况，敏锐地发现潜在问题，并据此制订出精准有效的调度策略。实时性还要求智能调度系统能迅速响应故障，减少故障对电网运行的影响。

（2）优化目标多样化。电网调度不仅需要考虑经济性，还要兼顾安全性、稳定性和环保性等多个目标，这些目标之间往往存在矛盾，需要进行综合优化。

1）安全性。电网安全是电力系统运行的首要任务。智能电网调度需要考虑众多安全性问题：随着设备使用年限的增长，老化现象日益凸显，可能导致性能下降甚至故障频发；在复杂的电磁环境中，强电磁会干扰电网的正常运行，导致信号失真、设备误动作等问题；线路短路、过载或接地故障可能导致电流异常、设备损坏甚至火灾等严重后果；电压不稳、频率波动、谐波污染等问题可能导致设备性能下降、能耗增加甚至损坏。为解决调度过程中涉及的安全问题，智能调度系统在建模过程中需要考虑设备状态数据、周围环境数据、关键节点负荷数据、电网运行安全约束数据等。智能调度系统运行过程中需要实时监测电网的运行状态，及时发现潜在的安全隐患，并采取相应的措施进行预防和控制，防止发生大面积停电等严重事故。

2）经济性。随着电力市场的逐步开放和电力体制改革的深入，电网调度不仅要确保电力系统的安全稳定运行，还需考虑经济效益。智能调度系统通过优化发电计划、降低网损、功率优化、提高设备利用效率、提升调度决策的智能化水平等方式，降低电力系统的运行成本，实现经济效益的最大化。

3）可靠性。智能调度系统需要通过优化调度策略，提高电网的供电可靠性。例如，在设备故障或线路检修时，智能调度系统可自动调整运行方式，确保重要用户的电力供应不受影响；完善智能继电保护系统，确保在电网故障时能迅速切断故障部分，防止故障扩大；完善对新能源和分布式电源的调度，减少对传统能源的依赖等。

4）环保性。智能调度系统可通过优化发电计划，降低污染物的排放，提高可再生能源的利用率，推动电力系统的绿色发展。

同时智能调度还需考虑多种约束条件，如地理因素、政策要求、设备容量限制、线路传输能力等

（3）系统复杂性。电网是一个庞大而复杂的系统，包含发电、输电、配电等多个环节，并且各个环节都有大量电力设备，各环节之间相互关联、相互影响，使得调度优化问题变得异常复杂。电网智能调度优化在实际工作中会面临如下难点：

1）数据量大且维度高。电网运行中产生的数据量巨大且涉及多个维度，如何有效处理和分析这些数据，并从中提取有价值的信息，是电网调度优化的

一个难点。

2）不确定性因素多。电网运行中受到天气、设备故障、负荷变化等多种不确定性因素的影响，这些因素难以准确预测，给电网调度优化带来了挑战。

3）模型精度与计算效率的矛盾。高精度的电力调度模型往往伴随着复杂的计算过程，如何在保证模型精度的同时提高计算效率，是电网调度优化面临的又一难题。

大模型以其强大的数据处理能力、深度学习能力以及优秀的泛化能力，可为电网智能调度带来众多改进和提升。

（1）提升数据处理与分析能力。大模型具备处理庞大数据量的能力，并能从中提炼出极具价值的信息。在电网智能调度的领域里，它能实时接收并处理一系列电网运行数据，这些数据涵盖了电压、电流、功率等实时量测数据，同时也不乏天气情况、负荷预测等辅助性信息。通过对这些数据的深度分析和学习，大模型能发现电网运行的内在规律（电网负荷的变化趋势、电力设备的运行特性、电力市场的供需关系等）和潜在风险（如设备故障、负荷异常等），为电力调度决策提供有力支持。

（2）提高调度决策的准确性。大模型具有较强的预测和推理能力，能从庞大的数据中挖掘出潜在的规律与内在的关联，为调度决策提供有力的数据支持。大模型能将电压稳定、频率稳定等约束条件纳入优化决策过程中，确保调度方案的安全性和可靠性，大模型还可基于历史数据和实时数据对电网的运行状态进行精确预测以帮助调度员提前制定调度策略。同时，大模型可学习调度员的决策经验，通过模拟不断优化自身的决策能力，在处理复杂和不确定的电网调度问题时，做出更加准确和合理的决策。此外，大模型还能提供实时互动查询、运行简报生成、运行态势分析等功能辅助调度员优化电力资源配置。

（3）实现多时间尺度的调度优化。大模型能收集并整合多时间尺度的电力调度数据，包括短时、中时和长时的电力需求、能源供应、设备状态等信息。大模型具有强大的时间序列分析能力，能理解和预测电网在不同时间尺度下的行为；还可结合多时间尺度的调度目标，自动调整和优化调度策略。这有助于电网在不同时间尺度下实现经济、安全和可靠的运行。

（4）提升应对突发事件的适应能力。电网运行中经常面临设备故障、天气变化等突发事件，这些事件对电网的安全稳定运行构成威胁。大模型具有较强的自适应能力，可采用增量学习算法在线学习从电网中接收的各种实时数据，还利用迁移学习和自适应学习技术来加速在线学习，以快速适应电网运行环境的变化。当发生突发事件时，大模型可综合考虑电网的安全、经济、可靠等多方面因素，自动生成最优的调度方案。这些方案可包括调整电源出力、改变网络结构、启用应急设备等措施，以最大限度地降低突发事件对电网的影响。

6.2.2 电网故障预警与运维决策支持

电网作为现代社会的“生命线”，其安全稳定运行至关重要。电网故障预警与运维决策系统为电网安全运行提供了重要技术支撑。电网故障预警与运维决策系统，其核心价值在于实时性、精准性和综合性的完美结合。实时性意味着系统需要快速响应电网状态的任何细微变化，及时发现并识别出潜在风险；精准性则要求系统能准确判断故障类型和位置，为运维人员提供清晰精确的指导，确保故障能得到迅速而有效的处理；综合性则体现在电网运维决策过程并非简单的单一行为，而是需要综合考虑电网的拓扑结构、设备状态、运行环境等多种因素。

电网故障预警与运维决策支持面临的诸多挑战如下：

（1）电网结构复杂、设备众多，故障类型和故障原因千差万别，难以用单一模型进行全面描述。

（2）电网运行环境多变，天气、负荷等因素都会影响电网的安全运行，增加了故障预警和运维决策的难度。

电网故障预警与运维决策支持高度依赖于数据的准确性和完整性。然而，由于数据采集设备的故障、数据传输的丢失或错误等原因，数据质量问题时有发生。这可能导致预警系统的误判或漏判，影响决策的准确性。

大模型以其强大的数据处理能力、深度学习能力、推理决策能力可为电网故障预警与运维决策带来显著的改进和提升，具体表现如下：

（1）大模型与图像识别技术的结合，为电力设备的故障检测与诊断带来了革命性的突破。通过深入训练大模型，可不断提升对图像数据的识别和分析能力，使其能精准捕捉变压器、开关柜、线路等各类电力设备的外观细节和运行状态，还能敏锐地发现设备的细微损坏、腐蚀迹象以及潜在的电弧故障等。另外，凭借大模型强大的分析能力，运维人员能快速识别、精准判断电力设备的健康状态和故障类型，无论是设备的表面缺陷还是内部隐患。

（2）大模型结合无人机技术可应用于线路、变电站巡检和故障定位。大模型能分析无人机采集的电力线路图像数据，可检测线路的断线、破损等异常情况并精确定位故障点。同时无人机还可根据大模型的指导迅速到达故障点进行全方位的拍摄和检测。这种协同工作方式可大大提高故障排查的效率和准确性。

（3）大模型结合可视化展现技术可应用于电力核心设备的故障监测。借助大模型对故障数据的深度学习和信息表达能力，我们能精准捕捉电力核心一次设备和二次设备的内部结构和故障位置。结合三维可视化技术可使得故障位置和内部细节得以直观展现，让运维人员可直观感知故障的全貌，大幅减少故障排查的时间和成本，提高故障处理的准确性和效率。

6.2.3 能源管理与节能优化

电力综合能源管理涵盖了能源消耗监测、能源效率评估、节能措施制定、设备管理以及能源采购策略优化等多个层面。在具体操作中，首先对电力设备进行能耗测算和监测，通过实时数据分析找出能源消耗的异常和潜在浪费点，并采取相应的措施进行调整和改进确保能源使用的合理性和高效性。同时，我们注重能源管理的系统性和持续性，对能源采购、供应、使用和测量等环节进行规范而细致的管理，确保每个环节都符合最佳实践。

随着能源结构的转型和电力市场的深化改革，电力综合能源管理面临着更加精细化和智能化的要求；随着可再生能源的大规模接入、分布式能源的发展以及电动汽车等新型负荷的涌现，电力综合能源管理的复杂性日益凸显；随着不同行业和用户能源需求差异的扩大，电力综合能源管理需要深入了解每个用户的需求和特点给用户量身定制能源解决方案。这些变化给电力综合能源管理提出了更高的要求。

电力能源管理与节能优化是一个综合性、系统性的工程，它涉及多种能源形式的协调运行和优化调度。其特点主要表现为：

（1）多元化能源供给。随着可再生能源技术的不断发展和应用，电力能源管理开始注重引入太阳能、风能、水能、生物质能等可再生能源。这种变化使得能源供给形式多样化，但同时也带来了能源供给的不确定性，这种不确定性则要求电力能源管理需根据实际情况对各类能源进行灵活调度。例如，在风能、太阳能等可再生能源丰富的地区，可优先利用这些可再生能源进行发电；而在能源需求高峰时段，可适时启动化石燃料发电设备进行补充。

（2）互动性增强。储能、充电桩、V2G 等技术的出现，使得电力系统与用户之间的互动性增强。储能系统在电力需求低谷时积极吸纳多余电能，而在需求高峰时则智能释放储存的电能，有效平衡了电网的供需波动。充电桩根据电网的实时负荷情况，灵活调整充电功率与电网进行智能互动，既保证了电动汽车的充电效率，又避免了对电网造成过大的负荷压力。在电网负荷过高时，电动汽车化身为“能量供应者”，通过充电桩向电网输送电能，有效缓解了电网的负荷压力；而在电网负荷低、电价较低时，电动汽车则变成了“能量储存者”，利用充电桩进行充电，这种双向互动不仅提升了能源的利用效率，也为用户带来了更多的经济效益和用电选择。

电力综合能源管理正面临着日益复杂和多元化的挑战。

（1）个性化和定制化的能源解决方案。随着电力市场的深化改革和能源结构的转型，电力市场竞争日益激烈，用户需求也呈现出多样化的特点。这要求电力综合能源管理能提供更加个性化和定制化的能源解决方案，以满足不同用户的实际需求。

（2）能源协同优化。综合能源管理则需要考虑多种能源形式（如电、热、冷、气等）之间的转换、存储和利用。如何实现多种能源系统之间的协同优化，提高能源利用效率，降低能源成本是我们面对的重要技术难题。

大模型的引入，为电力能源管理与节能优化提供了新的解决思路和优化方案，具体如下：

（1）定制化能源解决方案。大模型通过收集和分析用户的能源使用数据，能深入理解用户的能源需求和消费模式。这些数据包括用户的电力负荷、用电时段、能源偏好等，通过大模型的处理，可形成对用户能源需求的精准画像。

大模型可结合能源市场的实时数据，如能源价格、供应情况等，为用户制订最优的能源采购和使用策略。例如，大模型可预测未来一段时间的能源价格走势，从而帮助用户选择在价格低谷时采购能源，降低能源成本。

大模型还可考虑用户的特定需求，对于注重环保的用户，大模型可推荐更多使用可再生能源的方案；对于设备兼容性要求较高的用户，大模型可制订更精细的能源管理策略，确保各种设备能高效、稳定地运行。

（2）多能源协同。对于包含风能、光伏、储能、充电桩、V2G 等多种能源供给和消纳形式的电力系统，大模型可实现多能源协同优化。大模型通过对海量数据的学习和分析，可预测不同能源的供需关系，优化能源的分配、转换、存储和消费等环节，制订多能源之间的最佳协同策略。此外，大模型可与协同优化算法相结合，进一步提高能源协同优化的效果。每个个体均遵循预先设定的规则，与其他个体实时共享其运行状态信息，并根据适应度函数的评估结果，不断对自身状态进行精细调整，个体们共同在广阔的搜索空间中彼此协作寻找最优的解决方案。

（3）多任务学习与联合优化。电力能源管理与节能优化通常涉及多个相关任务，如能源供需预测、设备故障检测、用户需求响应等。大模型可通过多任务学习的方式，同时处理多个任务，并利用任务之间的相关性进行联合优化。这样不仅可提高每个任务的性能，还可减少模型的数量和复杂性。

6.2.4 输配电网络规划

输配电网络规划是电力系统中至关重要的环节，它涉及电能从发电站到用户的整个传输和分配过程。这一过程的复杂性主要体现在以下几个方面：

（1）规模庞大与结构复杂。输配电网络往往覆盖广阔的地理区域，包含大量的发电站、变电站、线路和配电设备。这些设备之间通过复杂的拓扑结构相互连接，形成庞大的电力网络。在规划过程中，需要考虑到不同设备之间的连接关系、容量限制、运行方式等诸多因素，确保网络结构的合理性和安全性；此外，在输配电网络规划过程中需要进行海量的电气计算，如潮流计算、短路计算、稳定性分析等，旨在精准评估网络的运行性能与稳定性。

（2）多因素影响。输配电网络的规划是一个多因素交织的复杂过程，它受到多种因素的影响和制约。其中负荷需求直接决定了输电网络的规模与容量；电源分布则关系到电能的供应与分配，直接影响输电网络的布局和结构；设备容量和线路阻抗直接决定了电能传输的效率和稳定性。此外，地理环境也是不可忽视的因素，地形地貌使得线路铺设路径的选择变得复杂、气候条件决定着电网设备的选择和防护措施；政策法规规定了输电网络的建设标准、运行规则等。这些因素之间相互关联、相互制约，共同决定了输电网络的规划方案。因此，在制订输电网络规划时，需要综合考虑各种因素，权衡利弊，以制订出科学、合理、可行的规划方案。

（3）动态变化性。随着经济的发展和社会的进步，电力需求呈现不断增长的趋势，输配电网络规划往往需要进行多阶段规划和滚动调整，这要求规划者具备动态规划和持续优化的能力，在长期规划与短期运行之间找到平衡点。这种动态变化性要求规划工作具有前瞻性和灵活性。

（4）经济复杂性。输配电网络规划需要综合考虑投资成本、运行成本、维护成本以及经济效益等因素，以制订出最优的规划方案。随着电力市场的不断发展和完善，输配电网络规划还需要考虑到市场机制和价格因素的影响。

然而，传统的输配电网络规划方法往往难以全面考虑上述因素，导致规划方案存在优化不足、适应性差等问题。因此，探索新的规划方法和技术手段，提高规划的科学性和准确性，成为当前亟待解决的问题。大模型具有强大的数据处理和分析能力，为输配电网络规划提供了新的解决思路。

（1）智能输配电网络规划。大模型结合优化算法，能构建更为精细和全面的输配电网络规划模型。输配电网络规划模型需要综合考虑以下因素：①合理选择导线、绝缘子、杆塔等元件，以确保输配电线路的安全性；②综合考虑设备容量、用电负荷、供电范围、电压等级、输电距离等以确保经济性；③优化电源配置和提高能源利用效率，减少能源消耗和碳排放量以达到环境保护的要求等。大模型综合考量众多因素并通过智能优化算法找到最优的规划方案，能显著提高规划方案的准确性和可行性。

（2）仿真模拟与预测能力。大模型具有强大的仿真模拟能力，能模拟不同输配电规划方案在虚拟电网中的运行状态，更能模拟设备故障、自然灾害等风险因素对电网规划产生的潜在影响。通过对这些模拟结果的比较和分析，规划人员可评估不同方案的优劣，并选择最优的方案实施。此外，大模型还能根据历史数据和当前状态预测未来的电网结构发展趋势，为输配电网络规划工作提供前瞻性的指导。

（3）方案智能决策。在决策支撑方面，大模型可将复杂的规划数据和结果以可视化的形式展现，使决策者能更直观地了解规划方案的效果和潜在问题。大模型还支持交互式决策，允许决策者根据实际需求对规划方案进行灵活调整和优化。在智能提升方面，大模型可实现规划工作的自动化和智能化，提高规划工作的效率和准确性。

综上所述，大模型在输配电网络规划中的应用前景广阔。通过充分利用大模型的数据处理能力、仿真模拟能力和决策支持能力，可更好地解决输配电网络规划中的难点问题，提高规划的科学性和准确性。

6.2.5 客户用电行为分析与预测

客户用电行为分析与预测是电力行业运营管理中至关重要的环节，它涉及对大量客户用电数据的收集、整理、分析和预测，以揭示客户的用电习惯、需求变化以及潜在的用电趋势。客户用电行为分析与预测面临以下挑战：

（1）客户用电行为分析与预测具有高度的复杂性和多样性。不同客户群体的用电行为受到多种因素的影响，包括个人生活习惯、职业特性、经济能力、地理位置、电力市场化等。这些因素相互交织增加了分析的难度。

（2）客户用电数据具有海量性、时序性和高维度等特点。在电力系统中，每个客户的用电数据都是实时生成的，并且数据量庞大；同时，这些数据还具有时序性，即不同时间段的用电数据之间存在相关性。此外，为了全面描述客户的用电行为，还需要考虑多个维度的数据：客户属性数据（客户的行业类型、企业规模、用电性质等）、电费与电价结构、电能质量数据（电压、电流、功率因数等）、用电负荷数据（最大负荷、平均负荷以及负荷率等）、用电时段数据等，这使得数据处理和分析变得异常复杂。

随着大数据和人工智能技术的快速发展，大模型在客户用电行为分析与预测中的应用逐渐受到关注。大模型以其强大的数据处理能力和深度学习能力，为这一领域带来了显著的改进和提升。

（1）模式识别。

1）日常用电模式识别。大模型可通过对用电数据的时序分析，识别出客户日常用电的高峰期、低谷期以及平稳期，进而了解客户的用电习惯和规律。

2）周期性模式识别。通过分析用户长期用电数据，大模型能识别出用户用电行为的周期性变化，如季节性变化、工作日与节假日的差异等，进而了解客户长周期用电行为。

（2）影响因素分析。

1）气候因素分析。大模型可结合气候数据（如温度、湿度、降雨量等），分析其对用电量的影响，揭示气候与用电行为之间的关联。

2）经济因素分析。通过引入经济数据（如GDP、电价、能源政策等），大模型可分析经济因素对重要用户用电量的影响，为电力市场的预测和决策提供支持。

3）社会事件分析。大模型能监测和分析社会事件（如节假日、大型活动、突发事件等）对用户用电行为的影响，帮助电力企业提前做好用电负荷的预测和调整。

（3）异常检测。

1）异常用电行为检测。大模型可通过学习正常用电行为的特征，识别出异常用电行为，如突然增加的用电量、持续的高负荷等，提示可能存在的窃电、漏电等问题。

2）用电设备故障检测。通过对用电数据的精细分析，大模型能发现用电设备的异常运行状态，如设备故障、能效下降等，为设备维护和更换提供依据。

（4）其他手段。

1）客户分类与用电行为对比。大模型可根据用电数据和客户其他信息，对客户进行分类，并对比不同类别客户的用电行为，揭示不同客户群体之间的用电差异。

2）用电效率评估。大模型可计算客户的用电效率指标，如单位产值耗电量、用电峰谷比等，帮助客户了解自身用电效率水平，并提供节能建议。

3）用电成本分析。结合电价数据和用电数据，大模型可分析客户的用电成本结构，为客户提供合理的用电成本优化方案。

4）用电行为趋势分析。通过对长期用电数据的分析，大模型能揭示用电行为的发展趋势，为电力行业的战略规划提供参考。

综上所述，大模型在客户用电行为分析与预测中的应用具有广阔的前景和巨大的潜力。通过引入大模型技术，我们可实现对客户用电行为的精准分析和预测。

6.2.6 电力负荷预测

电力负荷预测作为电力系统规划和运行管理的核心环节，其精确性对电力系统的稳定运行和经济效益具有举足轻重的作用。负荷预测的内容丰富多样，涵盖了对最大负荷、最小负荷、峰谷差、负荷率以及负荷曲线的精准预估。此外，还包括对全社会电量、网供电量、各行业电量以及各产业电量的全面预测，以确保电力系统的供需平衡。

为了满足不同的管理需求，电力负荷预测在时间上也有着精细的划分。从长远的年度预测到中期的月度预测，再到短期的日度预测，每一层级的预测都旨在确保电力系统的平稳运行和资源的合理配置。通过准确的电力负荷预测，我们可更好地规划电力生产、优化资源配置、提升供电质量。

电力负荷预测因其动态性、非线性和不确定性等特性，成为一项极具挑战性的任务。具体而言，电力负荷受到诸多复杂因素的影响，包括但不限于天气变化、经济周期波动、政策调整、社会事件以及可再生能源的大规模接入等。这些因素之间相互交织、相互影响，导致负荷变化呈现出极高的复杂性和难以捉摸的不确定性。此外，电力系统的运行本身也充满动态性和不确定性，电力负荷更是展现出强烈的时变性、波动性和随机性。这意味着负荷在不同时间段内呈现出截然不同的变化规律，有时平稳有时剧烈波动，给预测工作带来了极大的困扰。

大模型可通过挖掘海量历史数据中的深层规律并结合高效的计算框架，更精准地刻画负荷变化趋势，提升电力负荷预测的准确性、适应性、实时性。

（1）大模型可提升负荷预测的准确性。鉴于电力负荷受到众多不确定因素的交织影响，大模型首先利用统计学方法、时间序列分析以及机器学习等先进技术，深入挖掘并提取出对负荷变化具有显著影响的特征。同时大模型巧妙地运用模糊逻辑，精准地刻画电力系统中随机要素的动态影响，不仅简化了不确定性建模的复杂流程，使其更具操作性和实用性，而且赋予了模型更强的解释性，使我们能更深入地洞察和理解电力系统中的不确定性因素。面对电力负荷各要素之间错综复杂的相互作用，大模型凭借其复杂的网络结构、庞大的参数规模以及强大的计算能力，能更精确地拟合电力负荷与各种影响因素之间的复杂关系。通过持续不断的学习和调整参数，大模型能敏锐地捕捉到电力负荷变化的细微差异和潜在趋势，从而显著提升预测的准确性。

（2）大模型可提升负荷预测的适应性。通过构建深层的神经网络结构，大模型能学习到数据更高级别的表示，这些表示能更好地概括数据的本质特征。这使得大模型在面对不同的电力负荷场景，尤其在面对电力负荷供需突变或异常时能迅速适应并调整预测策略。此外，大模型还可通过迁移学习等方式，将在一个场景中学到的知识应用到其他场景中，进一步提高其泛化能力使其适应诸如天气变化、节假日、政策调整等因素对负荷的影响，从而提高预测的准确性。

（3）大模型提高了电力负荷预测的实时性。大模型通过自动化的特征学习和参数优化，大大减少了人工干预，提高了电力负荷预测的效率；同时，大模型还可利用并行计算和分布式处理技术，加速模型的训练和推理过程，实现实时的电力负荷预测。

综上所述，通过引入大模型技术，我们可实现对电力负荷的精准预测和动态调整，优化电力系统的供需平衡和结构配置，提高电力系统的稳定性和经济效益。

6.2.7 电力市场交易与决策支撑

电力市场是一个复杂且动态的系统，其交易主要包括中长期交易、现货交易和辅助服务交易等。中长期交易主要用于满足电力市场的长期供需平衡，确保电力的稳定供应；现货交易则用于满足短期的电力需求波动，保证电力的实时平衡；辅助服务交易则用于提供电力系统运行所需的辅助服务，如调频、调峰等。

电力市场交易改革的首要目标是推动电力行业的市场化进程，通过引入市场竞争机制，激发市场活力，提高电力行业的效率和服务水平，推动电力市场进一步市场化、规范化和绿色化。通过建设绿色电力市场，鼓励清洁能源的开发与利用，降低化石能源的消耗，减少碳排放。

电力市场交易的特点主要体现在：①电力市场具有高度的实时性和动态性，电力供需关系时刻在变化，要求市场参与者具备敏锐的市场洞察力和快速的决策能力；②电力市场受到多种因素的影响，包括电力供需关系、清洁能源政策、市场竞争状况等，这些因素的变化都会对电力市场产生深远影响；③电力市场是一个典型的网络型产业市场具有高度的互联性和互动性，发电、输电、配电、用电各环节之间紧密相连相互影响。其中发电企业通过参与市场交易，实现电力的销售与收益；④电网企业则负责电力的输送与分配，保障电力市场的稳定运行；⑤电力用户则通过购买电力满足自身的用电需求。

随着能源转型和电力体制改革的深入推进，电力市场的开放程度不断提高，电力交易将更加灵活多样，竞争也日益激烈，要求电力全产业智能升级。在电力市场交易与决策过程中引入大模型，将带来如下显著的改进和提升。

（1）大模型能显著提升电力市场交易的准确性。传统的电力市场交易往往依赖于有限的数据和经验，难以全面把握市场的复杂性和动态性。而大模型基于深度神经网络构建，拥有庞大的参数规模和复杂的结构，这种规模上的突破使得大模型能捕捉电力市场交易中更复杂的模式和深层次的规律。通过挖掘海量交易数据、价格数据、供需数据中的潜在规律，这有助于市场参与者更加准确地把握市场趋势，预测电力市场的供求变化和价格波动。

（2）大模型能优化电力市场的决策过程。在电力市场中，决策往往需要考虑到多个因素的综合影响，如供需平衡、价格波动、竞争态势等。大模型可帮助市场参与者了解竞争对手的优势和劣势，制订更加有针对性的竞争策略；大模型还可为市场参与者提供个性化的服务支持，满足不同客户的需求，提升客户满意度和忠诚度。

(3) 大模型还可提升电力市场的风险管理水平。电力市场面临着多种风险：市场风险、价格波动风险、供应链风险、信用风险、操作风险等。大模型通过建立风险预警和评估模型，可实时监测电力市场的运行状态和变化情况，及时发现和识别潜在风险，为电力企业提供风险预警和应对策略降低风险损失。

综上所述，大模型在电力市场交易与决策中具有广阔的应用前景和巨大潜力。随着技术的不断进步和电力市场的不断发展，大模型将为电力企业的市场决策提供更加科学、高效、智能的支持，以适应电力市场的不断变化和发展。

6.3 政策与建议

6.3.1 加大科研投入与技术创新激励

首先，科研投入是电力大模型发展的基石。政府应设立专项资金，用于支持电力大模型的基础研究和应用研发，鼓励科研机构和企业深入探索电力大模型的算法优化、数据处理和模型应用等；同时，加强与高校、研究机构的合作，形成产学研一体化的创新体系，推动科研成果的转化和应用。

其次，技术创新激励是激发创新活力的关键。政府应制定和完善相关政策如税收减免、资金扶持等，鼓励企业和科研机构进行技术创新，对在电力大模型领域取得重大突破的单位和个人给予奖励和表彰；同时还可通过设立技术创新奖项、举办技术创新大赛等方式激发创新活力，推动电力大模型技术的不断进步。在激发创新过程中同步建立健全知识产权保护制度，保护创新成果的合法权益，为电力大模型的持续创新提供有力保障。

综上所述，加大科研投入与技术创新激励可为电力大模型的发展提供有力的支撑和保障，可推动电力大模型的快速发展，推进电力行业的智能化转型。

6.3.2 制定和完善相关标准、规范、法律

首先，制定统一的标准是电力大模型发展的基础。这包括数据标准、模型标准、接口标准等，以确保不同系统之间的互联互通和数据共享。通过制定统一的标准可有效避免数据孤岛和重复建设，确保不同的企业、研究机构所开发的电力大模型能互联互通形成合力，提高电力大模型的应用效率和效果。

其次，完善规范是推动电力大模型健康发展的重要保障。通过制定行业规范，可明确电力大模型在应用中的责任和义务，规范各方行为，减少市场乱

象。制定行业规范应囊括电力大模型的开发、测试、部署、运维、认证、运营等全流程管理体系，以确保大模型的可靠性、安全性和稳定性；同时，还需要建立电力大模型的评估机制，定期对模型的性能、可靠性、经济效益等进行全面评估，为模型的优化和改进提供理论依据。

最后，法律保障是电力大模型发展的坚强后盾。政府应制定相关法律法规，明确电力大模型的权益归属、数据保护、隐私安全、安全事故应急响应机制、责任追究等问题，构建起健全的电力大模型法制环境，为电力大模型的创新和产业发展提供法律支持和保障。

综上所述，在实际操作中应确保相关标准、规范、法律能促进电力大模型的健康发展。通过高标准引领、规范化管理、法制化护航三位一体的方式，持续优化政策环境，为电力大模型的发展提供全方位、立体化的制度支撑，助力我国电力行业的数字化转型和高质量发展。

6.3.3 营造开放共享的数据环境

大模型的核心三要素是算力、算法、数据。数据作为大模型实践的基础，是知识生成的原料，是发展智能的养分。电力大模型的研发和应用高度依赖于海量的电力数据资源，然而电力行业上下游产业链涉及广泛，从而导致全行业的数据较为分散，此种情况制约了电力大模型的发展。因此，营造开放共享的数据环境显得尤为重要。

首先，政府应制定相关政策，明确数据开放共享的原则和范围，鼓励企业、研究机构等建立数据共享机制，打破数据壁垒，将电力领域的数据资源进行整合和共享。这样不仅可避免数据的浪费或重复采集，提高数据利用率，降低研发成本，还能促进不同主体之间的合作与交流，加速电力大模型的研发与应用。

其次，应建立统一的数据共享平台，提供安全、便捷的数据访问接口，方便各方获取和利用数据资源；同时，应加强对数据的安全管理和隐私保护，对数据的使用和流转进行监管，确保数据在共享过程中不被滥用或泄露。

最后，推动电力行业与互联网、大数据等产业的深度融合，也是营造开放共享数据环境的重要途径。通过跨界合作，可引入更多的创新资源和先进技术。

总之，通过政策引导和技术支持营造开放共享的数据环境，充分实现数据的共享，为电力大模型的发展提供源源不断的养料，不断推动电力大模型的智力升级。

6.3.4 加强人才培养与教育合作

大模型的成功构建离不开三大核心要素：算力、算法与数据。算法作为连接算力和数据的桥梁扮演着至关重要的角色。高性能算法研发是一项高度专业化的工作，不仅涉及复杂的数学模型、优化理论、机器学习等前沿技术，还需要有创新思维和解决问题的能力。算法研发的过程往往需要多个领域的专家共同合作，为此在多个领域打造一批高素质人才队伍，驱动大模型的快速发展。

首先，电力行业需要培养一批具备深厚理论知识和研发经验的大模型人才。这要求电力企业统筹优化人才建设体系，组建电力、计算机科学、数学和统计学等多领域人才队伍。

其次，电力行业与高校、科研机构之间应建立紧密的人才培养合作机制。通过校企合作、产学研一体化等方式，为电力大模型的研究和应用提供源源不断的人才支持。此外，还可开展联合培养、实习实训等活动，在实践中提升能力，为电力行业的发展贡献智慧和力量。

最后，加强人才激励机制建设也很关键。通过设立奖励基金、提供职业发展机会等方式吸引和留住优秀人才，激发他们的创新精神和创造活力。

6.3.5 风险研究

由于大模型可完全逼真模拟大量声音、图片、视频，会产生大量虚假信息、引发错误舆论，给网络监管带来巨大压力。随着大模型的发展，目前的智能已经从信息智能延展到物理智能、生物智能；同时大模型也会逐渐参与到各行业的决策系统中。因此，风险研究成为电力大模型发展规划中不可或缺的一环。

电力大模型作为新兴技术，其发展过程中必然伴随着各种潜在风险，必须深入开展风险研究工作，充分识别、评估和应对各类风险。政策制定者应加强对电力大模型技术风险的研究，了解其技术原理、应用场景和潜在问题，以便在推广应用过程中避免技术陷阱和误区。具体来说，风险研究应涵盖技术风险、数据安全风险、运营风险等多个方面。技术风险包括模型算法的不稳定性、技术瓶颈等；数据安全风险则涉及数据泄露、非法访问等安全问题；运营风险则包括市场需求变化、政策调整等因素对电力大模型的影响。

总之，通过深入的风险研究，我们可更好地了解电力大模型的风险特征和影响机制，制定针对性的风险防范和应对措施，确保电力大模型技术的健康、可持续发展；同时，风险研究也可为政策制定提供科学依据，促进政策与技术的协同发展。

6.4 本 章 小 结

展望未来，电力行业与大模型的融合无疑将引领电力系统走向更加智能、绿色、高效的新纪元。随着技术的不断进步和应用场景的不断拓展，电力行业将迎来更加广阔的发展空间和更加美好的发展前景。我们期待着电力行业与大模型技术的深度融合，为构建清洁、低碳、安全、高效的能源体系做出更大的贡献。

7 总结与展望

在科技飞速发展的今天，大型模型的构建与应用已成为人工智能领域的重要研究方向。大型模型以其强大的数据处理能力、高效的学习机制和广泛的应用场景，正逐渐改变着我们的生活和工作方式。然而，我们也必须清醒地认识到，大型模型的发展仍面临着诸多挑战，在这个充满变革和挑战的时代，我们希望汇聚大家的共同的智慧和力量，携手推动大模型技术的研究和应用。

7.1 本书总结

本书开篇便为读者细致描绘了电力行业的广阔天地，深入剖析了其运作机制及其在当前科技浪潮下的转型需求。在此基础上，自然地引出电力行业对大模型技术的迫切应用需求，从而引导读者对这一新兴技术领域产生浓厚兴趣。

随后，本书详细阐释了大模型的基本概念、技术特点以及目前国内外主流的大模型架构。通过对比不同大模型在性能上的优劣，结合具体数据，为读者呈现了一幅全面而客观的大模型技术图谱。

在掌握了大模型的基本概念之后，本书进一步引导读者进入更深层次的学习。我们深入探讨了大模型的搭建过程，包括模型架构的设计、参数的选择等关键环节，同时也介绍了模型微调等专业技术，帮助读者更好地理解和应用大模型。

在应用开发领域，本书着重介绍了开发框架的选择与运用，以及提示词工程在提升模型性能方面的关键作用。为读者提供了全面而深入的指导，无论是开发框架的选择与运用，还是提示词工程的实践应用，都能帮助读者更好地理解和应用大模型技术，为实际应用开发提供强大的技术支持和保障。

最后，本书聚焦于大模型在电力领域的挑战与对策，通过丰富的案例研究和前瞻性的未来趋势分析，为读者提供了宝贵的建设经验。我们希望通过这些实际案例的剖析，激发读者在不同领域对大模型进行灵活运用的热情和信心，共同推动大模型技术的发展和应用。

7.2 未来展望

大模型作为人工智能领域的重要技术，已经在自然语言处理等多个领域展示了强大的能力。它们通过超大规模的参数和海量数据的训练，实现了多任务学习和强大的泛化能力。大模型训练需要大量的计算成本和人工成本，并且是一个持续更新的过程，一般中小企业无法承受这些高昂的成本，随着 Facebook 开源 Llama 2 模型，埃隆马斯克的 xAI 公司开源 Grok - 1 模型，将吸引更多的企业参与进来，推动整个产业的创新和进。利用现有开源大模型进行微调，同时借助大模型提供的 agent 能力开发各自领域的业务应用，将成为未来大部分企业的研究方向，使用和发挥好大模型的优势，构建更加智能化的应用，创造产业价值，将是我们的首要目标，在构建大模型应用时，我们可从以下几个方面着手：

（1）明确应用场景。首先要了解大模型的核心能力，然后结合具体业务场景需求，找到大模型可有效发挥作用的切入点。例如，在智能客服、文本生成、内容创作、知识问答、代码编写等领域。

（2）数据准备与微调。大多数大模型在基础训练后具有一定的通用性，但针对特定任务进行微调能显著提升效果。为此，需要准备高质量的任务相关数据集对模型进行针对性训练，使其更好地适应具体应用环境。

（3）合理设置输入与输出格式。精心设计与优化与模型交互的输入方式，确保问题或指令清晰且符合模型理解和生成响应的方式；同时，对于输出结果应有明确预期，并通过恰当的后处理手段提高结果的质量和实用性。

（4）控制生成内容质量与风格。对于文本生成类大模型，可通过调整提示词、限制生成长度、设定关键词约束等方式来引导模型产出满足特定要求的内容。此外，还可借助一些控制技术（如条件性生成、编辑距离等）来优化生成质量。

（5）伦理与安全考量。在利用大模型服务时，务必注意避免生成潜在的有害、不准确或涉及隐私信息的内容。实施内容过滤策略，强化模型的安全性和合规性。

（6）性能优化与部署。根据实际运行环境考虑模型大小与计算资源之间的平衡，可能需要采用模型剪枝、量化压缩等方法以降低推理成本；同时，选择合适的硬件平台和分布式系统架构，保证模型高效稳定地运行。

（7）人机协作模式探索。考虑如何构建合适的人机协同工作流程，让人类专家和大模型共同完成任务，既能充分发挥 AI 的能力，又能弥补模型在某些方面的不足。

大模型在行业内的应用前景十分广阔，随着技术的不断进步和模型的不断优化，大模型将在多个领域发挥重要作用。

首先，在金融领域，大模型将用于风险管理、信贷审批、投资决策等多个环节。大型金融机构已经开始尝试使用大模型进行信用评估和风险管理，这不仅可提高决策效率，还可降低风险；同时，大模型还可用于量化投资，帮助投资者进行更精准的投资决策。

其次，在医疗健康领域，大模型在疾病诊断、药物研发以及病人护理等方面具有巨大潜力。通过对大量医疗数据的分析，医生们可更快识别出病人的病情，并制订出最佳的治疗方案。此外，大模型还可帮助研究人员发现新的药物和治疗方法，推动医疗科技的进步。

在制造业中，大模型可优化生产流程、提高产品质量、减少浪费等。通过对生产线数据的分析，制造商可找出影响效率的关键因素，并进行改进。此外，大模型还可预测设备故障，避免因意外停机而导致的损失。

在零售业中，大模型可帮助商家了解消费者的购买行为，制订更有效的销售策略。通过分析购物车数据、浏览记录等信息，零售商可预测消费者的需求，并据此调整库存和价格。

在教育领域，大模型可根据学生的学习情况提供个性化的教学方案，从而提高学生的学习效果。此外，大模型还可用于辅助教师备课和评估学生的学习进度。

除了以上几个领域外，大模型在传媒、文旅、政务等领域也有广泛的应用前景。随着技术的不断进步和应用场景的不断拓展，大模型将在更多领域发挥重要作用，为各行各业带来更高效、更精准的解决方案。

然而，需要注意的是，大模型的应用还面临着一些挑战和限制，如数据隐私、模型的可解释性等问题。因此，在应用大模型时，需要充分考虑这些因素，确保技术的合法、合规和安全。

总的来说，大模型在行业内的应用前景非常广阔，随着技术的不断进步和应用场景的不断拓展，大模型将在更多领域发挥重要作用，为各行各业带来更高效、更精准的解决方案。

7.3 致　　谢

在这本书的编写过程中，我深感荣幸能与一群极具专业精神和奉献精神的专家共事。他们对待每一个细节都精益求精，齐心协力，无私奉献，共同为一个目标而不懈努力。面对困难和挑战，他们始终保持着坚定的信念和昂扬的斗志，用实际行动诠释了什么是真正的团队力量。

新兴技术的普及和应用离不开有奉献精神的人进行科普和推广。大模型技术尽管其对硬件需求和研发成本较高，让许多企业望而却步，但实际上，大模型的应用并非遥不可及。本书的编写组成员以其独特的方式，将复杂深奥的大模型知识进行认真剖析，并结合实际案例，让大众能轻松领略大模型的智能与魅力。他们用自己的汗水和努力，激发了我们对大模型领域的探索欲望，值得我们感激和尊重。

在此，我要向参与本书编写的所有成员表示衷心的感谢。正是因为他们的辛勤付出和无私奉献，才使得这本书能顺利完成。他们的努力不仅为电力行业和大模型领域的发展做出了贡献，也为广大读者提供了一本极具价值的参考资料。希望我们的合作能继续下去，共同推动电力行业和大模型领域的繁荣和发展！

7.4 本章小结

本章节总结了本书的主要内容，同时展望了大模型未来的研究方向和应用领域，最后感谢了为此书辛勤付出的各位领导和专家，本书就此结束，感谢对我们的支持，如果您对本书有什么看法，请提出您宝贵的建议，您的宝贵意见对于我们认识自己、改进不足、提升能力具有重要意义。

参 考 文 献

[1] Brown Tom B., Mann Benjamin, Ryder Nick, Subbiah Melanie, Kaplan Jared, Dhariwal Prafulla, Neelakantan Arvind, Shyam Pranav, Sastry Girish, Askell Amanda, Agarwal Sandhini, Herbert-Voss Ariel, Krueger Gretchen, Henighan Tom, Child Rewon, Ramesh Aditya, Ziegler Daniel M., Wu Jeffrey, Winter Clemens, Hesse Christopher, Chen Mark, Sigler Eric, Litwin Mateusz, Gray Scott, Chess Benjamin, Clark Jack, Berner Christopher, McCandlish Sam, Radford Alec, Sutskever Ilya, Amodei Dario. Language models are few-shot learners, arXiv preprint arXiv: 2005.14165, 2020. URL https://arxiv.org/abs/2005.14165.

[2] Jason Wei, Xuezhi Wang, Dale Schuurmans, Maarten Bosma, Brian Ichter, Fei Xia, Ed Chi, Quoc Le, Denny Zhou. Chain-of-Thought Prompting Elicits Reasoning in Large Language Models, arXiv preprint arXiv: 2201.11903, 2022. URL https://arxiv.org/abs/2201.11903.

[3] Xuezhi Wang, Jason Wei, Dale Schuurmans, Quoc Le, Ed Chi, Sharan Narang, Aakanksha Chowdhery, Denny Zhou. Self-Consistency Improves Chain of Thought Reasoning in Language Models, arXiv preprint arXiv: 2203.11171, 2022. URL https://arxiv.org/abs/2203.11171.

[4] Shunyu Yao, Dian Yu, Jeffrey Zhao, Izhak Shafran, Thomas L. Griffiths, Yuan Cao, Karthik Narasimhan. Tree of Thoughts: Deliberate Problem Solving with Large Language Models, arXiv preprint arXiv: 2305.10601, 2023. URL https://arxiv.org/abs/2305.10601.

[5] 潘教峰，张晓林．第四范式：数据密集型科学发现［M］．科学出版社．2012.

[6] Bawden D, Robinson L. The dark side of information: overload, anxiety and other paradoxes and pathologies［J］. Journal of information science, 2009, 35 (2): 180-191.

[7] 文森，钱力，胡懋地，常志军．基于大语言模型的问答技术研究进展综述［J/OL］．数据分析与知识发现，2013.

[8] 董佳宁．AI这么火，会开启第四次工业革命吗．2023.

[9] 孙玉林，余本国．PyTorch深度学习入门与实践．中国水利水电出版社，2020.